智能道路压电能量采集技术探索与实践

王朝辉　李彦伟　王帅 ◎ 著

西南交通大学出版社
·成　都·

图书在版编目（CIP）数据

智能道路压电能量采集技术探索与实践 / 王朝辉，李彦伟，王帅著. -- 成都：西南交通大学出版社，2025.4. -- ISBN 978-7-5774-0385-4

Ⅰ.TM6-39

中国国家版本馆CIP数据核字第20252FK670号

Zhineng Daolu Yadian Nengliang Caiji Jishu Tansuo yu Shijian
智能道路压电能量采集技术探索与实践
王朝辉　李彦伟　王　帅　著

策 划 编 辑	韩　林
责 任 编 辑	宋浩田
封 面 设 计	墨创文化
出 版 发 行	西南交通大学出版社 （四川省成都市金牛区二环路北一段111号 西南交通大学创新大厦21楼）
营销部电话	028-87600564　028-87600533
邮 政 编 码	610031
网　　　址	https://www.xnjdcbs.com
印　　　刷	四川玖艺呈现印刷有限公司
成 品 尺 寸	185 mm×260 mm
印　　　张	17.5
字　　　数	364千
版　　　次	2025年4月第1版
印　　　次	2025年4月第1次
书　　　号	ISBN 978-7-5774-0385-4
定　　　价	99.00元

图书如有印装质量问题　本社负责退换
版权所有　盗版必究　举报电话：028-87600562

序

  随着我国交通强国战略实施的持续推进以及"碳达峰、碳中和"目标落实的不断深化，交通网与能源网融合发展的需求日益增强。在道路工程领域，推广和应用道路清洁能源创新技术已成为构建智能化、绿色化综合交通运输体系的有效手段之一。这一举措有望突破传统能源与资源环境的制约，推动智能智慧道路的发展进程。

  当前，我国 500 多万平方千米的公路规模和 3 亿汽车保有量促使道路中包含丰富的振动能，随着道路压电发电技术的发展，可将部分振动能转换为清洁电能，符合国家部委推广清洁能源、智能化交通装备的政策背景，具有广阔的应用前景和发展潜力。作为道路压电发电技术的核心要素，压电性能优化至关重要。因此，研究并探索有效的实施途径以提升其性能指标，对于推动该技术的进一步发展具有重要意义。

  本书以提升道路压电发电实施途径相关技术性能为目标，结合相关理论设计、试验研究，系统探索了悬臂梁式道路压电能量采集技术和堆叠式道路压电能量采集技术等实施途径的技术优势，为道路压电发电技术低碳化、智能化发展提供借鉴。

  该书由作者科研团队在道路压电发电领域的科研成果积累而成，基于不同研发思想探索的道路压电发电实施途径技术优势，明确了不同场景道路压电发电高效发展的最佳技术途径。本书上册探索了悬臂梁式道路压电能量采集技术的发展优势，研发了多层协同型悬臂梁式道路压电发电装置，提升了内部压电换能器与行车协同振动程度，避免走入传统设计重发电性能、轻耐久性能的误区。此外，提出的放大内部行程的增程型压电换能器作动方法，突破了路面微变形对悬臂梁式压电发电装置换能能力的限制，显著提升了悬臂梁式压电发电装置在车辆碾压下的发电水平。本书下册探索了堆叠式道路压电能量采集技术的换能聚能优势，研制的电极粘结工艺堆叠式道路压电换能器一定程度上解决了传统压电换能器道路匹配度和耐久性不足的问题；研发的堆叠式道路压电发电装置，提高了其在道路交通条件下的发电能力和环境兼容性；开发的道路压电能量采集存储系统，一定程度上克服了道路压电能量输出瞬时、不连续、不均匀特性带来的弊端；铺设的现场测试段，实现了现场开放交通条件下道路压电能量的有效采集；发展的符合实际的道路压电发电俘能理论，更精确地反映了道路压电发电技术能量输出水平。

  书中的研究成果为确定当前道路压电发电技术在不同场景中实施方向的选择提供了科学依据，在拓宽低碳清洁能源的发展路径，促进交通运输低碳化、智能化发展等方面具有重要的意义。

著　者

2024 年 6 月

前 言

本书围绕我国交通强国重大发展战略及"碳达峰、碳中和"目标背景下交通网与能源网融合发展需求,以提升道路压电发电实施途径相关技术性能为目标,结合相关理论设计、试验研究,系统探索了多层协同型悬臂梁式道路压电发电技术、行程放大型悬臂梁式道路压电发电技术、堆叠式道路压电发电技术及其全套铺设技术等实施途径优势,为道路压电发电技术低碳化、智能化发展提供借鉴。

本书按内容分绪论和上下册,共13章。第1章绪论介绍了道路压电发电技术研发背景和意义。上册探索了悬臂梁式道路压电能量采集技术的电学输出效果,下册探索了堆叠式道路压电能量采集技术换能优势及其铺设效果,确定了不同应用场景下最佳实施途径及其技术优势。

上册分两部分,共6章。第一部分即第2~3章,基于悬臂梁式道路压电发电装置形变协调思想,探索了多层协同型悬臂梁式道路压电发电技术;第2章针对传统悬臂梁式压电换能器的道路适用性不足的问题,改进设计了适用于道路工程的悬臂梁式压电换能器结构参数,系统研究了道路悬臂梁式压电换能器的发电性能和耐久性能;第3章研发了多层协同型悬臂梁式道路压电发电装置,验证了压电发电装置在不同交通条件下的电学输出规律、耐久性能和能量采集效果。第二部分即第4~7章,延续第一部分,探索了行程放大型悬臂梁式道路压电发电技术;第4章推导了道路悬臂梁式压电换能器电学输出理论公式,探明了不同约束形式下压电换能器的结构特性,并基于不同形状及间距下力电性能优化了其结构和尺寸;第5章探明了兼具高效与稳定电学输出的压电换能器应用参数,揭示了交通荷载下压电换能器电学性能影响规律;第6章基于行程放大思想设计并发展了符合道路应用要求的压电换能器行程放大机构及其理论,研发了符合道路变形激励、具备行程放大功效的悬臂梁式压电发电装置;第7章探明了增程型悬臂梁式压电发电装置在不同作动条件下的电学输出特性及工作耐久性,设计了匹配电学输出及结构特性的应用场景方案,从而为解决道路压电发电能力受路面微变形制约等技术困扰提供了新思路。

下册共6章，即第8~13章。第8章基于堆叠式压电换能器特点，设计了两种堆叠式压电换能器制备工艺，明确了其在道路交通条件下的电学输出效果与结构耐久性能；第9章考虑道路压电发电装置技术要求，提出了合理的道路压电发电装置设计方案，并优化设计了兼顾能量输出与结构耦合的结构参数；第10章创建了道路压电发电装置精细化制作与装配工艺，全面评测了道路压电发电装置的发电性能和力学耐久性能；第11章在明确道路压电微能量输出特性的基础上，设计了与道路交通特性、压电微能量瞬时、不连续、不均匀输出特性契合的道路压电能量采集存储系统，系统研究了其在不同交通条件下的能量采集存储效果和能量输出效果；第12章创建了道路压电发电系统成套施工工艺，并铺筑了现场测试段，系统研究了不同开放交通条件下道路压电发电系统电学输出规律及其能量采集存储性能；第13章发展了符合实际的道路压电发电系统俘能理论，明确了道路压电发电系统能量输出效率，基于现场电学性能监测探明了道路压电发电系统长期工作性能，并提出了符合堆叠式道路压电能量采集技术的应用场景，为智能压电发电路面规模化推广应用奠定了基础。

本书结合作者研究团队在道路压电发电技术领域的多年科研成果积累而成，研究过程和撰写过程得到了相关研究专家、技术专家、同行和学生的大力支持和帮助。研究过程中封栋杰、陈森、王海梁、赵建雄、宋志、余功新、曹红运、贾小东、刘吉康、卢强等参与了相关的理论设计和试验研究工作，对本书研究成果的形成起到了积极作用，在此衷心感谢。

由于当前作者知识水平有限，书中难免存在疏漏，恳请广大读者指正，欢迎广大读者交流。

作 者

2024年6月

目 录
CONTENTS

第1章 绪 论 ·· 1

上册 道路悬臂梁式压电能量采集：从多层协同到行程放大的技术探索

第一部分 多层协同型悬臂梁式道路压电发电技术探索

第2章 矩形悬臂梁式压电换能器结构特性与改进设计 ··············· 7
2.1 道路压电换能器结构选型 ··· 7
2.2 道路悬臂梁式压电换能器参数与结构设计 ·························· 9
2.3 道路悬臂梁式压电换能器电学性能研究 ··························· 15
2.4 本章小结 ··· 21

第3章 多层协同式道路悬臂梁式压电发电装置开发与性能研究 ······ 22
3.1 兼顾电量高效输出与路面结构耦合的压电发电装置开发 ········· 22
3.2 道路压电发电装置整体尺寸设计 ···································· 26
3.3 道路压电发电装置内部连接优化与性能研究 ····················· 33
3.4 道路压电发电装置能量采集效果研究 ······························ 41
3.5 本章小结 ··· 44

第二部分 行程放大型悬臂梁式道路压电发电技术探索

第4章 道路悬臂梁式压电换能器结构特性研究 ······················· 47
4.1 道路悬臂梁式压电换能器电学输出理论公式推导 ················ 47
4.2 道路悬臂梁式压电换能器结构特性研究 ··························· 53
4.3 道路悬臂梁式压电换能器结构优化 ································· 60
4.4 道路悬臂梁式压电换能器尺寸优化 ································· 80
4.5 本章小结 ··· 87

第 5 章 道路臂梁式压电换能器结构参数与性能研究 ………………………… 88
　5.1 道路悬臂梁式压电换能器应用参数优化 ……………………………… 88
　5.2 道路悬臂梁式压电换能器极限作动距离研究 ………………………… 99
　5.3 道路悬臂梁式压电换能器电学性能研究 …………………………… 104
　5.4 道路悬臂梁式压电换能器耐久性能评价 …………………………… 112
　5.5 本章小结 ……………………………………………………………… 113

第 6 章 增程式悬臂梁压电发电装置开发与优化设计 ……………………… 115
　6.1 道路压电发电装置结构与尺寸设计 ………………………………… 115
　6.2 道路压电发电装置结构密封与内部优化设计 ……………………… 127
　6.3 道路用行程放大机构设计与布设方式优选 ………………………… 130
　6.4 道路压电发电装置结构加工及装配设计 …………………………… 142
　6.5 本章小结 ……………………………………………………………… 145

第 7 章 从动式悬臂梁压电发电装置电学输出特性研究 …………………… 147
　7.1 道路压电发电装置电学性能研究 …………………………………… 147
　7.2 道路压电发电装置工作耐久性评价 ………………………………… 154
　7.3 本章小结 ……………………………………………………………… 157

下册　道路堆叠式压电能量采集：从技术探索到铺设实践

第 8 章 道路堆叠式压电换能器制备与性能研究 …………………………… 161
　8.1 道路堆叠式压电换能器发电理论与结构参数设计 ………………… 161
　8.2 道路堆叠式压电换能器制备工艺与电极结构设计 ………………… 167
　8.3 道路堆叠式压电换能器发电性能研究 ……………………………… 176
　8.4 道路堆叠式压电换能器力学性能研究 ……………………………… 182
　8.5 本章小结 ……………………………………………………………… 183

第9章　兼顾能量输出与结构耦合的道路堆叠式压电发电装置设计………185
　9.1　道路堆叠式压电发电装置方案设计……………………………………185
　9.2　道路堆叠式压电发电装置外部参数优化………………………………189
　9.3　道路堆叠式压电发电装置内部参数优化………………………………196
　9.4　基于道路适用性的压电发电装置细部材料优选………………………203
　9.5　本章小结…………………………………………………………………206

第10章　道路堆叠式压电发电装置装配与性能研究……………………………207
　10.1　道路堆叠式压电发电装置精细化装配工艺优化………………………207
　10.2　堆叠式压电发电装置道路环境适用性设计优化………………………209
　10.3　道路堆叠式压电发电装置性能提升措施设计…………………………216
　10.4　道路堆叠式压电发电装置性能研究……………………………………221
　10.5　本章小结…………………………………………………………………225

第11章　道路压电微能量采集与存储技术研究…………………………………226
　11.1　基于行车荷载的道路压电微能量输出特性分析………………………226
　11.2　道路压电微能量采集存储系统研发……………………………………228
　11.3　道路压电微能量采集存储系统可靠性研究……………………………230
　11.4　道路压电微能量采集存储系统效果研究………………………………232
　11.5　本章小结…………………………………………………………………235

第12章　道路压电发电系统现场铺设与电学性能研究…………………………236
　12.1　道路压电发电系统铺设方案设计与优化………………………………236
　12.2　道路压电发电系统现场铺设……………………………………………240
　12.3　不同工况道路压电发电系统开路电压输出规律研究…………………242
　12.4　道路压电发电系统功率输出规律研究…………………………………248
　12.5　道路压电发电系统能量采集存储性能研究……………………………251
　12.6　本章小结…………………………………………………………………253

第13章　道路压电发电系统俘能理论、效率与性能监测………………………254
　13.1　道路压电发电系统俘能理论发展………………………………………254

13.2 道路压电发电系统能量输出效率研究 ………………………… 259
13.3 道路压电发电系统工作性能监测 ……………………………… 263
13.4 本章小结 ………………………………………………………… 264

第14章 展 望 …………………………………………………………… 266
14.1 悬臂梁式道路压电发电装置应用场景规划 …………………… 266
14.2 堆叠式道路压电发电系统应用场景规划 ……………………… 267
14.3 本章小结 ………………………………………………………… 268

参考文献 ……………………………………………………………………… 269

第 1 章 绪 论

新时代交通强国战略及"碳达峰、碳中和"目标背景下,开发低碳清洁可再生能源、实施可再生能源替代行动成为优化交通能源结构、推动交通行业低碳转型的重要战略方向。中共中央、国务院印发了《交通强国建设纲要》和《国家综合立体交通网规划纲要》,国务院印发了《"十四五"现代综合交通运输体系发展规划》,强调要推广清洁能源、智能化交通装备及成套技术装备,应用智能道路等新型装备设施,全面提升交通基础设施智能化水平。交通运输部也陆续出台了《交通领域科技创新中长期发展规划纲要(2021—2035 年)》《"十四五"交通领域科技创新规划》《交通运输部关于推动交通运输领域新型基础设施建设的指导意见》《交通运输部关于推进公路数字化转型加快智慧公路建设发展的意见》等一系列政策,强调推动交通网与能源网融合,研发清洁能源交通装备,建设交通自洽能源系统,构建形成智能化、绿色化的综合交通运输系统。

传统清洁能源体系中,太阳能、风能等清洁能源目前已被广泛应用,而道路作为交通运输系统重要基础设施,蕴含着丰富的振动机械能,道路压电发电技术可通过压电材料的压电效应实现此部分车辆振动能到清洁电能的绿色转换。但该技术尚未普及,亟需开发匹配道路工程的智能化、低碳化的道路压电发电技术,与其他清洁能源采集技术协同配置,共同实现路域振动能零碳化采集与创新应用,推进交通运输能源智能化发展,助力"碳达峰、碳中和"目标实现。

目前,开发分别匹配不同场景的悬臂梁式压电发电装置和堆叠式压电发电装置已经成为实现智能化、低碳化道路压电发电的主流技术途径,然而此两类技术的相关发电指标仍未取得较大突破,主要原因体现在现有压电换能器的力电转换效率和结构强度较低、压电发电装置发电量级和道路兼容性不足等。因此,有必要全面探索道路压电发电可实施途径,确定悬臂梁式道路压电发电技术和堆叠式道路压电发电技术的最佳技术途径及其技术优势,从而促进智能道路压电发电技术高效换能提升,推进其实际应用进程。

鉴于此,本书以提升道路压电发电实施途径相关技术性能为目标,结合作者近年来相关研究成果，上册探索从多层协同到行程放大的悬臂梁式道路压电能量采集技术的电学输出效果，下册探索堆叠式道路压电能量采集技术换能优势及其铺设效果。

上册第一部分基于悬臂梁式压电换能器形变协调的技术特点，针对传统悬臂梁式压电换能器不满足道路应用要求的技术难题，探索改进设计适用于道路工程的悬臂梁式压电换能器应用参数，开发兼顾能量高效输出与应用环境耦合的多层协同型压电发电装置，明确其在不同应用环境中的能量输出规律和耐久性能；第二部分为进一步提升道路压电发电装置的发电能力，推导道路悬臂梁式压电换能器电学输出理论，探明道路悬臂梁式压电换能器结构特性，揭示不同结构参数压电换能器力-电规律，设计并提出符合道路应用要求的道路用行程放大机构及其行程放大理论，开发符合道路变形激励、具备高效行程放大功效的悬臂梁式压电发电装置，并探明其电学输出特性和电力耐久性能，最后提出匹配道路压电发电装置电学性能及结构特性的场景应用方案，从而为路面微变形制约下悬臂梁式道路压电发电能力的提升提供新思路。

下册基于堆叠式压电换能器特点，优化设计了适用于道路结构振动特点的高效道路压电换能器结构和制备方法，提出兼顾能量输出与结构耦合的道路压电发电装置总体设计方案、环境适用性方案和电学性能提升措施，自主开发适用于道路压电微能量输出特性的压电能量采集存储系统，创建道路压电发电系统成套施工工艺并铺筑现场测试段，系统研究道路压电发电系统在不同现场开放交通条件下的电学性能，同时提出表征实际能量输出水平的道路压电微能量计算方法，测评开放交通条件下道路压电发电系统现场力电-能量采集存储效率，监测探明道路压电俘能系统长期工作性能，从而突破传统堆叠式道路压电发电技术研究局限，为智能压电发电路面规模化推广应用奠定基础。

本书为悬臂梁式道路压电发电技术和堆叠式道路压电发电技术的高效发展提供了科学依据，对于实现公路交通基础设施能源自供给、促进交通运输低碳化和智能化发展具有重要意义。

上 册

道路悬臂梁式压电能量采集：从多层协同到行程放大的技术探索

第一部分

多层协同型悬臂梁式道路压电发电技术探索

第 2 章 矩形悬臂梁式压电换能器结构特性与改进设计

对于以道路压电发电装置形式埋于路面下发挥发电功能的道路悬臂梁式压电能量采集技术而言，由压电材料制作而成的压电换能器是重要的能量转换构件。尽管现有压电换能器种类繁多，但多数因未全面考虑道路交通特性和环境特性导致应用效果与预期相差较大。因此，本章改进适用于道路条件的多层悬臂梁式压电换能器振动模式，针对传统压电换能器破坏类型，设计道路悬臂梁式压电换能器保护措施，系统研究道路悬臂梁式压电换能器的发电性能和耐久性能，明确其最佳悬臂位置和振动幅度，为悬臂梁式压电换能器在道路领域的发展和应用奠定了基础。

2.1 道路压电换能器结构选型

压电材料以压电换能器为载体发挥能量转换功能，压电换能器基本的结构型式决定其能量输出效果的上限，因此选用合适的压电换能器压电材料和结构型式，能有力提高道路压电发电技术能量输出水平。

1. 道路压电换能器压电材料优选

压电材料的正确选用是道路压电发电技术实现能量转换的关键所在，因此压电材料类型的选择成为道路压电发电技术的重中之重。全面调查现阶段国内外常用压电材料性能参数如表 2.1 所示，压电新材料研发已取得突破式进展。

表 2.1 国内外常用压电材料性能参数

材料类型	压电常数 d_{31} / 10^{-12} m/V	压电常数 d_{33} / 10^{-12} m/V	压电常数 d_{15} / 10^{-12} m/V	介电常数	密度 ρ / kg/m^3	居里温度 T_c / °C	弹性模量 E / 10^{10} N/m^2	机械品质因数 Q_m	泊松比 σ_E
PZT-5H	−274	593	741	3 400	7 500	193	6.2	30	0.31
PZT-5A	−171	374	584	1 700	7 750	350	6.5	80	0.31
PZT-5H	−274	593	741	3 400	7 500	193	6.2	30	0.31
PZT-5A	−171	374	584	1 700	7 750	350	6.5	80	0.31

续表

材料类型	压电常数/d_{31} 10^{-12} m/V	压电常数/d_{33} 10^{-12} m/V	压电常数/d_{15} 10^{-12} m/V	介电常数 —	密度/ρ kg/m³	居里温度/T_c °C	弹性模量/E 10^{10} N/m²	机械品质因数/Q_m —	泊松比/σ_E
PZT-8	−97	255	330	1 000	7 600	300	6.3	98	0.31
BaTiQ₃	−33	82	150	800	5 600	123	1.16	130	0.35
PVDF	18~24	−33	—	—	946	195	0.418	17.2	0.34
ZnO	—	—	—	—	566	—	—	—	0.358
KNN	—	689	—	—	—	432	—	85	—
AIN	—	—	—	—	3 260	—	—	—	0.24

由表 2.1 可知，PZT 系列压电材料的性能参数优于 BaTiQ3、PVDF 及 ZnO 等其他几种类型的压电材料，其中对于 PZT 系列压电材料而言，PZT-8 类型压电材料的机械损耗相对较低，但其更适用于具有高激励特性的振动环境中，而 PZT-5H 类型压电材料与 PZT-5A 类型压电材料相比，其压电常数、介电常数更高，温度稳定性、耐老化性更强，更适用于低频非共振的道路环境中。

对于 PZT-5H 类型压电材料而言，d_{15} 系列压电材料（剪切外加应力）压电常数最高，但其工作要求的高剪切应力难以实现，且耐久性能不足，此系列压电材料很少被研究和利用。d_{31} 系列（轴向应力与电场方向垂直）和 d_{33} 系列（应力方向与电场方向一致）压电换能结构应用得相对广泛，适合作为压电换能器的压电材料。

2. 道路压电换能器结构选型

压电换能器埋入路面结构中，在行车荷载作用下主要表现出三种工作状态：
① 压电换能器随沥青路面挠曲变形而产生弯曲应力；
② 压电换能器受到路面集料直接传递行车荷载而产生压应力；
③ 压电换能器随路面持久振动而产生持久性内应力。基于此三种工作状态对压电换能器提出高力-电转换效率、高结构强度、高结构耐久性、高道路兼容性等四项技术要求，以适应复杂的道路行车荷载环境。

目前适用于道路工程领域的 d_{31} 系列和 d_{33} 系列压电换能器结构型式主要有堆叠式、悬臂梁式、钹式、桥式、拱式和月牙式等，国内外常见的 d_{31} 系列和 d_{33} 系列压电换能器性能参数如表 2.2 所示。

表 2.2　国内外常见压电换能器性能参数

结构型式	结构形状	力电转换效率	结构强度	道路适用性
堆叠式	规则状	高	高	适用道路领域,但需考虑耐久能力
悬臂梁式	规则状	高	中	用于道路领域时: ① 应增加换能器保护措施; ② 改进换能器结构增加换能器强度。
钹式	不规则状	中	中	用于道路领域时: ① 换能器固定困难,承载能力有限; ② 制作工艺复杂、成本较高,暂不适用于道路压电发电。
桥式	不规则状	中	中	用于道路领域时:① 换能器固定困难,承载能力有限;② 制作工艺复杂、成本较高,暂不适用于道路压电发电
月牙式	不规则状	低	中	
拱式	不规则状	高	低	

结合道路行车荷载作用下压电换能器三种工作状态及四项基本要求,分析表 2.2 可知,目前国内外常见的多数压电换能器性能暂时难以满足道路行车需求,如钹式、桥式和月牙式等型式压电换能器因其不规则结构形状、中等结构强度及中等或较低的力电转换效率,而导致在道路结构内部应用条件有限,暂不适用于道路领域压电发电;拱式压电换能器虽然具有较高的力电转换效率,但其结构强度较低,无法满足道路环境力学要求。

相比而言,堆叠式压电换能器结构紧凑、刚度大、变形小、抗疲劳性能优越、机电耦合系数高且易埋设,其直接承受轴重荷载,发电性能主要由荷载大小决定,适用于通用场景道路压电发电;悬臂梁式压电换能器因其具有规则的结构形状、较高的力电转换效率,更适用于特殊场景道路的压电发电,但需根据场景特点决定是否增加悬臂梁式压电换能器保护措施,或改进悬臂梁式压电换能器结构,来进一步增加悬臂梁式压电换能器强度,在保证压电换能器能量输出量级的同时,延长其使用寿命。

2.2　道路悬臂梁式压电换能器参数与结构设计

悬臂梁式压电换能器的输出电压与压电材料结构尺寸和基板材料属性有关,且其固有频率受末端质量的影响。为使道路行车荷载作用下压电换能器工作区域获得最大能量,同时使其结构刚度满足道路行车荷载要求,本节从基板和结构尺寸两方面设计悬臂梁式压电换能器结构,并针对固有频率特点改进为更适用于道路条件的压电换能器末端质量形式。

2.2.1 道路悬臂梁式压电换能器基板设计

由于复杂的道路行车荷载环境要求压电换能器具有良好的高形变恢复性能,且悬臂梁式压电换能器为轴向对称结构,因此中层基板的弹性模量对压电换能器振动能量采集具有重要影响。

目前国内外悬臂梁式压电换能器多选用青铜金属作为中层基板材料,与其他类型材料相比,青铜金属强度、硬度、弹性、导电性能及耐疲劳性能较高,且同等荷载作用下变形较大,满足复杂道路行车荷载环境要求,同时满足压电换能器高能量输出要求。

除此之外,悬臂梁式基板厚度同样影响压电换能器能量采集效果。同等外界条件下基板厚度越薄,产生相同电能需要的行车荷载越小,因此采用薄基板可有效提高压电换能器能量输出效率。

目前国内外常见的悬臂梁式压电换能器的青铜金属基板厚度通常为 0.1~0.3 mm,其中厚度为 0.1 mm 的青铜基板过薄,在行车荷载作用下易产生永久变形甚至断裂,影响压电换能器工作的耐久性;而厚度为 0.3 mm 基板固有频率较高,不利于行车荷载频率下压电换能器的能量输出。因此本书选取 0.2 mm 作为压电换能器青铜基板厚度。

2.2.2 道路悬臂梁式压电换能器结构尺寸设计

行车荷载作用下压电换能器结构尺寸的变化将引起压电材料和中层基板拉应力变化,压电材料和中层基板的结构尺寸影响了悬臂梁式压电换能器输出电压和输出电荷的量级,且当压电换能器宽度一定时,压电换能器长度均与输出电压和输出电荷量级呈正比关系,而压电换能器厚度则与固有频率成正比关系,与输出电荷量级呈反比关系。

基于道路结构完整性及道路行车荷载考虑,压电换能器长度不能过长、厚度不能过薄,因此压电换能器结构尺寸整体呈现矛盾关系,且目前尚未出台可供道路领域压电换能器结构尺寸参考的设计标准,因此调查总结国内外常用的悬臂梁式压电换能器长度、宽度、厚度及其相关电学输出指标,为悬臂梁式压电换能器结构设计提供依据,目前国内外常用悬臂梁式压电换能器结构尺寸如表 2.3 所示。

表 2.3 目前国内外常用悬臂梁式压电换能器结构尺寸

研究单位	压电材料/mm				基板/mm			
	材料	长度	宽度	厚度	材料	长度	宽度	厚度
哈尔滨工业大学	PZT-5H	40	20	0.2	青铜	40	20	0.2
武汉理工大学	PZT-5H	50	48	0.2	青铜	70	50	0.2
扬州大学	PZT-5H	20	10	0.55	青铜	45	20	0.4
江苏大学	PZT-51	100	9	0.4	青铜	100	9	0.3

续表

研究单位	压电材料/mm				基板/mm			
	材料	长度	宽度	厚度	材料	长度	宽度	厚度
大连理工大学	PZT-5H	56	9.8	0.32	磷青铜	73	9.8	0.28
大连理工大学	PZT-5H	45	20	0.2	磷青铜	55	20	0.3
西安电子科技大学	PZT-5H	45	7.1	0.24	黄铜	45	7.1	0.24
河南理工大学	PZT-5H	10	8	0.125	磷青铜	50	8	0.5
长春大学	PZT-5H	58	20	0.25	青铜	71	20	0.25
德国帕德博恩大学	PZT-5H	45	7.2	0.25	—	45	7.2	0.28
美国麻省理工学院	PZT-5A	53	31.7	0.275	—	63.7	31.7	0.126
美国阿拉巴马大学	PZT	28.43	6.35	0.191		28.43	6.35	0.127

由表 2.3 可知，目前国内外常用的悬臂梁式压电换能器的压电材料长度多为 45～60 mm，宽度多为 10～50 mm，厚度多为 0.2～0.3 mm；基板长度多为 45～60 mm，宽度多为 10～50 mm，厚度多为 0.2～0.3 mm。由于各机构悬臂梁式压电换能器的研究目的、应用场合及施加荷载和工作频率等试验条件各异，不同尺寸的压电换能器的能量输出效果差异较大，基于上述压电换能器发电性能理论结论，同时考虑埋入道路内部路面结构完整性、耐久性能及现有专业压电换能器生产厂家实际产品规格，优选悬臂梁式压电换能器结构尺寸如表 2.4 所示，以实现压电换能器功率-体积比进一步增强。

其中，由于压电材料全覆盖中层基板易引起拉压变形从而抵消掉压电换能器表面电荷集聚，因此优选压电换能器基板尺寸相较于压电材料尺寸更大，压电换能器自由端长度被选为 10 mm，既不会因为过窄影响压电换能器工作性能，又不会因为过长影响压电换能器压电材料发电性能。

由于悬臂梁式压电换能器的中层基板厚度与总厚度之间的最佳厚度比为 0.3，且通常情况下压电换能器粘结层弹性模量较小，粘结层弹性模量与厚度对压电换能器发电性能产生的影响微乎其微，因此考虑悬臂梁式压电换能器结构尺寸厚度时，要忽略粘结层厚度影响，基于 2.2.1 节优选的中层基板 0.2 mm 厚度选取双晶悬臂梁式压电换能器总厚度为 0.6 mm。

表 2.4 优选悬臂梁式压电换能器结构尺寸

组成	材料	长度/mm	宽度/mm	厚度/mm
压电材料	PZT-5H	50	50	0.2
中层基板	青铜	70	53	0.2
总尺寸	—	70	53	0.6

2.2.3　道路悬臂梁式压电换能器保护设计

压电换能器是道路压电发电技术实现能量转换的核心，复杂的道路环境对压电换能器的结构强度提出了更高的要求，因此应针对传统压电换能器制作工艺及破坏类型并基于道路行车特性制定压电换能器工艺改进及保护设计方案。

1. 传统压电换能器制作工艺与破坏类型

1）传统压电换能器制作工艺

规范标准的制作工艺是压电换能器高发电性能、高耐久性能的保障，一般通过中层基板制作及表面处理、压电材料和中层基板清洁、层间粘结和电极处理等工序制备道路悬臂梁式压电换能器。

（1）中层基板制作及表面处理。

悬臂梁式压电换能器依据规定尺寸轧制成型，粘结前进行热处理，将其置于320 ℃控温箱中加热2 h后取出并冷却至室温，随后通过机械压板压紧以保证基板平整性。

（2）压电材料和中层基板清洁。

将压电材料层和中层基板置于平整操作台上，反复轻拭其表面，注意不可损伤压电材料层完整性，并将清洁好的压电材料层和中层基板待粘结面自然晾干。

（3）层间粘结。

取适量AB胶按比例均匀涂抹于压电材料层和中层基板待粘结面表面，合理时间内完成粘结，并施加均匀压力，排除富余胶水和多余气泡，粘结完成后静压24 h。

（4）电极处理。

分别使用红黑细导线引出压电换能器正负电极，导线借助助焊剂焊接。

2）传统压电换能器破坏类型

传统悬臂梁式压电换能器因荷载过大、频率过高或作用时间过长等因素导致其易发生结构破坏，而传统悬臂梁式压电换能器结构破坏过程中，多因素并发导致破坏责任主体不明确，主要破坏因素包括以下几方面：

（1）压电换能器压电材料长期受到行车振动荷载碾压及沥青集料材料挤压等作用易出现结构破碎，压电材料微缝衍生贯穿压电材料层，甚至脱离基板，并伴有进一步崩解趋势，压电材料裂缝与崩解破坏如图2.1（a）所示。

（2）压电换能器按照一定行车作用频率不定期工作，其电极引线和将输出交流电转换为所需直流电的整流桥引线在无固定措施情况下易出现松动脱落现象，引线标准化保护措施有待完善，电极引线和整流桥引线脱落现象分别如图2.2（a）和图2.3（a）所示。

2. 压电换能器工艺改进与保护设计

针对传统无保护压电换能器破坏类型及诱导因素，一方面尽可能减少过载现象，另一方面可改进压电换能器制作工艺，设计压电换能器保护措施，以增加压电换能器耐久性能。

由于缺乏适用于道路环境的压电换能器制作工艺，目前生产厂商尚未制定针对道路环境的制作工艺改进。基于道路行车环境相对重荷载、低频率、不定期作用的特点，制定了道路压电换能器工艺改进方案及保护措施。

1）针对压电材料裂缝与崩解破坏现象，制定了工艺改进方案

（1）丝网印胶。传统 AB 胶类型和涂胶方式易出现涂胶不均匀等问题从而导致层间气泡频出，降低层间黏结强度，严重影响压电换能器力学强度和层间电学导通性能。因此引进了丝网印胶技术用于层间涂胶，借助丝网印版均匀涂刷层间导电银胶，丝网印版如图 2.1（b）所示。

（2）固结排胶。丝网印胶完成后，将准压电换能器置于平整平台表面，施加等尺寸质量块以提供均匀作用力，减少层间气泡规模，静置 24 h 后取出，一定温度加热固结使压电材料与中层基板均匀胶粘接触，可增加其接触刚度和黏结强度。下层压电材料同步骤操作完成，固结排胶完成的压电换能器如图 2.1（c）所示。此制作工艺的改进，既保留了压电材料原有能量转换特性，又防止压电材料在不均质应力分布条件下遭受应力集中破坏，可有效缓解压电材料出现裂缝与崩解破坏。

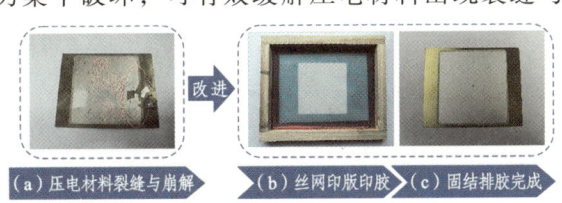

图 2.1　压电换能器工艺改进

2）针对电极引线和整流桥引线易松动脱落，制定工艺改进方案和保护措施

压电换能器制备完成后，红黑导线分别焊接压电材料和中层基板，焊接过程中注意控制焊丝温度和防止电极导线松动，注意控制焊点大小，防止焊点过大增加内阻损耗电荷，焊接结束后使用胶黏剂将导线与基板粘结，防止导线位移引起焊点松动，焊接和黏结后的电极引线如图 2.2（b）所示。

压电换能器连接的整流桥引线极易出现脱落现象，且多片压电换能器同时应用时整流桥引线过多、整流设备过散。针对压电换能器制动特点，设计了迷你、直观的标准化整流电路板，使电极引线装配与整体发电系统及道路行车环境相适应，方便后期批量生产装配，部分整流电路如图 2.3（b）所示。

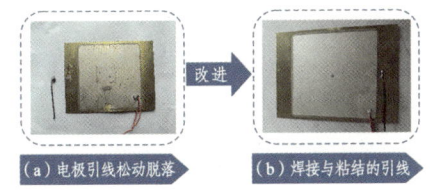

图 2.2　电极引线保护设计

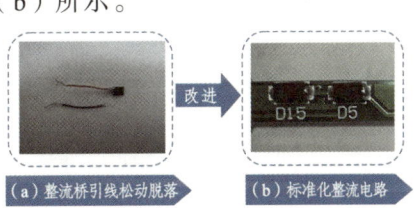

图 2.3　整流桥引线保护设计

通过改进传统压电换能器制作工艺，设计压电换能器各要素协同保护措施，可避免继续走在传统压电换能器重使用过程、轻保护措施、重发电性能、轻耐久性能的误区中，使压电换能器真正达到可应用于道路工程的目的。

2.2.4 多层悬臂梁式压电换能器结构改进设计

悬臂梁式压电换能器固有频率决定压电换能器单次行车碾压作用时的持续振动时间，进而影响单次碾压作用电学输出性能。通过减少压电材料和中层基板弹性模量和厚度、增加压电换能器末端质量等方式能够降低压电换能器固有频率对其发电性能的影响。2.2.1 节和 2.2.2 节已设计了较优的压电材料和中层基板结构参数，在此基础上将基于压电换能器末端质量设计适用于道路环境的多层悬臂梁式压电换能器振动模式。

1. 传统多层悬臂梁式压电换能器振动模式存在的问题

通常情况下，悬臂梁式压电换能器末端设置有形状相同或不同的质量块，以降低固有频率对其发电性能的影响。目前针对设置质量块的悬臂梁式压电换能器发电性能的研究主要有压电换能器直接接受碾压和压电换能器自振，研究中存在以下问题。

1）压电换能器作动不一致引起质量块相互干扰

压电换能器直接接受行车碾压时，道路行车环境特有的应力垂直传递特性导致压电换能器质量块受到行车荷载碾压的可靠度较低，且通常多层压电换能器易产生向下行车荷载传递与向上质量块惯性作用相互冲突的现象（见图 2.4），进而导致外部荷载作用效力缺失，同时导致各压电换能器振动频率保持作动一致困难，易互相干扰，导致接触磨损，引起不同压电换能器表面正负电荷相互抵消，影响压电换能器发电性能与耐久性能，失去了质量块降低固有频率影响的作用。

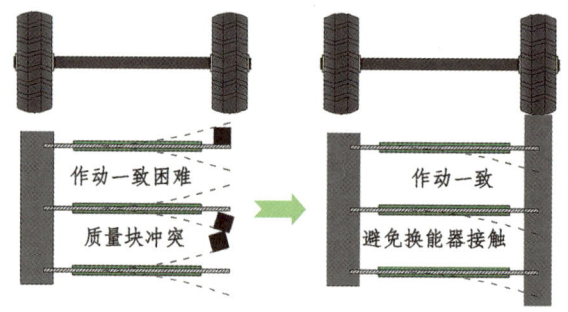

（a）质量块冲突原理　　（b）结构改进设计

图 2.4　多层压电换能结构改进设计

2）路面材料粘合减弱压电换能器自振效果

悬臂梁式压电换能器基于道路行车频率自振产电设计，依托埋入路面结构中的封装装置为载体,通过封装装置与路面材料粘结传递行车频率,此设计能够克服质量块相互干扰的缺陷,但仍存在两方面不足:一方面路面材料粘合削弱了道路行车传递到封装装置自振的频率;另一方面封装装置自振会使装置与路面材料粘结性降低,影响装置使用过程中的路用性能。

2. 多层悬臂梁式压电换能器振动模式改进设计

为达到各压电换能器振动频率保持一致且其电学输出效果保持恒定的效果,拟将传统压电换能器悬臂末端质量块演变为夹紧中层基板且易与行车荷载接触的可拆卸式垂直传力构件,传力构件与行车荷载、中层基板紧密配合,演变设计如图2.4(b)所示。

此演变设计虽然降低了各压电换能器悬臂末端自由惯性程度,但保留了压电换能器悬臂末端原始质量块降低固有频率的功能,同时将各压电换能器的振动频率保持在可控范围内,保证各压电换能器承受行车荷载作用后整体竖向位移,避免各压电换能器末端质量块接触弱化电学输出,实现各压电换能器与道路行车协同振动,此改进设计更适合道路环境应用。

2.3 道路悬臂梁式压电换能器电学性能研究

悬臂梁式压电换能器的电学输出水平和有效工作时间受其悬臂位置和作用位移等多因素的影响。本节从悬臂位置和振动幅度等角度系统地研究了压电换能器的电学性能,从而明确压电换能器的最佳振动参数,从而实现较高的电学输出。

2.3.1 道路悬臂梁式压电换能器性能测试方案

1. 测试参数设计

结构改进后的道路用悬臂梁式压电换能器更适用于道路行车环境,但其面临的道路行车工况不同,其电量输出量级必然存在差异。悬臂梁式压电换能器自身能量输出特性决定了其主要与行车作用频率有关,而与道路行车压应力无关,道路行车作用频率与行车速度 v 和车辆轴距 d 有关,可按公式(2.1)计算求得:

$$f = \frac{1}{T} = \frac{v}{d} \tag{2.1}$$

式中,f——行车碾压频率;

T——行车振动周期;

V——行车速度;

D——车辆轴距。

道路压电换能器性能试验的目的不是为确定压电换能器在不同道路工况下具体的输出电压和输出功率，而是为研究与压电换能器发电性能和耐久性能有关的自身作动因素的影响规律，确定各影响因素具体的参数大小，方便后续压电换能器以最佳状态应用于道路压电发电中。

因此，以普通公路常规路段行车速度 80 km/h 的典型小汽车（前后轴距为 2.5 m）、载重货车（前后轴距为 4 m）为代表，研究道路环境压电换能器自身作动因素的影响规律。将上述参数代入公式（2.1）计算得到小汽车振动频率为 8.89 Hz、载重货车振动频率为 5.56 Hz。为方便道路压电换能器模拟加载，选取 5 Hz 和 10 Hz 作为模拟试验作用频率。

2. 模拟测试系统

压电换能器性能测试采用能够模拟实际道路行车受力状态的 MTS 伺服液压测试系统作为试验加载设备，如图 2.5（a）所示。性能模拟测试的主要设备还包括数字示波器、传力构件和夹持固定装置三部分。其中数字示波器示出压电换能器输出电压，传力构件直接传递加载应力和频率，而夹持压电换能器的装置则通过螺杆和黏胶固定于底座上，如图 2.5（b）所示。

（a）MTS 伺服液压测试系统

（b）夹持固定装置

图 2.5 压电换能器发电性能模拟测试系统

2.3.2 基于不同悬臂位置的压电换能器性能研究

道路悬臂梁式压电换能器发电性能与压电材料至悬臂支撑固定端距离有关，为探明压电材料至固定端距离对压电换能器发电性能的影响，基于上述压电换能器性能试验方案，以内部并联的压电换能器为试验对象研究压电换能器最佳悬臂位置，以提高压电换能器在道路环境应用时的发电性能。

由于压电换能器压电材料与中层基板弹性模量不同，压电材料边界与悬臂支撑固定端重合位置处的应力集中易导致频繁振动的压电材料与中层基板粘合处开裂，压电换能器性能试验过程中，若压电材料至悬臂支撑固定端距离过短，则会影响压电换能器的耐久性能，但若距离过长（如 9 mm），则会影响压电换能器夹持固定。

因此将压电材料至悬臂支撑固定端距离分别设定为 −7 mm、−5 mm、−3 mm、−1 mm，设定试验温度为 20 ℃，假定压电换能器振动幅度为 2 mm，借助压电换能器发电性能模拟测试平台，基于压电换能器的发电性能明确其最佳悬臂位置。

1. 不同悬臂位置压电换能器输出电压

测试得到的不同悬臂位置的压电换能器在 5 Hz 和 10 Hz 两种作用频率下的输出电压如图 2.6 所示。

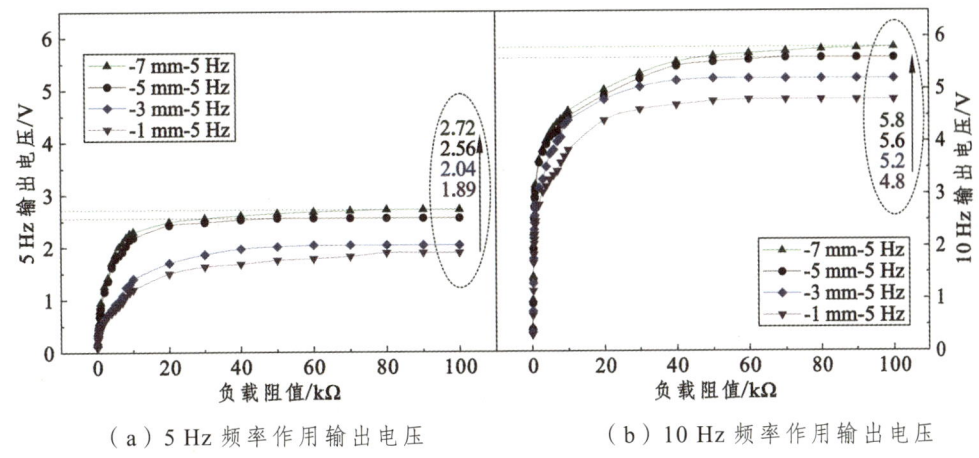

（a）5 Hz 频率作用输出电压　　　　（b）10 Hz 频率作用输出电压

图 2.6　不同悬臂位置压电换能器输出电压

由图 2.6 可知，压电换能器在 5 Hz 和 10 Hz 两种振动频率作用下的输出电压表现出相同规律，压电换能器输出电压随负载阻值的增大而增大，前期增幅显著，后期逐渐趋于平缓，稳定于压电换能器输出开路电压。同时，压电换能器输出电压均随压电材料至悬臂支撑固定端距离增加而增大，振动频率为 5 Hz 时不同距离 1 mm、3 mm、5 mm 和 7 mm 对应的压电换能器最大输出电压分别为 1.89 V、2.04 V、2.56 V 和 2.72 V；振动频率为 10 Hz 时的不同距离——1 mm、3 mm、5 mm 和 7 mm 对应的压电换能器最大输出电压分别为 4.8 V、5.2 V、5.6 V 和 5.8 V，表明 7 mm 距离条件下压电换能器输出电压最大，有利于压电换能器发电量级的提高。

但此输出电压试验结果与理论值比较具有差异性，分析可得原因为：一是压电材料及压电换能器制备工艺误差；二是试验过程中压电换能器接受持续循环振动频率作用，悬臂夹紧区域出现了少量松弛，略微降低了压电换能器谐振频率，影响了压电换能器工作性能的发挥。

2. 不同悬臂位置压电换能器输出功率

测试得到的不同悬臂位置的压电换能器在 5 Hz 和 10 Hz 两种作用频率下的输出功率如图 2.7 所示。

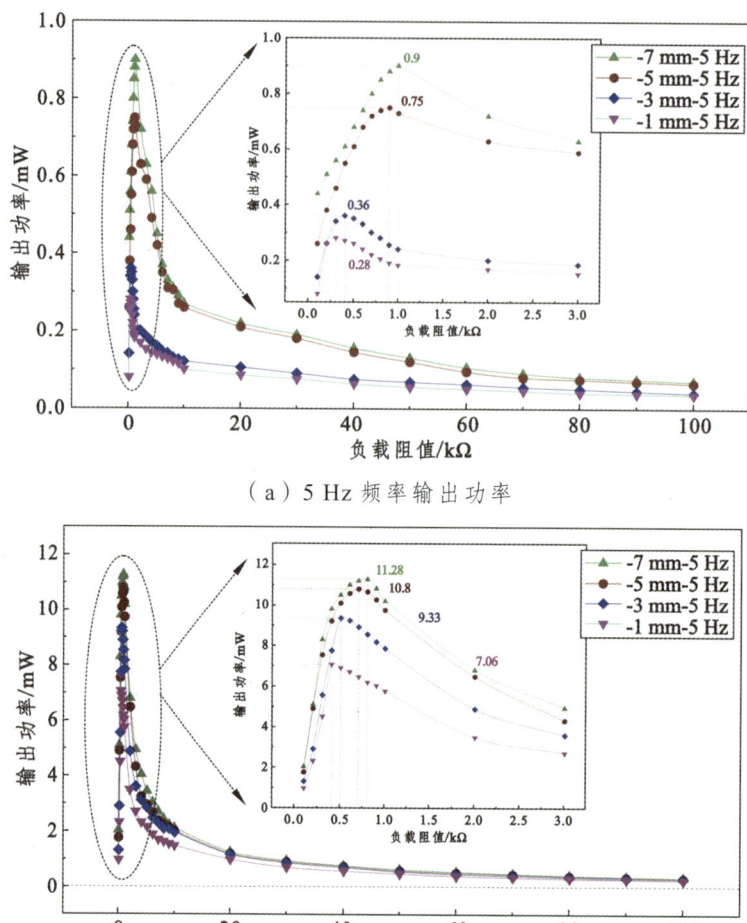

（a）5 Hz 频率输出功率

（b）10 Hz 频率输出功率

图 2.7 不同悬臂位置压电换能器输出功率

由图 2.7 可知，压电换能器在 5 Hz 和 10 Hz 两种振动频率作用下的输出功率亦表现出类似规律，压电换能器输出功率随负载阻值增大先增加后减少，其中当负载阻值低于 0.3~1 kΩ 时，压电换能器的输出功率增幅显著，当负载阻值处于 1~10 kΩ 范围内时，压电换能器的输出功率降幅明显，当负载阻值大于 10 kΩ 时，压电换能器的输出功率降幅逐渐趋于平缓。相同频率条件下压电换能器的输出功率曲线峰值随压电材料至悬臂支撑固定端距离增加逐渐右移，不同距离逐渐增大，5 Hz 振动频率下各距离对应的最佳负载阻值，7 mm 距离对应最佳负载阻值为 1 kΩ、5 mm 距离为 0.9 kΩ、3 mm 距离为 0.4 kΩ、1 mm 距离为 0.3 kΩ；10 Hz 振动频率下各距离对应的最佳负载阻值，7 mm 距离为 0.8 kΩ、5 mm 距离为 0.7 kΩ、3 mm 距离为 0.5 kΩ、1 mm 距离为 0.4 kΩ，但都处于 0.3~1 kΩ 范围内，表明压电换能器在 5 Hz 和 10 Hz 两种振动频率作用下（典型道路振动频率）根据悬臂距离匹配最佳负载阻值才能获得较大的输出功率。

同时由图 2.7 可知，相同振动频率条件下压电换能器的输出功率随压电材料至悬臂支撑固定端距离增加而增大，5 Hz 振动频率下各距离压电换能器最大输出功率，7 mm 距离为 0.9 mW、5 mm 距离为 0.75 mW、3 mm 距离为 0.36 mW、1 mm 距离为 0.28 mW；10 Hz 振动频率下各距离压电换能器最大输出功率，7 mm 距离为 11.28 mW、5 mm 距离为 10.8 mW、3 mm 距离为 9.33 mW、1 mm 距离为 7.06 mW，表明 7 mm 距离条件下压电换能器在 5 Hz 和 10 Hz 两种典型振动频率下分别匹配 1 kΩ 和 0.6 kΩ 负载阻值时，其输出功率表现出最佳状态，同样有利于压电换能器发电量级的提高。

综合不同匹配位置压电换能器在 5 Hz 和 10 Hz 两种振动频率作用下的输出电压和输出功率变化规律结果，选定压电材料至悬臂支撑固定端距离 7 mm 作为压电换能器最佳悬臂位置。

2.3.3 基于不同振动幅度的压电换能器性能研究

压电换能器压电材料承受道路行车荷载作用产生电学输出，压电材料位于最大应变处时的电学输出最大，道路悬臂梁式压电换能器自由端不同的振动幅度引起压电材料应变不同，因此压电换能器电学输出量级不仅与压电换能器压电材料悬臂位置有关，还与压电换能器自由端振动幅度有关。自由端振动幅度越大，压电材料应变越大，其电学输出量级越大，但振动幅度过大将影响压电换能器耐久性能，而振动幅度过小则影响其发电性能，因此有必要研究不同振动幅度对压电换能器发电性能和耐久性能的影响，明确其最佳振动幅度。

图 2.8 不同振动幅度压电换能器性能试验

结合压电换能器耐久性参数，悬臂支撑模式的压电换能器自由端最大振动幅度不能超过 4 mm，若振动幅度超过此限值，则无法保证压电换能器长期耐久性，因此设定压电换能器振动幅度分别为 2 mm、3 mm 和 4 mm，在此基础上，研究振动幅度对压电换能器发电性能和耐久性能的影响。由于研究的目的是明确压电换能器振动幅度对其性能的影响规律，而不是研究压电换能器在不同道路环境中性能的具体数值，因而设定压电材料至悬臂支撑固定端距离为 5 mm，加载频率为 10 Hz，试验温度为 20 ℃，分别测试不同振动幅度条件下压电换能器发电性能和耐久性能的变化规律。

1. 不同振动幅度压电换能器发电性能研究

依据既定试验方案测试不同振动幅度压电换能器输出电压、输出功率与负载阻值的关系，不同振动幅度道路压电换能器输出电压和输出功率如图 2.9 所示。

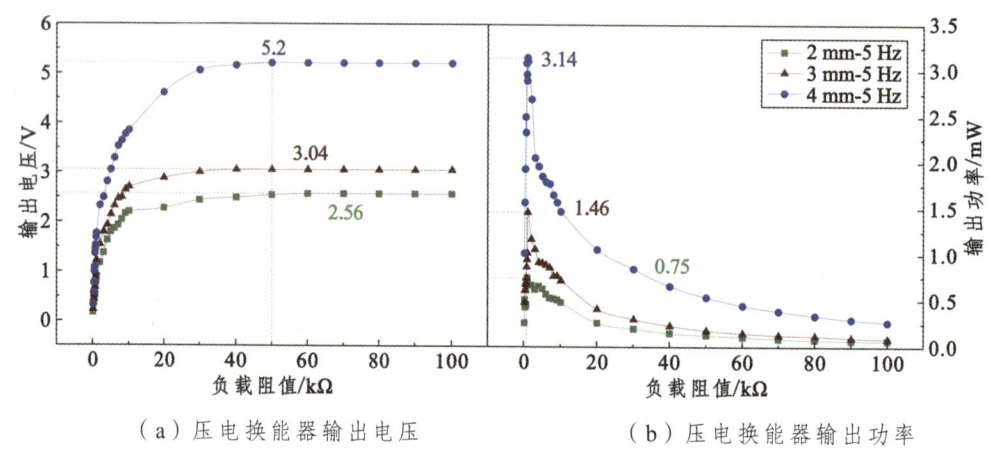

(a) 压电换能器输出电压　　　　(b) 压电换能器输出功率

图 2.9　不同振动幅度压电换能器发电性能

由图 2.9 可知，不同振动幅度压电换能器输出电压随负载阻值的变化规律与不同匹配位置压电换能器变化规律基本一致，先持续增大而后逐渐趋于平稳，且匹配相同负载情况下压电换能器输出电压与振动幅度表现出正相关关系，即随着振动幅度的增加而增大，振动幅度为 4 mm 时的输出电压为 5.2 V，是振动幅度 3 mm 时的 1.7 倍，是振动幅度 2 mm 时的 2.27 倍；同样，相同负载情况下压电换能器输出功率亦随振动幅度增加而增大，振动幅度为 4 mm 时的输出功率为 3.14 mW，是振动幅度 3 mm 时的 4.83 倍，是振动幅度 2 mm 时的 6.04 倍。由此倍数关系可知，匹配相同负载的压电换能器输出电压和输出功率随振动幅度增加呈现类似指数增长的变化规律，表明在保证压电换能器使用寿命的前提下，应尽可能提高悬臂梁式压电换能器的振动幅度，以满足道路压电发电技术应用时的发电量级要求。

2. 不同振动幅度压电换能器耐久性能研究

为明确不同振动幅度对道路压电换能器耐久性能的影响，依据试验方案设定参数，借助 MTS 伺服液压测试系统对压电换能器施加长期持续作用，即循环加载 50 000 次，测试不同振动幅度压电换能器在 0.7 kΩ 负载阻值、10 Hz 振动频率下的输出功率变化趋势，并测试压电换能器试验前后的电学衰减程度。不同振动幅度的道路压电换能器输出功率如图 2.10 所示。

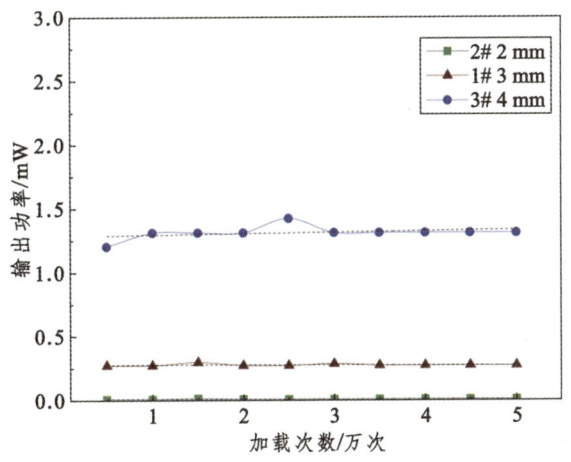

图 2.10　0.7 kΩ 阻值不同振动幅度压电换能器输出功率

由图 2.10 可知，随加载次数的变化，压电换能器在匹配相同负载阻值时的输出功率与压电换能器在不同振动幅度情况下发电性能变化规律一致，呈现类指数增长的现象，其中振动幅度为 4 mm 时对应的输出功率最大；相同振动幅度情况下，压电换能器在匹配 0.7 kΩ 负载阻值、承受 50 000 次循环加载作用后的输出功率变化不大，从电学输出量级的角度分析，压电换能器均未出现明显的电学衰减现象。

综上可知，道路悬臂梁式压电换能器在 4 mm 振动幅度条件下发电性能和耐久性能最优，可以作为压电换能器在道路环境中应用的最佳振动幅度。

2.4　本章小结

本章设计了矩形悬臂梁式压电换能器结构参数及其保护措施，系统研究了悬臂梁式压电换能器的发电性能和耐久性能，明确了其最佳悬臂位置和最佳振动幅度，解决了传统悬臂梁式压电换能器不满足道路环境应用要求的技术难题。

（1）优选了适用于道路高效产能的压电材料，设计了悬臂梁式压电换能器基板参数和结构尺寸参数，基于传统多层悬臂梁式压电换能器振动缺陷，改进了适用于道路环境的多层悬臂梁式压电换能器振动模式，针对传统压电换能器制作工艺及破坏类型，制定了道路压电换能器工艺改进及保护设计方案。

（2）通过系统研究悬臂梁式压电换能器的发电性能和耐久性能，确定了压电材料至悬臂支撑固定端距离 7 mm、振动幅度 4 mm 情况下发电性能和耐久性能最优，保证耐久性前提下，10 Hz 振动频率作用单片压电换能器的输出电压可达 5.2 V、输出功率可达 3.14 mW。

第 3 章 多层协同式道路悬臂梁式压电发电装置开发与性能研究

囿于单个压电换能器能量输出有限，要实现路面压电发电量级的可观输出必须将一定数量的压电换能器按特定阵列铺设于路面结构中，若采取压电换能器逐个埋置的方式，则会面临施工工序复杂、发电量级较低和结构易损坏等问题，且由于悬臂梁式压电换能器自身需要作动空间产生电能的特性，要求压电换能器外部施加具有保护和提供作动空间作用的封装结构。因此，本章针对压电发电装置在道路环境中的技术要求，自主开发了兼顾能量高效输出与应用环境耦合的道路悬臂梁式压电发电装置，基于行车荷载特性和发电能力，设计了压电发电装置整体尺寸，并以此为基础，揭示压电发电装置在不同交通条件下的电学输出规律，验证其耐久性能和能量采集效果，从而提升悬臂梁式压电发电装置的道路适用能力。

3.1 兼顾电量高效输出与路面结构耦合的压电发电装置开发

压电发电装置在道路中应用时需具备良好的发电能力，同时与路面结构耦合，本节在道路压电换能器设计的基础上，针对道路压电发电装置技术要求，研制兼顾此两方面的道路压电发电装置。

3.1.1 道路压电发电装置技术要求

压电发电装置埋设于路面结构，既需要为内部压电换能器提供必要的作动空间，又需要承受行车荷载作用及雨雪侵蚀作用，同时还需要保证发电装置封装壳体与路面结构材料的黏结强度。因此，综合考虑悬臂梁式压电换能器换能特性与发电路面结构特性后，提出了道路压电发电装置需满足的技术要求，具体如下。

1. 为内部压电换能器提供必要的作动空间

道路悬臂梁式压电换能器能量输出性能与其匹配位置和结构位移有关，故设计压电发电装置时必须能提供压电换能器必要的作动空间。同时，由于悬臂梁式压电换能器是由脆性压电陶瓷与铜基板粘结而成的双晶结构，其在承受行车荷载作用时易出现作动空间过大现象，易引起压电陶瓷崩裂或铜基板塑性弯折破坏，因设计此压电发电装置时还需为压电换能器提供合理的作动空间。

2. 整体工作稳定，与道路结构耦合度高

道路压电发电装置在发电路面铺筑及应用过程中应保证内部压电换能器结构和工作免受外部环境影响，保证装置整体工作稳定，因此装置封装壳体应具有足够的承载能力。然而，压电发电装置壳体与道路材料弹性模量差异明显，置于路面结构中将影响路面结构完整性，若压电发电装置与道路结构耦合度不高，则极易引起路面结构破坏，减少道路的使用寿命，使发电路面建设丧失意义。因此压电发电装置在设计时应在保证自身承载能力的同时，重点考虑发电路面铺筑及应用过程中装置壳体与道路结构的耦合问题。

3. 有效保护装置内部器件，防止外部侵蚀

道路压电发电装置使用过程中不仅承受行车荷载作用，同时还承受雨雪等自然环境的侵蚀作用。由于压电换能器及其导线具有一定电学属性，若与水接触则导致电学短路、漏电等，同时造成压电换能器腐蚀损坏，因此压电发电装置设计时应做好防水、耐腐蚀等保护处理，保证压电发电装置耐久性能。

4. 施工与维护便捷，可回收利用

压电发电装置铺设施工必然不同于传统道路施工方式，而压电发电装置使用过程中难免需要定期维护，因此压电发电装置在设计时应考虑施工与维护便捷性。同时，由于压电换能器及装置加工、铺设等具有一定前期成本，因此压电发电装置在设计时还应保证其可回收再利用，增加发电路面铺设性价比。

3.1.2 道路悬臂梁式压电发电装置开发

基于路面结构环境特点和道路压电发电装置技术要求，设计出兼顾电量高效输出与路面结构耦合的压电发电装置初步整体结构，如图3.1所示。该装置主要由道路压电换能器、承载壳体、内部承载骨架及压缩复位弹性构件等部分组成，同时为实现压电发电路面车路电协同作用，针对装置上述的四部分构件实施了合理的整体空间布局设计。

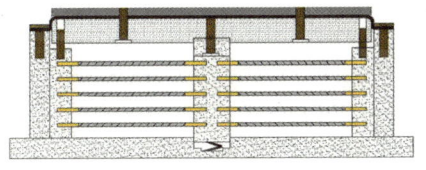 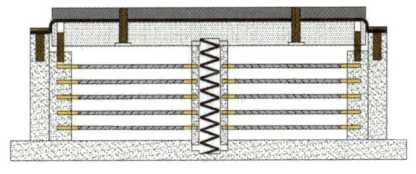

(a) 纵向边部结构设计　　　　　　　(b) 纵向中部结构设计

图 3.1　道路用压电发电装置整体结构设计

1. 道路压电换能器布设

道路悬臂梁式压电换能器微能量输出特性要求其按照特定阵列形式布设于压电发电装置内部,而其垂直作动的电量转换特性决定其采取竖向布设阵列模式,考虑压电换能器青铜基板拥有较高的强度、硬度及弹性性能,设计为可拆卸式多层竖向蝶式阵列。此阵列模式下压电换能器基板均采用一端固定支撑一端悬臂激励的结构模式,其中各层悬臂端均对称汇集于压电发电装置内部中承骨架,对称的压电换能器悬臂端基于装置内部中承骨架传递行车荷载上下往复振动,形如展翅舞蝶,如图 3.1 所示。

此中承骨架布设能够避免单侧压力集中导致的道路压电发电装置整体不均匀沉降,同时此对称阵列布设能够激励各层压电换能器整体竖向位移,同化各层压电换能器振动频率,增大各层压电换能器单次碾压电荷汇集量级,且符合行车荷载竖向振动传递要求,能够实现各层压电换能器与道路行车协同振动。

2. 承载壳体设计

道路压电发电装置承载壳体用于承受行车荷载,保护装置内部结构免受温变、水侵破坏,包括路表抗压盖板、壳体上盖板、侧板和基底底板四部分。结合压电发电装置成型要求及批量加工要求,分别设计压电发电装置承载壳体各部件。

1)承载上盖板

道路压电发电装置承载上盖板直接承受行车荷载作用,同时向下传递振动荷载。由于道路悬臂梁式压电换能器作动空间相对较大,对应的压电发电装置承载上盖板垂直作动空间亦较大,因此有必要设计覆盖作动接缝的防水密封面以增加装置防水密封性能。为便于防水密封材料安装固定,将承载上盖板设计为上下分层盖板,配合紧固螺栓与置于其夹层的防水密封材料构成整体,上下分成盖板包括上部路表抗压盖板和下部壳体上盖板两部分。

由于压电换能器悬臂振动特性,设计的压电发电装置内部镂空空间较大,因此要求路表抗压盖板具能有直接承受行车荷载的材料强度,保证上盖板不出现形变破坏,同时要求路表抗压盖板具有保障压电换能器竖向往复作动的轻质性和抵抗外部自然环境侵蚀的防腐性。因此选用具有较高材料强度和良好加工性能的硬铝合金作为路表抗压盖板材料,同时进行花纹处理以增加表面抗滑性能,其具体技术参数如表 3.1 所示。

表 3.1 硬铝合金材料技术参数

材料名称	弹性模量/GPa	疲劳强度/MPa	屈服强度/MPa	抗拉强度/MPa
硬铝合金	68	105	325	470

压电换能器竖向往复作动要求传递振动荷载的承载上盖板材料质量轻密度小,

以减少压电换能器预压力，保障其力电转换效率的发挥。由于路表抗压盖板选用强度较高的硬铝合金材料，承载上盖板整体抵抗荷载变形的能力得到保障，位于其下部的壳体上盖板可选用便于加工的轻质材料替代金属材料，调查常见的工程塑料，优选适合道路行车环境和温度环境的壳体上盖板材料，常见的工程塑料部分技术参数如表 3.2 所示。

表 3.2 常见工程塑料部分技术参数

材料名称	弯拉强度/MPa	杨氏模量/MPa	导热系数	吸水率（23 ℃）	高温毒性	密度/（g/cm³）
改性聚丙烯（PP）	120	1 600	0.21	0.03	无	0.91
聚酰胺（PA）	60~100	8 300	0.26	0.9~1.5	无	1.15
丙烯腈-丁二烯-苯乙烯（ABS）	62~97	2 000	0.25	0.2~0.25	无	1.05~1.18
聚甲醛（均聚）	98	2 600	0.23	0.2~0.27	有	1.43

由表 3.2 可知，目前常见的工程塑料参数各异，其中聚甲醛（均聚）材料高温环境会挥发气态甲醛，禁止用于道路压电发电装置制作；聚酰胺（PA）材料虽无毒性，但其吸水率较高，不利于在道路雨雪环境长期使用；丙烯腈-丁二烯-苯乙烯（ABS）材料弯拉强度较低；而改性聚丙烯（PP）材料综合性能最优，且质轻耐热、稳定绝缘、易于加工，适合道路环境大规模生产应用，因此选用改性聚丙烯（PP）作为壳体上盖板材料。

2）侧板和基底底板

为保证道路压电发电装置后期维修的便捷性，其承载壳体采用可拆卸式设计，侧板和基底底板需要配合螺栓紧固，若其采用改性聚丙烯（PP）材料，则其在长期路面荷载和温度条件下易出现材料形变，导致螺栓紧固力削弱，影响装置整体使用寿命和重复利用。而若采用硬铝合金材料，则可明显改善行车荷载长期作用导致的形变破坏，且增加装置防腐性能、便于装置维修利用。

然而硬铝合金材料导热系数较高，不利于处于-15~60℃路面温变环境中的压电发电装置隔温处理，导致压电换能器压电材料出现退极化趋势，因此预先在侧板和基底底板内侧施加隔温涂层，可减少装置壳体由外向内温度传递。

3. 内部承载骨架设计

悬臂梁式压电换能器换能模式要求其具有悬臂端和支撑端，而压电发电装置内部的压电换能器发挥力电转换作用则需借助装置内部中承骨架传递来自上盖板的行车振动，需要借助装置内部边承骨架支撑固定压电换能器基板，因此内部中承骨架传力性能和内部边承骨架稳定性的正常与否对压电换能器产能效果而言至关重要。

同时装置内部承载骨架与压电换能器基板直接接触,为避免压电换能器与侧板和基底底板硬铝合金接触导电,内部承载骨架应选用绝缘性良好的稳定材料。基于上述高强质轻、稳定绝缘耐热和加工便捷性等材料要求考虑,选用与壳体上盖板相同材质的改性聚丙烯(PP)作为装置内部的承载骨架材料,保证悬臂梁式压电换能器的边界支撑和振动激励。

由 2.3.3 小节可知,悬臂梁式压电换能器自由端结构位移过大影响压电换能器耐久性能,结构位移过小则影响其发电性能。压电发电装置实际铺设于路面结构内部时,承受小汽车和重载汽车等冲击荷载不同,对应压电换能器结构位移不同,为防止压电换能器因过载出现作动空间过大导致结构破坏现象出现,分别预先限定上盖板与内部边承骨架接触空间、内部中承骨架与基底底板接触空间,双重控制压电换能器竖向位移,保证压电换能器的作动空间不超过其最佳振动幅度。

4. 压缩复位弹性设计

道路压电发电装置承载上盖板激励压电换能器向下压缩作动,压电换能器铜基板弹性模量不足以支撑其回弹,需要设计弹簧顶出复位系统带动承载上盖板恢复到原始位置,继而保证压电换能器压缩回弹作上下往复运动。

选用的复位弹簧劲度系数满足承载上盖板、内部中承骨架及压电换能器整体回弹要求,同时保证空载条件下能够抵抗承载上盖板自身荷载作用不压缩,其高度依据压电发电装置整体高度设计,压缩量超过压电换能器最佳结构位移。设计的复位弹簧作用于承载上盖板与基底底板之间,上下板采用的硬铝合金材质可防止弹簧接触面因应力集中出现过大变形,同时为利于行车荷载作用的均匀回弹,装置内部压缩复位弹簧采用五点分布式布设,具体工作原理为:

道路行车荷载振动经装置承载上盖板传递至内部中承骨架,内部中承骨架带动压电换能器向下位移,弹簧压缩,上盖板与基底底板控制最佳结构位移量,压电换能器完成一次作动,转换输出一次定量电荷;道路行车卸除装置荷载的瞬间,弹簧依靠自身压缩弹力推出上盖板,支撑上盖板回弹,同时带动内部中承骨架及压电换能器整体回弹,上盖板螺栓控制回弹位移量,保证传力构件整体恢复原位,压电换能器完成二次作动,转换输出二次定量电荷。压电发电装置依靠此弹簧顶出复位系统完成周期性换能,复位稳定、工作可靠。

3.2 道路压电发电装置整体尺寸设计

压电发电装置嵌于路面结构中,道路行车振动荷载能否得到充分利用直接决定了压电发电装置发电水平。为实现道路行车振动荷载的高效利用,压电发电装置整体尺寸应与行车荷载特性和道路施工特性相适应,本节综合考虑道路行车轮迹分布特性、行车轮胎接地特性、道路施工特性和装置发电能力，设计了适用于不同行车条件的压电发电装置整体尺寸。

3.2.1 基于轮迹分布特性的装置水平尺寸设计

由于道路行车行驶过程中具有灵活性和不规则性，轴载作用总次数不能集中作用于道路横断面上某一固定位置，亦不能均匀分布到车道上每一点。但受交通标志标线的约束引导影响，车辆轮迹分布具有明显的集聚现象，图 3.2（a）为单车道横向行车轴载作用频率典型分布规律图，每条条带车辆轮迹分布频率计算如公式（3.1）所示。

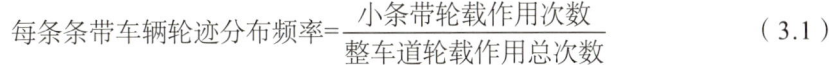

$$每条条带车辆轮迹分布频率=\frac{小条带轮载作用次数}{整车道轮载作用总次数} \quad (3.1)$$

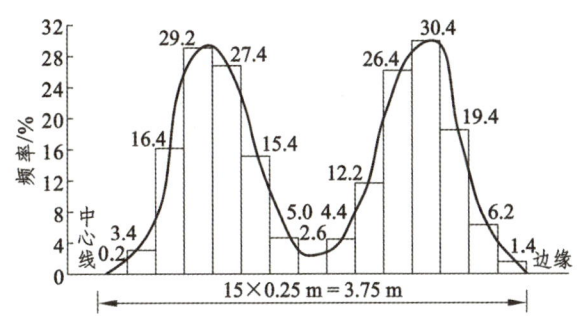

（a）单向车道轮迹分布

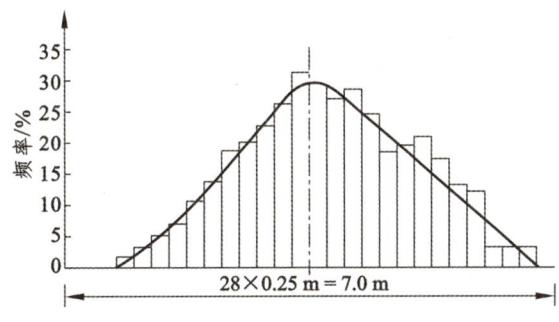

（b）混合行驶双车道轮迹分布

图 3.2 轮迹横向分布频率曲线

由图 3.2 可知，单车道不同横向位置上的行车轮迹分布具有明显的集聚现象，此现象集中于距道路边缘线 0.75～1.25 m 和 2.5～3 m 的道路横线内，由此可知大部分行车轮迹都分布于以路中线对称的两条各 0.5 m 的宽路面范围内，即 27% 宽度的路面承受了将近 60% 的车辆荷载。考虑到压电发电路面应用时的工程经济性，宜将道路压电发电装置铺设在主要轮迹带宽度范围内，初步限定单个压电发电装置的横向最大尺寸不宜超过 500 mm。

3.2.2 基于轮胎接地特性的装置水平尺寸设计

道路压电发电装置的设计原则是最大限度地收集道路行车荷载和振动频率,通过装置内部结构同步传递到各压电换能器转换电能。由于道路环境中悬臂梁式压电换能器最优振动幅度与行车碾压道路产生的挠曲形变之间竖向落差相对较大,故拟将压电装置直接铺设于道路表面,以最大化地利用道路行车携带的垂直压应力。

同时,道路压电发电装置铺设于道路结构中势必导致原道路结构应力传递方式和大小的改变,因此压电发电装置在设计时应考虑行车碾压作用下路面连续接受应力区域内道路形变的一致性。主要可从压电发电装置铺设时的施工工艺和压电发电装置工作时的受力状态两方面考虑协同道路形变一致性,其中压电发电装置工作时的受力状态主要受行车碾压轮胎接地特性的影响,且轮胎接地特性作为路面结构应力发展的初始形态,相对可靠且容易确定,因此可基于轮胎接地特性优化道路压电发电装置尺寸。

压电发电装置尺寸若能与行车轮胎碾压面积契合,即轮胎碾压面积不大于压电发电装置尺寸,便可尽可能地增大压电发电装置作用应力,同时还可减少压电发电装置内嵌对路面结构造成的影响。与传统路面力学计算模型中圆形均布荷载不同,实际行车荷载的轮胎接地形态趋于矩形,因此将压电发电装置设计为矩形型式,以最大化契合行车轮胎碾压装置的面积,并基于汽车轮胎接地特性设计压电发电装置水平横向和纵向宽度尺寸。

1. 水平横向宽度尺寸设计

汽车行驶时的轮胎横向接地面宽度主要与汽车轮胎型号有关,受轮胎胎压和汽车载荷等因素的影响较小,根据轮胎胎面接地宽度调查可知,汽车轮胎胎面宽度多集中于断面宽度的 0.7~0.85 倍,可认为其是一个相对固定的参数,因此通过汽车的轮胎型号能够推算轮胎横向接地宽度。

然而目前道路行车种类众多且行驶环境复杂,其中以小汽车为主的轻型交通和以载重货车为主的重型交通的轮胎接地特性差距较大,故有必要从以上两种道路环境出发来设计压电发电装置尺寸,提高压电发电装置道路交通适应性。经调查,目前常见的轻型交通和重型交通汽车主要参数如表 3.3 和表 3.4 所示。

表 3.3 常见的轻型交通汽车参数

类型		轴距/mm	车重/kg	轮胎断面宽度/mm
小型汽车	奇瑞 QQ	2 340	880	155
	奔驰 smart	1 873	920~1 054	165
	福特嘉年华	2 495	1 092~1 115	185
	一汽丰田威驰	2 550	1 090	175/185
	名爵 3	2 520	1 130/1 190	185/195
	MINI——MINI	2 495	1 196/1 265	195/205

续表

类型		轴距/mm	车重/kg	轮胎断面宽度/mm
中型汽车	大众速腾	2 651	1 370~1 395	205
	奥迪 A3	2 629	1 345~1 440	205
	福特福克斯	2 648	1 308~1 408	205
	上汽大众——帕萨特	2 803	1 455~1 655	215
	广汽本田——雅阁	2 775	1 499~1 561	215
	上汽通用别克——君威	2 737	1 590	225
	雷克萨斯 CT	2 600	1 440	205
	马自达 CX-3	2 570	1 280	215
	广汽丰田凯美瑞	2 825	1 605	205/215/235
大型汽车	凯迪拉克 XTS	2 837	1 840	235
	奥迪 A8	3 122	1 920~~2 055	235
	宝马 7 系	3 210	1 830~~1 940	245
	奔驰 S 系	3 165	2 115	245
	保时捷卡宴	2 895	2 040~~2 308	255
	英菲尼迪 Q70	3 050	1 872	245
	福特野马 Mustang	2 720	1 769	255
	沃尔沃 s90S90	3 061	1 784	245/255
	一汽丰田普拉多	2 790	2 285	265
	林肯领航员	3 112	2 825	285

表 3.4 常见的重型交通汽车参数

类型		轴距/mm	车重/kg	轮胎断面宽度/mm
轻型卡车	江淮帅铃 X	3 308	2 600~4 495	177.8/203.2
	福田奥铃 CTX	3 360~4 200	2 720~2 805	177.8/203.2
	东风多利卡 D6	3 300~3 800	4 270	177.8/203.2
	跃进超越 C	3 308~4 280	4 495~14 000	152.4/177.8/228.6
中型卡车	福田欧克马 5	4 700~5 600	4 100~5 275	228.6/254/275/279.4
	江淮帅铃 W 威司达	4 700~5 700	5 350~7 810	228.6/254/279.4
	青岛解放龙 V	5 250~7 200	4 850~9 200	254/295
	福田沃瑞	4 200~6 500	4 000~10 150	228.6/279.4/304.8
重型卡车	东风柳汽乘龙	5 150	8 800	304.8
	延安 SX1160	4 700/5 000	7 615	228.6/254/277.5/279.4
	一汽解放 J6P	5 150~8 150	9 480~15 500	279.4/304.8
	东风新天龙	4 650	25 000	279.4
	中国重汽 T7H	4 600	25 000	295

由表 3.3 和表 3.4 可知，目前常见的轻型交通汽车轮胎断面宽度集中于 155～285 mm，其中微型汽车轮胎断面宽度集中于 155～205 mm，中型汽车轮胎断面宽度集中于 205～235 mm 之间，大型汽车轮胎断面宽度集中于 235～285 mm 之间；常见的重型交通汽车轮胎断面宽度集中于 152.4～304.8 mm 之间，其中轻型汽车轮胎断面宽度集中于 152.4～228.6 mm 之间，中型汽车轮胎断面宽度集中于 228.6～304.8 mm 之间，重型汽车轮胎断面宽度集中于 228.6～304.8 mm 之间。

基于汽车轮胎胎面宽度多为断面宽度 0.7～0.85 倍的研究结论，分别计算汽车轮胎胎面横向接地宽度范围，其中最小胎面宽度取最小倍数，最大胎面宽度取最大倍数，计算结果如图 3.3 所示。

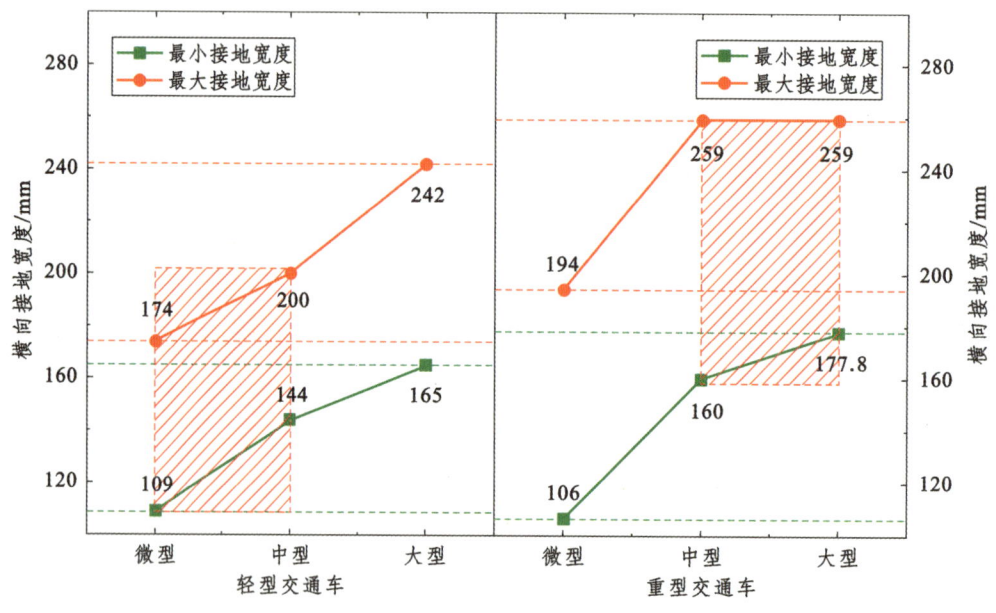

图 3.3　汽车轮胎胎面横向接地宽度变化情况

分析图 3.3 可知，轻型交通汽车轮胎横向接地宽度多处于 109～242 mm 范围内，重型交通汽车轮胎横向接地宽度多处于 106～259 mm 范围内，根据我国常见的道路交通汽车行驶状况可知，中型和重型载重汽车占据重型交通行驶汽车类别之首，因此将重型交通路段汽车轮胎横向接地宽度精确为 160～259 mm。对于轻型交通而言，微型、中型小汽车占据主要地位，因此将轻型交通路段汽车轮胎横向接地宽度精确至 110～200 mm。

2. 水平纵向宽度尺寸设计

道路汽车行驶过程中轮胎纵向接地长度基本保持不变，但其受到轮胎胎压、汽车载荷、行驶速度和路面状况等多种因素影响，其中轮胎胎压和汽车载荷是影响轮胎纵向接地长度的主要因素。根据国内外相关研究可知，轮胎纵向接地长度随着汽车载荷的增加而增加，同时随着轮胎胎压的增加而减小。选取具有代表性的 205 型小汽车和 11.00-20 型重型汽车作为轮胎纵向接地长度研究对象,设计道路压电发电装置纵向尺寸,典型汽车轮胎试验参数如表 3.5 所示。

表 3.5 典型汽车轮胎试验参数

汽车类别	轮胎胎压/MPa	汽车载荷/kN	纵向轮胎接地长度/mm	横向轮胎接地长度/mm
205 型小汽车	0.25	3	104	165
		4	124	
		5	142	
11.00-20 型重型汽车	0.81	25	200	195
		37.5	262	195
		50	311	

由表 3.5 可知,正常胎压下,随着汽车载荷的增加,205 型小汽车的纵向轮胎接地长度由 104 mm 增长为 142 mm,其中整车(汽车质量 1.4~1.7 t+司乘人员 65 kg/人)对应的轮胎接地长度稍长于 120 mm;11.00-20 型重型汽车的纵向轮胎接地长度多在 200~300 mm,其中满载(2.5 t)对应的纵向轮胎接地长度为 200 mm,超载(5 t)对应的纵向轮胎接地长度稍长于 300 mm。

基于上述车辆轮胎纵向接地状态,将铺设于轻型交通路段的压电发电装置纵向尺寸选定为 100~120 mm,铺设于重型交通路段的压电发电装置纵向尺寸选定为 200~300 mm。

同时由表 3.5 可知,205 型小汽车横向轮胎接地宽度为 165 mm,11.00-20 型重型汽车横向轮胎接地宽度为 195 mm,因此可对道路压电发电装置横向尺寸进一步精确为:铺设于轻型交通路段的压电发电装置横向尺寸选定为 110~165 mm,铺设于重型交通路段的压电发电装置横向尺寸选定为 160~195 mm。

综上所述,以尽可能保证压电发电装置能够兼顾全部道路行车荷载为基础,考虑装置内部传力结构、施工便利性、应用普遍适用性及制作成本等因素,确定 160 mm×160 mm 水平规格压电发电装置作为道路压电发电系统研究对象,同时兼顾轻型交通和重型交通两种交通条件应用。

3.2.3 压电发电装置高度设计

压电发电装置水平规格与轮载分布特性和轮胎接地特性有关,而压电发电装置的高度则直接决定了内部压电换能器阵列数量和压电发电装置埋设施工难度,因此有必要全面考虑压电换能器发电要求和路面高度要求,设计时兼顾电学输出量级和埋设施工普遍适用的压电发电装置高度。

1. 装置发电量级要求的高度设计

压电换能器按照多层竖向蝶式阵列组合于压电发电装置结构内部,压电换能器阵列数量决定压电发电装置高度,而压电换能器阵列数量与电学输出量级需求有关。通常情况下,压电换能器并联阵列数量越多,功率输出量级越大,越能够满足应用需求;但压电换能器并联数量过多,对应的压电发电装置高度亦将过高。就发电量级而言,压电发电装置高度在设计时应尽可能高。

2. 装置内部构件可靠性要求的高度设计

若压电发电装置高度过高极易导致以下两方面的问题出现:

(1) 由于压电发电装置内部构件种类较多,且设计了能够避免压电换能器振动幅度超限的接触空间,因此内部构件加工时应尽可能减少尺寸误差。若压电发电装置高度过高,内部构件加工误差累加,将导致接触限定空间低于或超过压电换能器最佳振动幅度,使对应的装置发电量级降低或耐久性能无法保障。

(2) 若压电发电装置高度过高,还将影响压电发电装置内部各构件配合可靠性,尤其影响压缩复位弹簧的正常工作,过长的弹簧在受压过程中即使处于限位通道内,也易出现弯折失稳现象,不利于装置上盖板均匀回弹复位,影响装置的正常工作。

因此就装置内部构件可靠性而言,压电发电装置高度应保持在一定范围内。

3. 路面高度要求的装置高度设计

为最大化利用道路行车携带的垂直压应力,压电发电装置可直接铺设于道路表面,故压电发电装置高度可参考路面面层厚度确定。考虑压电发电装置底部需要具有一定抗压强度,其埋设位置选定为路面中面层底部(三层式面层)或下面层底部(两层式面层),目前我国常见的上面层和中面层总厚度(三层式面层)或上面层和下面层总厚度(两层式面层)多处于 10~14 cm 范围内,压电发电装置高度可参考 10~14 cm 范围选取。

同时,压电发电装置通常采用直接开槽埋设的施工方式,此埋设方式需设置压电发电装置底部找平层 2~3 cm,防止压电发电装置不均匀沉降。考虑到找平层需要具有一定的厚度以夯实至槽底平整,因此将压电发电装置高度设定为 7 cm,以保证道路压电发电装置的普遍适用性。

综合上述压电发电装置技术要求、细节设计和尺寸设计等设计思路,设计悬臂梁式压电发电装置如图 3.4 所示。

图 3.4 悬臂梁式压电发电装置

3.3 道路压电发电装置内部连接优化与性能研究

压电发电装置内部压电换能器的连接方式影响其电学输出性能，为提升其发电能力，本节基于电学指标优化压电发电装置内部连接方式，并探明其在不同振动条件下的发电性能及在道路交通条件下的耐久性能。

3.3.1 压电发电装置优化与性能试验方案设计

1. 试验参数设计

压电发电装置埋于路表承受外部荷载作用，其电学输出效率受外部荷载大小和作用频率影响，而由于悬臂梁式压电换能器的悬臂结构特性决定了压电发电装置完全能够在行车荷载作用下完成压电换能器的最佳振动幅度，因此道路环境悬臂梁式压电发电装置的能量转换性能与道路环境外部荷载无关，外部振动频率成为影响其发电性能的主要因素。

道路行车碾压压电发电装置呈现逐步驶近和逐步驶离两个过程，压电发电装置承受行车双轴荷载作用频率可按照公式（3.1）计算而得，即行车碾压作用频率为行车速度与车辆轴距之间的商值，由此可知行车速度和车辆轴距是影响道路行车作用频率的决定性因素。

选取普通公路和高速公路收费广场道面、减速带道面、急转弯等特殊路段道面作为压电发电装置应用环境，对应的行车频率各不相同。为全面测评不同频率下压电发电装置电学输出效果，选取行业标准《公路工程技术标准》（JTG B01—2014）规定的各级公路设计速度作为压电发电装置实际作用的行车速度，同时以常见的前后轴距为 2.5 m 的典型小汽车、前后轴距为 4 m 的载重货车为例，代入公式（3.1）计算不同道路环境压电发电装置发电性能模拟试验频率，如表 3.6 所示。

表 3.6　不同道路环境模拟试验频率

行车速度/(km/h)		小汽车频率/Hz	载重货车频率/Hz
急转弯路段	30	3.33	2.08
高速公路收费广场	≤40	4.45	2.78
各级公路	30	3.33	2.08
	40	4.45	2.78
	60	6.67	4.17
	80	8.89	5.56
	90	10	6.25
	100	11.11	6.95
	110	12.22	7.64
	120	13.33	8.33

由表 3.6 可知，不同道路环境小汽车和载重货车振动频率为 2~13 Hz，为方便压电发电装置模拟加载，选取此范围作为压电发电装置发电性能模拟试验频率。

2. 测试系统设计

道路用压电发电装置性能研究时仍采用 MTS 伺服液压测试系统模拟道路行车作用频率加载，为防止夹持的压电发电装置试验过程中滑动 MTS 伺服液压测试系统采用能够夹持的圆形压头，同时为防止加载作用面受力不均，圆形压头设置能够微调作用面水平倾角的调平球座，如图 3.5 所示。根据设计的 160 mm × 160 mm × 70 mm 规格压电发电装置尺寸，选用 MTS 伺服液压测试系统圆形压头直径为 150 mm。压电发电装置整体试验结构如图 3.6 所示。

图 3.5　MTS 伺服液压测试系统调平球　　图 3.6　压电发电装置整体试验结构

基于既定压电发电装置外部尺寸、电学输出量级及应用条件考虑，设置 20 片压电换能器按照 3.1 节既定阵列对称布设于压电发电装置内部，为方便观测记录，压电发电装置内部第一层压电换能器布设编号呈 Z 字型排列，分别记为 1#、6#、11#、16#，其他压电换能器则按照由上至下的顺序依次编号。

3.3.2 压电发电装置内部连接优化

1. 压电发电装置不同压电换能器连接优化

压电换能器可根据不同供电需求采用不同组合连接方式,压电换能器串联时的输出电压最大,但对应的输出功率最小,并联时的输出电压较小,但输出功率较大。由于压电换能器压电材料具有高电压、低电流的输出特性,其应用于电能采集存储时通常采用并联连接方式。

然而设计的压电发电装置内部 20 片压电换能器在 5 Hz 和 10 Hz 频率下并联连接对应的输出开路电压分别为 0.8 V 和 3.2 V,不满足采集存储电路要求的最低 5~7 V 输出电压的要求,原因分别为:单片压电换能器自身输出电压达不到存储要求;并联的 20 片压电换能器输出电压量级不同,各压电换能器之间存在电压相位差,电压分流导致并联后电压较小。因此在分别测试单个压电换能器输出电压的基础上,设计能够达到存储电压要求的串联组合,然后将各串联组合并联连接,以最大限度地提高压电发电装置的整体输出功率和提高电能存储速度。并联的各组合在 5 Hz 和 10 Hz 频率条件下的输出电压如表 3.7 所示。

表 3.7 不同组合压电换能器连接方式开路电压

组合连接方式		5 Hz 开路电压/V	10 Hz 开路电压/V
并联		0.8	3.2
混联	串联组合 1	7.2	9.6
	串联组合 2	8	12.4
	串联组合 3	6.8	12
	串联组合 4	8.8	13.2
	各组合并联	1.64	7.4

由表 3.7 可知,设计的压电换能器各串联组合在 5 Hz 和 10 Hz 频率条件下均能够达到存储电路的最低电压要求,能够保证存储电路正常工作。然而各组合并联后的输出电压出现明显减少现象,10 Hz 频率条件下的输出电压减少至 7.4 V,仍能够满足存储电压要求,但 5 Hz 频率条件下的输出电压仅为 1.64 V,此条件下的存储电路无法正常工作,此现象仍由电压分流引起,设计能够防止电压分流的整流电路便可杜绝此现象发生。

2. 压电发电装置整流电路连接优化

压电换能器采用并联连接方式可提高压电发电装置的电学输出性能,而由于压电换能器自身加工误差因素的影响,同工况条件下并联的压电换能器电能输出量级不同,高电能输出量级压电换能器部分电能分流至低电能输出量级压电换能器,其分流方向与低量级电能输出方向冲突,导致压电发电装置整体电能内耗,因此设计出了防止电压回流内耗且能够将输出交流电转换为所需直流电的整流电路。

为检验压电换能器串联组合整流后并联连接能否达到存储电路电压要求,从各组合不整流并联连接和先整流后并联两种连接方式入手,基于压电发电装置发电性能明确压电发电装置内部最佳连接方式,保证压电发电装置电学输出量级最大化,同时探究压电发电装置整流电路的整流效果。

3. 整流电路连接的压电发电装置发电性能

为方便压电发电装置匹配不同负载电阻,借助阻值范围为 0~100 kΩ 的电阻箱(0.1 Ω 进度)调节负载阻值,超出范围的电阻借助单个定值电阻外接,整流与不整流连接的压电发电装置在 5 Hz 和 10 Hz 频率条件下的输出电压测试结果如图 3.7 所示,对应的输出功率测试结果如图 3.8 所示。

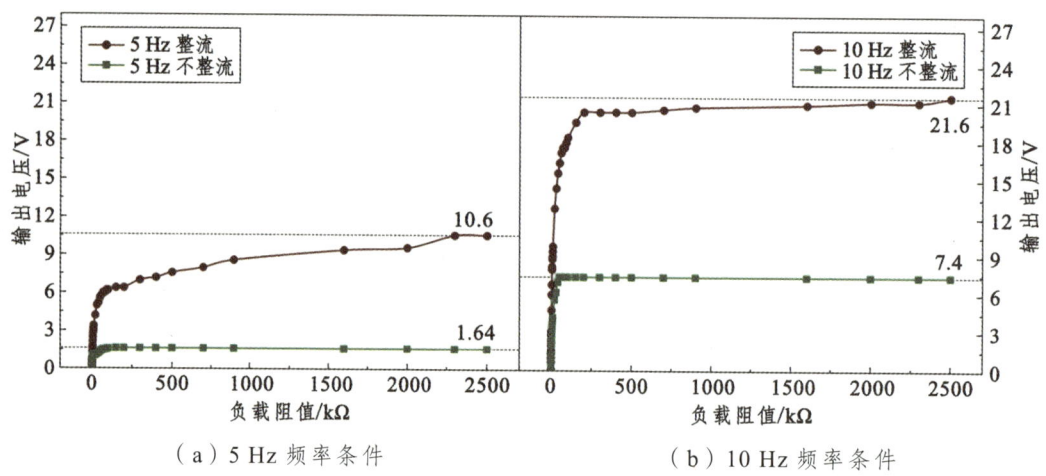

(a) 5 Hz 频率条件　　　　　(b) 10 Hz 频率条件

图 3.7　整流与不整流连接压电发电装置输出电压

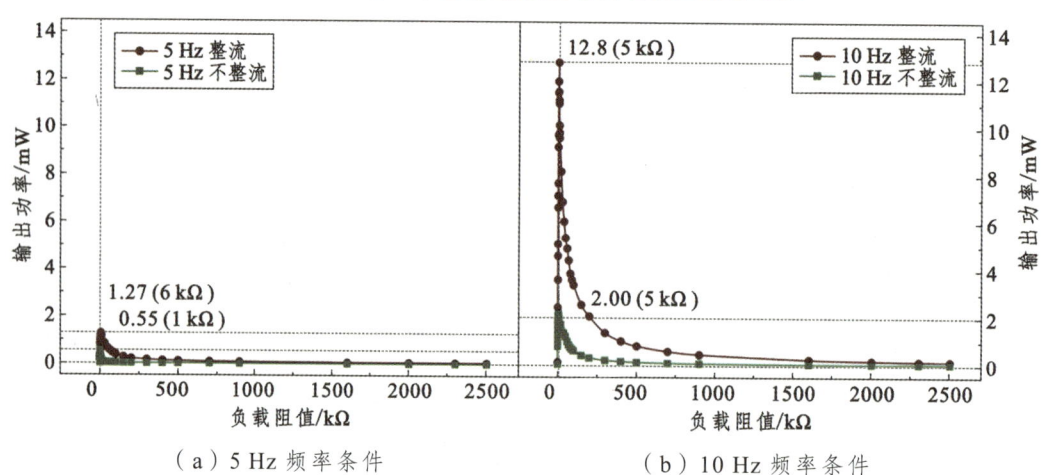

(a) 5 Hz 频率条件　　　　　(b) 10 Hz 频率条件

图 3.8　整流与不整流连接压电发电装置输出功率

由图 3.7 和图 3.8 可知，整流连接的压电发电装置输出电压和输出功率均出现明显增大的现象，5 Hz 频率条件下整流连接的压电发电装置最大输出电压为 10.6 V，为不整流连接压电发电装置的 6.46 倍；10 Hz 频率条件下整流连接的压电发电装置最大输出电压为 21.6 V，为不整流连接压电发电装置的 2.92 倍，整流后的压电发电装置在两种频率条件下的输出电压均能满足电路存储电压要求；同时 5 Hz 频率条件下整流连接的最大输出功率为 1.27 mW，为不整流连接的 2.31 倍；10 Hz 频率条件下整流连接的最大输出功率为 12.8 mW，为不整流连接压电发电装置的 6.4 倍，表明设置整流电路的压电发电装置的发电性能较未设置整流电路时的发电性能更优，设计的整流电路阻止了电压差值分流内耗，同时验证了压电换能器串联组合是能够达到存储电路电压要求的。

4. 压电发电装置整流电路的整流效果

压电发电装置发电性能试验过程中观察整流前后的输出电压整流效果对比如图 3.9 所示。

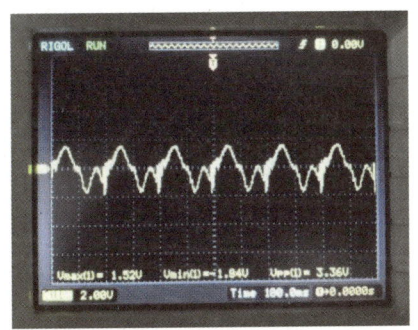 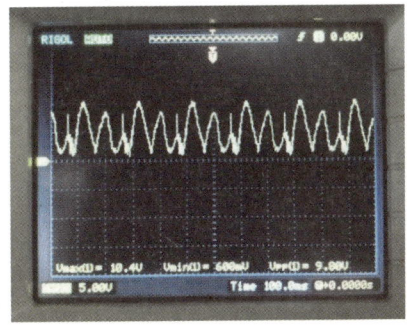

（a）不整流连接示波器波形　　　　　　　（b）整流连接示波器波形

图 3.9　整流前后输出电压整流效果对比

由图 3.9 可知，不整流的压电发电装置输出电压示波器波形以 X 轴为中心上下对称分布，输出交流电；而整流的输出电压示波器波形均在 X 轴以上，输出能够采集存储利用的直流电，表明设计的整流电路整流效果良好。

综上可知，各压电换能器串联组合先整流后并联的连接方式能够提高压电发电装置能量输出量级，有利于压电发电装置能量采集存储，因此设计的压电发电装置内部压电换能器分别匹配整流电路后并联连接输出电能。

3.3.3　不同应用环境振动频率的发电性能研究

道路工程交通荷载组成极为复杂，不同道路等级、不同道路宽度、不同车道数量、不同载重类型和不同行车环境均影响不同时段的行车荷载和行车振动频率，为便于道路压电发电装置能量输出效果的研究，需明确其在不同外部荷载和外部频率下的电压输出效果和功率变化规律。由于行车荷载满足悬臂梁式压电换能器最佳结构位移需要的外部荷载需求，因此可针对道路环境的不同振动频率研究压电发电装置的发电性能。

1. 压电发电装置电压输出效果和功率变化规律

选取 3.3.1 节试验方案设计的 2~13 Hz 作为压电发电装置发电性能模拟试验频率，不同振动频率压电发电装置匹配不同负载阻值对应的输出电压如图 3.10 所示，对应的输出功率如图 3.11 所示。

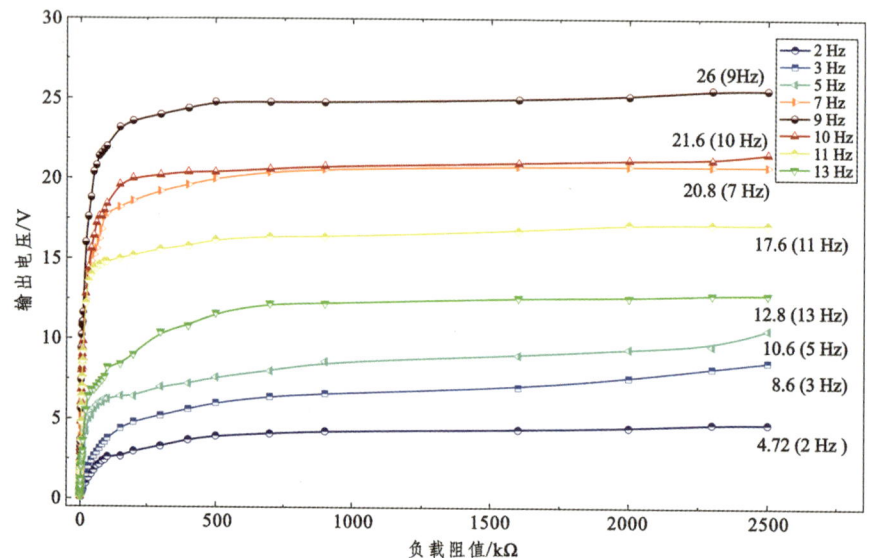

图 3.10 不同振动频率压电发电装置输出电压

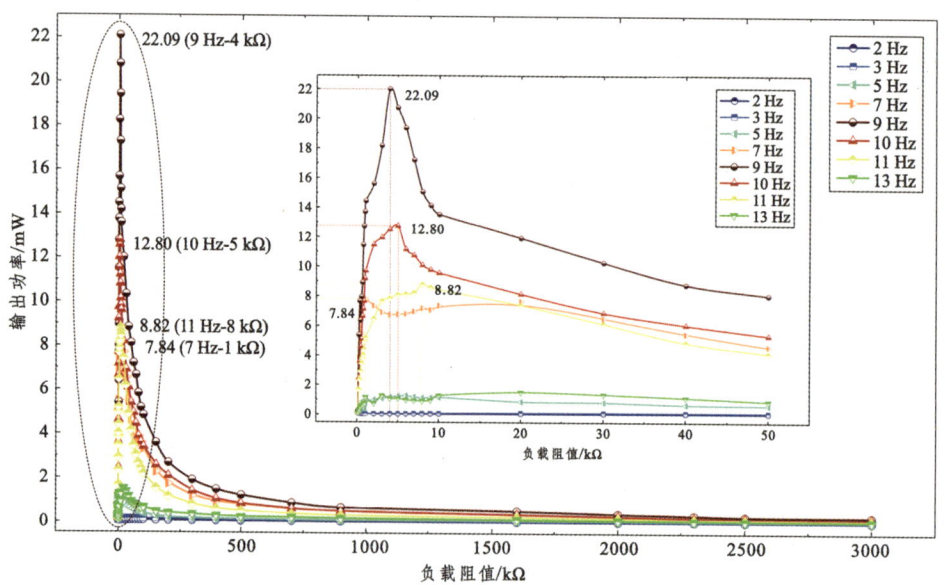

图 3.11 不同振动频率压电发电装置输出功率

而由图 3.10 可知，相同行车振动频率下，压电发电装置的输出电压随负载阻值增大呈现增大现象，前期增大速率明显，后期逐渐趋于稳定至接近开路电压，表明压电发电装置匹配的负载阻值越大，越有利于其输出电压的提高；匹配相同负载阻值条件下，压电发电装置的输出电压随振动频率的增加出现先增大后减小的趋势，其中 9 Hz 频率条件下压电发电装置输出电压最大，最大输出电压可达 26 V；最小频率 2 Hz 条件下压电发电装置输出电压最小，最小输出电压为 4.72 V，基本满足电能采集存储要求；同时最大频率 13 Hz 条件下压电发电装置最大输出电压可达 12.8 V，而 3 Hz 频率条件下压电发电装置最大输出电压可达 8.6 V，表明一定范围内的行车速度有利于压电发电装置电压输出，同时表明设计的压电发电装置在不同频率条件下的输出电压满足电能采集要求，因此可认为设计的压电发电装置适用于包括轻型交通和重型交通在内的全部道路交通条件的能量采集存储。

由图 3.11 可知，相同行车振动频率作用下，压电发电装置的输出功率随负载阻值的增大呈现先增大后减小的趋势；不同行车频率作用下，压电发电装置的最大输出功率随频率增大呈现先增大后减小的趋势，且对应的峰值逐渐右移，即其需要的最佳匹配阻值逐渐增大，其中 9 Hz 频率条件对应的输出功率最大，最大输出功率可达 22.09 mW；7~11 Hz 范围内输出功率较大，高速行车道路更有利于压电发电装置能量输出效果的提高，同时就其输出功率量级而言，亦可得出结论：设计的压电发电装置适用于所有道路交通条件能量采集存储。

2. 压电发电装置的最大输出电压和最大输出功率变化规律

基于上述试验结果，绘制压电发电装置的最大输出电压和最大输出功率随振动频率的变化规律如图 3.12 所示。

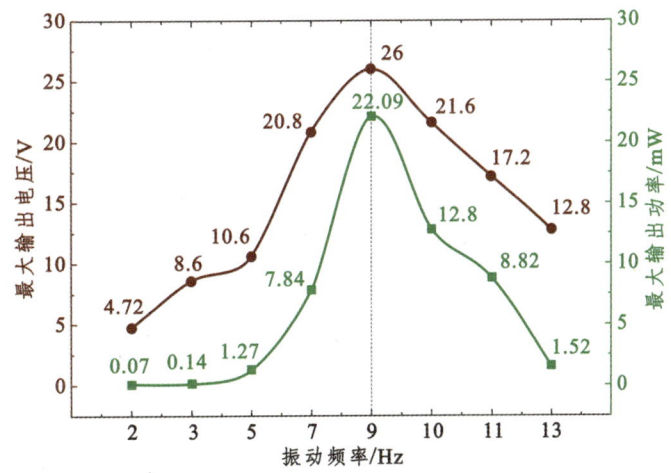

图 3.12 不同振动频率压电发电装置最大输出电压和最大输出功率

由图 3.12 可知，压电发电装置的最大输出电压和最大输出功率随振动频率增加均表现出类似正态分布现象，小汽车典型车速对应的 9 Hz 频率条件下压电发电装置的输出电压和输出功率最大,其他常规车速 7~11 Hz 频率对应的输出电压和输出功率亦较大,表明设计的压电发电装置在常规车速范围内发电效果最优,有利于输出电能采集存储。

3.3.4 基于道路交通条件的耐久性能研究

压电发电路面的建设增加了道路投资成本,道路压电发电系统应在较长的使用寿命内创造出可观的经济效益,要求压电发电路面在数百万次车辆荷载作用下仍能保持稳定高效的电能输出效果,而在频繁的车辆荷载作用下,压电发电装置是否出现结构损伤破坏、压电换能器是否会出现压电性能衰减现象则是影响压电发电效果稳定性的关键因素。借助 MTS 伺服液压测试系统模拟道路行车环境对压电发电装置施加 10 Hz 加载频率长期动态作用,评估道路压电发电装置工作耐久性能。

道路压电发电装置置于道路行车环境中,道路交通量直接决定了压电发电装置的作用次数,进而影响其工作耐久性能。由于收费站道面、减速带道面甚至特殊路段道面等场合交通量与普通高速公路交通量相比相对较少,因此选取普通高速公路设计交通量作为道路压电发电装置极限荷载作用次数。根据《公路工程技术标准》(JTG B01—2014)规定,高速公路年平均日设计交通量为 15 000 pcu,因此以此为参考,选定 MTS 伺服液压测试系统循环加载 100 000 次,模拟测试压电发电装置在行车持续作用下的耐久性能。

1. 压电发电装置轴向变形量是否满足要求

为明确施工或使用过程中的压电发电装置是否出现结构疲劳损伤,应用 MTS 伺服液压测试系统对压电发电装置循环加载作用 100 000 次,压电发电装置的轴向变形量如图 3.13 所示。

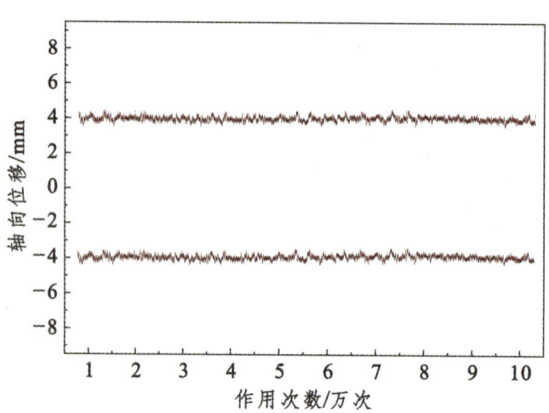

图 3.13 压电发电装置轴向变形量

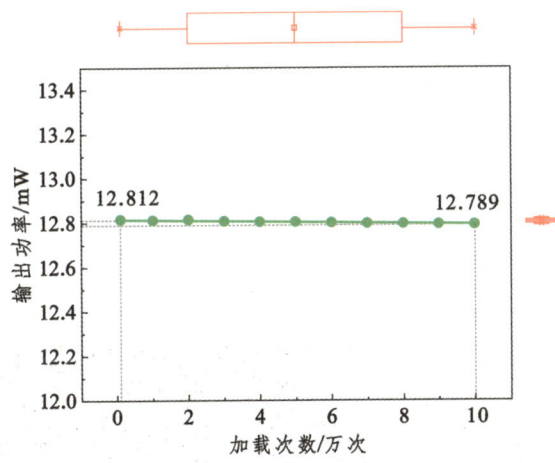

图 3.14 压电发电装置输出功率变化情况

由图 3.13 可知,压电发电装置承受 10 Hz 频率、100 000 次循环作用的轴向变形量稳定,压电发电装置整体未出现结构疲劳形变,具有良好的工作耐久性能。

2. 压电换能器压电性能是否衰减

为探明循环加载作用后的压电换能器是否出现压电性能衰减现象,匹配 10 Hz 频率最佳负载阻值 5 kΩ,记录压电发电装置输出电压,计算对应的输出功率变化情况如图 3.14 所示。压电发电装置在 10 Hz 频率条件下的整体输出功率由初始的 12.812 mW 减少至 100 000 次循环作用后的 12.789 mW,仅减少 0.023 mW,表明道路用压电换能器承受 100 000 次加载作用后未出现明显的压电性能衰减现象,同时试验结束后借助放大镜观察各压电换能器外观,未出现表面裂纹现象,压电换能器结构完整。因此可得出结论:设计的道路用压电发电装置在频繁外部荷载作用下发电效果稳定,具有良好的耐久性能。

未来可基于压电发电路面实体工程继续探索不同应用环境、不同服役状态压电发电路面的路用性能和长期服役稳定性能,设计适用于不同道路应用环境的压电发电路面布设方案,创建压电发电路面的智能化控制系统,实现压电发电路面智能服役、智能养护和智能监控。

3.4 道路压电发电装置能量采集效果研究

基于道路交通条件测试的压电发电装置发电性能和耐久性能良好,为进一步探明其能量采集效果,测试其瞬时点亮 LED 指示效果、采集存储电路点亮 LED 照明效果以及瞬时安全预警效果。测试过程中,压电发电装置与整流电路连接,借助 MTS 伺服液压测试系统模拟小汽车典型行车频率 9 Hz 条件测试其能量采集效果。

1. 瞬时点亮 LED 指示牌效果测试

压电发电装置应用于道路工程时，可基于其接受行车作用后的瞬时转换电能特性，与电子信息情报设施安全提醒功能结合，为道路行车提供实时安全预警。由于单个压电发电装置能量输出效果逊于成片布设效果，因此设计简易的 LED 指示牌，测试压电发电装置瞬时点亮 LED 指示牌效果，确保道路行车实时安全预警功能发挥正常。

设计的 LED 指示牌由 25 个直径 5 mm 的发光二极管连接而成。压电发电装置瞬时点亮 LED 指示牌效果如图 3.15 所示。

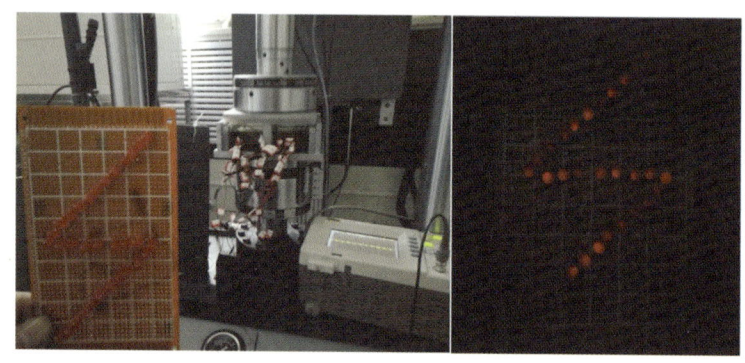

图 3.15　瞬时点亮 LED 指示牌效果图

由图 3.15 可知，压电发电装置连接 LED 指示牌后的瞬时点亮效果明显，具有在夜间或雨雾天气为道路行车提供实时安全预警的功能；同时，此点亮效果为单个压电发电装置作用表现出的结果，若压电发电装置成片布设于道路环境中，则可为更大尺寸的 LED 指示牌提供瞬时电能，安全预警应用场合更加广泛。

2. 采集存储电路点亮 LED 照明灯效果测试

压电发电装置应用于道路工程时，亦可借助能量采集存储电路存储电能，供路灯等道路附属设施用电。设计由 100 组发光二极管组成的尺寸为 90 mm × 70 mm 的 LED 照明灯，测试压电发电装置连接采集存储电路后点亮 LED 照明灯效果，确保压电发电装置电能采集存储功能的正常发挥。作者团队自主研发的与压电发电装置发电量级匹配的能量采集存储电路如图 3.16(a) 所示，当电路红色指示灯完全点亮且数字示波器显示的输出电压达到 10 V 时，存储电容达到充满状态，如图 3.16(b) 所示。充满状态的采集存储电路点亮 LED 照明灯效果如图 3.17 所示。

连接采集存储电路的压电发电装置测试 19 min 后，采集存储电路红色指示灯完全点亮（见图 3.16 b），数字示波器显示的输出电压达到 10 V，存储电容达到充满状态。由图 3.17 可知，充满状态的存储电路连接 LED 照明灯后的点亮效果明显，表明压电发电装置能量采集存储效果显著，可用于道路压电发电能量采集存储。同时，若压电发电装置成片布设于道路环境中，则可增加采集存储电能量级，缩短存储时间，保证采集存储功能更可靠地发挥。

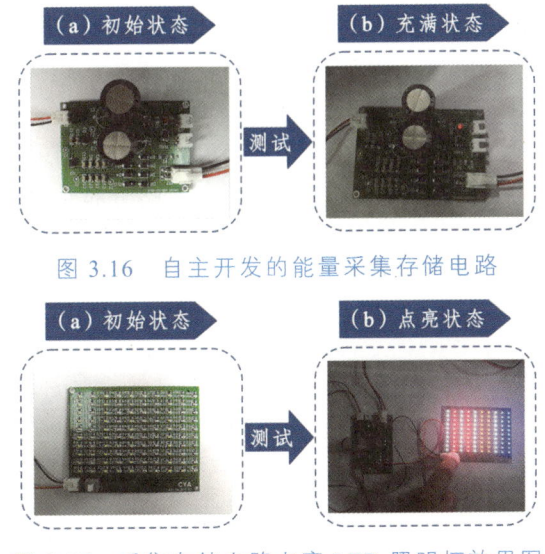

图 3.16　自主开发的能量采集存储电路

图 3.17　采集存储电路点亮 LED 照明灯效果图

3. 瞬时安全预警效果测试

基于不同道路交通条件测试的压电装置发电性能良好，为进一步探明设计的装置在应用中的预警效果，压电发电装置连接指示牌，以验证其瞬时点亮效果。由于室内试验时测试单个压电装置的电学输出效果逊于实际应用时成片布设的效果，因此设计简易指示牌，测试压电装置瞬时点亮指示牌效果，确保道路实时安全预警功能正常发挥。不同频率条件下压电装置瞬时点亮指示牌效果如图 3.18 所示。

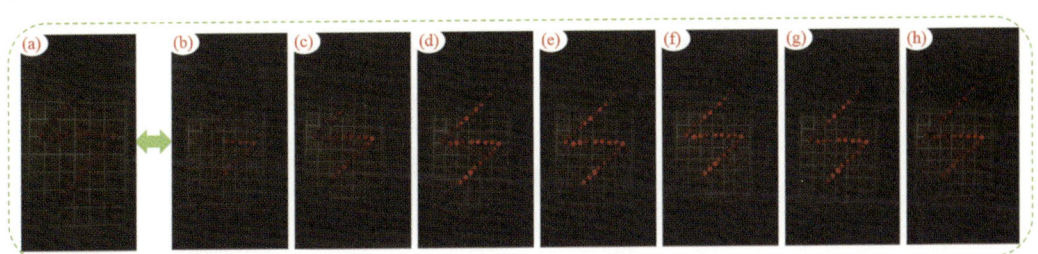

(a) 熄灭状态指示牌　(b) 3 Hz 指示牌状态　(c) 5 Hz 指示牌状态　(d) 7 Hz 指示牌状态
(e) 9 Hz 指示牌状态　(f) 10 Hz 指示牌状态　(g) 11 Hz 指示牌状态
(h) 13 Hz 指示牌状态

图 3.18　瞬时点亮指示牌

指示牌能够通过 MTS 伺服液压测试系统的往复作用在熄灭（见图 3.18a）和点亮两种状态间交替工作，压电装置具有在夜间或雨雾天气为道路行车提供实时安全预警的功能。不同频率（车速）条件下压电装置的瞬时点亮效果不同，7~11 Hz 频率范围内指示牌亮度明显，其他频率范围内指示牌亮度较弱，究其原因，为 7~11 Hz 频率范围内装置发电效果良好，能够为指示牌提供足够电能。

值得注意的是，此点亮效果为单个压电装置表现出的结果，实际应用时压电装置沿轮迹带成片布设于道路环境中，车辆可单次同时碾压多个装置，并联后输出功率将得到倍数级提高，其电能采集量级也将进一步增加，点亮效果将更加明显，提供安全预警功能的应用场合也将更加广泛。

常规的 LED 道路警告标志由 LED 灯连接组合而成，灯数量与警告标志的可视距离有关，可视距离越大，对应灯数量越多。由于道路分布地区环境因素差异较大，灯数量需要根据地区要求的可视距离确定。灯数量又与压电装置成片布设时的规格有关。

3.5 本章小结

本章自主开发了兼顾能量高效输出与应用环境耦合的多层协同式道路悬臂梁式压电发电装置，探明了压电发电装置内部最佳连接方式，揭示了压电发电装置在不同道路条件下的电学输出规律，验证了其耐久性能及能量采集效果，为多层协同式压电发电装置在道路中的应用奠定了基础。

（1）开发的道路悬臂梁式压电发电装置同时兼顾能量高效输出与环境耦合的功能，其中基于行车荷载特性、发电量级和路面高度要求确定了压电发电装置整体尺寸为 16 cm × 16 cm × 7 cm，并基于结构耐久特性设计了压电发电装置防水保护措施。

（2）探明了压电发电装置整流电路的整流效果，10 Hz 频率条件下最大输出功率为 12.8 mW，为不整流连接的 6.4 倍，并明确了其内部最佳连接方式为混联连接，即各压电换能器串联组合分别匹配整流电路后并联连接。

（3）系统研究了压电发电装置在不同道路振动频率下的电压输出和功率输出规律，9 Hz 频率对应的 26 V 和 22.09 mW，常规车速对应的 7 ~ 11 Hz 频率范围内发电效果最优，连接采集存储电路点亮 LED 照明效果及瞬时安全预警效果良好。

第二部分

行程放大型悬臂梁式道路压电发电技术探索

第 4 章　道路悬臂梁式压电换能器结构特性研究

道路悬臂梁式压电换能器的电学输出效果及力学响应是评价其性能优良与否的关键指标，其电学输出效果及力学响应与换能模式、结构类型、约束条件及尺寸等因素相关。在第一部分的探索过程中忽略了部分因素的影响，且尺寸设计以调查借鉴的形式确定，未发挥其实际发电效果。为进一步提升悬臂梁式压电换能器在道路中应用的发电能力，本章推导悬臂梁式压电换能器电学输出理论公式，明晰不同约束条件下压电换能器的结构特性，揭示形状对悬臂约束压电换能器力-电性能的影响规律，明确压电层与固定端间距、压电层间距对刚性约束压电换能器力-电性能的影响规律，基于正交分析优选性能最佳的压电换能器尺寸，为后续道路压电发电装置的高性能设计提供基础。

4.1　道路悬臂梁式压电换能器电学输出理论公式推导

压电换能器利用压电材料的正压电效应实现机械能（力/形变）到电能的转换，而悬臂梁式压电换能器不同约束形式影响其应力分布。因此不同约束形式下的悬臂梁式压电换能器发电理论略有差异，以悬臂梁式压电换能器最常见的悬臂约束为基础，推导不同形状悬臂梁式压电换能器电学输出理论公式所示。

4.1.1　矩形压电换能器电学输出理论公式

悬臂梁式压电换能器由基板及压电陶瓷片组成，压电陶瓷片通过胶粘剂与基板粘结固定，胶粘剂厚度较小，对悬臂梁式压电换能器影响微弱，因此分析时可忽略胶粘剂影响，将悬臂梁式压电换能器简化为图 4.1，其形变分析示意图如图 4.2。

由第一类压电方程，可知上压电层压电方程为

$$s_1^P = s_{11}^E T_1^p - d_{31} E_3 \tag{4.1}$$

$$-D_3^P = d_{31} T_1^p - \varepsilon_{33}^T E_3 \tag{4.2}$$

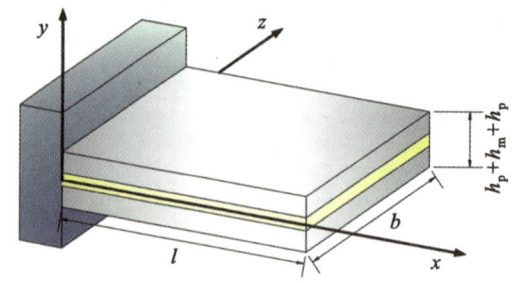

图 4.1 矩形悬臂梁式压电换能器简化图

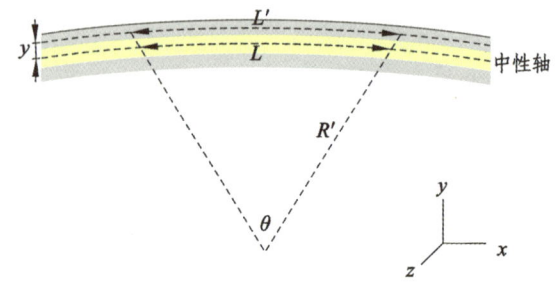

图 4.2 悬臂梁式压电换能器形变分析图

下压电层压电方程为

$$s_1^P = s_{11}^E T_1^P + d_{31} E_3 \tag{4.3}$$

$$D_3^P = d_{31} T_1^P + \varepsilon_{33}^T E_3 \tag{4.4}$$

式中，s_{11}^E——压电材料柔度系数；

ε_{33}^T——压电材料介电常数；

d_{31}——压电材料压电系数；

s_1^P——压电层长度方向的应变；

T_1^P——压电层长度方向的应力；

E_3 和 D_3^P——表示电场和电位移。

由式（4.1）、式（4.2）可得上压电层应力为

$$T_1^P = \frac{s_1^P}{s_{11}^E} + \frac{d_{31} E_3}{s_{11}^E} \tag{4.5}$$

由图 4.2 可知，上压电层应变为

$$s_1^P = \frac{l' - l}{l} = \frac{y}{R'} = ky \tag{4.6}$$

式中，k——曲率；

R'——曲率半径；

y——力到中性轴的距离。

将式（4.6）带入式（4.5）可得上压电层应力为

$$T_{1t}^p = \frac{ky}{s_{11}^E} + \frac{d_{31}E_3}{s_{11}^E} \qquad (4.7)$$

同理可得下压电层应力为

$$T_{1b}^p = \frac{ky}{s_{11}^E} - \frac{d_{31}E_3}{s_{11}^E} \qquad (4.8)$$

基板应力为

$$T_1^m = \frac{ky}{s_{11}^m} \qquad (4.9)$$

由材料力学理论可知，悬臂梁式压电换能器弯矩可表示为

$$M = F(l-x) \qquad (4.10)$$

$$M = \int_{-\frac{h_m}{2}-h_p}^{-\frac{h_m}{2}} T_{1b}^p by\mathrm{d}y + \int_{-\frac{h_m}{2}}^{\frac{h_m}{2}} T_1^m by\mathrm{d}y + \int_{\frac{h_m}{2}}^{\frac{h_m}{2}+h_p} T_{1t}^p by\mathrm{d}y \qquad (4.11)$$

式中，F 为压电换能器端部施加力值，l 为压电换能器长度，b 为压电换能器长度，h_m 为压电换能器基板厚度，h_p 为压电换能器压电层厚度。

将式（4.11）带入式（4.10）可得曲率 k 为

$$k = \frac{12s_{11}^m[-d_{31}E_3 h_p(h_m+h_p)b + Fs_{11}^E(l-x)]}{b[s_{11}^E h_m^3 + 2s_{11}^m h_p(3h_m^2 + 6h_n h_p + 4h_p^2)]} \qquad (4.12)$$

令 $A = 3h_m^2 + 6h_n h_p + 4h_p^2$，则曲率 k 可简化为

$$k = \frac{12s_{11}^m[-d_{31}E_3 h_p(h_m+h_p)b + Fs_{11}^E(l-x)]}{b(s_{11}^E h_m^3 + 2s_{11}^m h_p A)} \qquad (4.13)$$

将压电材料看为无数个有限振动单元，则其内能密度可以表示为

$$u_p = \frac{1}{2}s_1^p T_1^p + \frac{1}{2}D_3^p E_3 \qquad (4.14)$$

将式（4.1）、式（4.2）、式（4.7）带入式（4.14）可得上压电层内能密度为

$$u_t = \frac{1}{2}\left(\frac{k^2 y^2}{s_{11}^E} + \varepsilon_{33}^T E_3^2 - \frac{d_{31}^2 E_3^2}{s_{11}^E}\right) \qquad (4.15)$$

式中，$\frac{h_m}{2} < y < \frac{h_m}{2} + h_p$。

同理，下压电层内能密度为

$$u_b = \frac{1}{2}\left(\frac{k^2 y^2}{s_{11}^E} + \varepsilon_{33}^T E_3^2 - \frac{d_{31}^2 E_3^2}{s_{11}^E}\right) \quad (4.16)$$

式中，$-\frac{h_m}{2} - h_p < y < -\frac{h_m}{2}$。

基板的内能密度为

$$u_{\text{base}} = \frac{k^2 y^2}{2 s_{11}^m} \quad (4.17)$$

式中，$-\frac{h_m}{2} < y < \frac{h_m}{2}$。

则悬臂梁式压电换能器上压电层内能为

$$U_t = \int_0^l \int_{\frac{h_m}{2}}^{\frac{h_m}{2}+h_p} \int_0^b u_t \mathrm{d}x\mathrm{d}y\mathrm{d}z \quad (4.18)$$

同理，可得下压电层内能为

$$U_b = \int_0^l \int_{-\frac{h_m}{2}-h_p}^{-\frac{h_m}{2}} \int_0^b u_b \mathrm{d}x\mathrm{d}y\mathrm{d}z \quad (4.19)$$

基板内能为

$$U_{\text{base}} = \int_0^l \int_{-\frac{h_m}{2}}^{\frac{h_m}{2}} \int_0^b u_{\text{base}} \mathrm{d}x\mathrm{d}y\mathrm{d}z \quad (4.20)$$

可得悬臂梁式压电换能器总内能为

$$U = U_t + U_b + U_{\text{base}} \quad (4.21)$$

由 $E_3 = \frac{V}{h_p}$ 可知，悬臂梁式压电换能器在力的作用下产生电荷量为

$$Q = \frac{\partial U}{\partial V} = \frac{-6Fl^2 s_{11}^m d_{31}(h_m + h_p)}{s_{11}^E h_m^3 + 2 s_{11}^m h_p A} \quad (4.22)$$

由电子电工学知识可知，悬臂梁式压电换能器电容为

$$C_p = \frac{2lb\varepsilon_{33}^T}{h_p} \quad (4.23)$$

则压电换能器输出电压为

$$V = \frac{Q}{C_p} = \frac{-3Flh_p s_{11}^m d_{31}(h_m + h_p)}{b\varepsilon_{33}^T (s_{11}^E h_m^3 + 2 s_{11}^m h_p A)} \quad (4.24)$$

压电换能器的输出功率可表示为

$$P = \frac{V^2 R}{(R_0 + R)^2} \quad (4.25)$$

悬臂梁式压电换能器的内阻为

$$R_0 = \frac{1}{\omega C_p} = \frac{1}{2\pi f C_p} \quad (4.26)$$

式中，f——激励频率。

当负载阻值与压电换能器内阻值相等时，可获得最大功率为

$$P = \frac{9F^2 l^3 h_p f d_{31}^2 \pi (s_{11}^m)^2 (h_m + h_p)^2}{b \varepsilon_{33}^T (h_m^2 s_{11}^E + 2A h_p s_{11}^m)^2} \quad (4.27)$$

由式（4.24）与式（4.27）可知，矩形压电换能器长度、宽度、压电层及基板厚度均会影响电学输出效果，且由式（4.5）~式（4.11）可知，压电换能器沿长度方向弯矩及变形逐渐减小，靠近自由端位置的压电材料受力变形远低于固定端。

4.1.2 三角形压电换能器电学输出理论公式

4.1.1 节已推导出矩形悬臂梁式压电换能器电学输出理论计算公式，宽度不仅影响压电换能器电学输出效果，固定端与自由端宽度的变化也将导致压电换能器形状改变，为分析形状对压电换能器电学输出影响，以自由端宽度为 0 的三角形悬臂梁式压电换能器为例，推导三角形压电换能器电学输出理论计算公式，推导时将三角形压电换能器简化为 4.1.1 节中的基板+压电陶瓷片"的组合结构，并建立坐标系如图 4.3 所示。

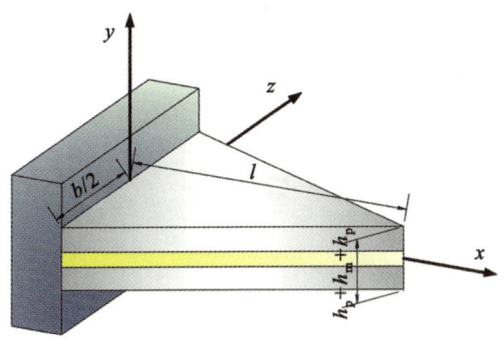

图 4.3 三角形悬臂梁式压电换能器简化图

三角形悬臂梁式压电换能器弯矩为

$$M = \int_{-\frac{h_m}{2}-h_p}^{\frac{h_m}{2}} T_{1b}^p b \frac{(l-x)}{l} y dy + \int_{-\frac{h_m}{2}}^{\frac{h_m}{2}} T_1^m b \frac{(l-x)}{l} y dy + \int_{\frac{h_m}{2}}^{\frac{h_m}{2}+h_p} T_{1t}^p b \frac{(l-x)}{l} y dy \quad (4.28)$$

将式（4.10）带入式（4.28），可得三角形悬臂梁式压电换能器曲率为

$$k = \frac{12 s_{11}^m [-d_{31} E_3 h_p (h_m + h_p) b + F s_{11}^E l]}{b(s_{11}^E h_m^3 + 2 s_{11}^m h_p A)} \quad (4.29)$$

三角形悬臂梁压电层与基板内能密度与矩形相同，因此可得三角形悬臂梁式压电换能器上压电层内能为

$$U_t = 2 \int_0^l \int_{\frac{h_m}{2}}^{\frac{h_m}{2}+h_p} \int_0^{\frac{b(l-x)}{2l}} u_t dx dy dz \quad (4.30)$$

同理，下压电层内能为

$$U_b = 2 \int_0^l \int_{-\frac{h_m}{2}-h_p}^{-\frac{h_m}{2}} \int_0^{\frac{b(l-x)}{2l}} u_t dx dy dz \quad (4.31)$$

基板内能为

$$U_{base} = 2 \int_0^l \int_{-\frac{h_m}{2}}^{\frac{h_m}{2}} \int_0^{\frac{b(l-x)}{2l}} u_{base} dx dy dz \quad (4.32)$$

则三角形悬臂梁式压电换能器总内能为

$$U = U_t + U_b + U_{base} \quad (4.33)$$

即三角形悬臂梁式压电换能器电荷量为

$$Q = \frac{-6 d_{31} F l^2 s_{11}^m (h_m + h_p)}{h_m^3 s_{11}^E + 2 A h_p s_{11}^m} \quad (4.34)$$

三角形悬臂梁式压电换能器电容为

$$C_p = \frac{l b \varepsilon_{33}^T}{h_p} \quad (4.35)$$

由式（4.34）、式（4.35）可得，三角形悬臂梁式压电换能器电压为

$$V = \frac{-6 F l h_p s_{11}^m d_{31} (h_m + h_p)}{b \varepsilon_{33}^T (h_m^3 s_{11}^E + 2 A h_p s_{11}^m)} \quad (4.36)$$

当负载阻值与压电换能器内阻值相等时，三角形悬臂梁式压电换能器功率为

$$P = \frac{18 F^2 l^3 h_p f d_{31}^2 \pi (s_{11}^m)^2 (h_m + h_p)^2}{b \varepsilon_{33}^T (h_m^3 s_{11}^E + 2 A h_p s_{11}^m)^2} \quad (4.37)$$

由式（4.36）与式（4.37）可知，三角形悬臂梁式压电换能器电学输出效果亦与其长度、宽度、基板及压电层厚度息息相关，因此，一方面，优化压电换能器尺寸有助于提高其电学输出效果；另一方面，结合 4.1.1 节矩形悬臂梁式压电换能器电学输出理论可知，不同形状悬臂梁式压电换能器受力分布存在明显差异，且自由端宽度更小的三角形压电换能器电学输出效果优于矩形压电换能器。因此，优选良好受力分布的悬臂梁式压电换能器形状将有助于提升其电学输出效果。

4.2 道路悬臂梁式压电换能器结构特性研究

为保证悬臂梁式压电换能器具有最佳的应用效果，须依据道路交通荷载条件优选适用于道路交通条件的压电换能器结构参数。本节分析常见的悬臂梁式压电换能器约束形式，基于其电学输出特性和应力分布特性，确定不同约束条件下压电换能器的结构特性。

4.2.1 道路悬臂梁式压电换能器常见约束形式分析

悬臂梁式压电换能器约束形式是影响其能量输出的重要因素，不同约束形式下悬臂梁式压电换能器的受力状态大有不同，因而其力电转换效果也不尽相同。悬臂梁式压电换能器常见约束形式包括悬臂约束、自由边界支撑、刚性约束、简支约束，如图 4.4 所示。

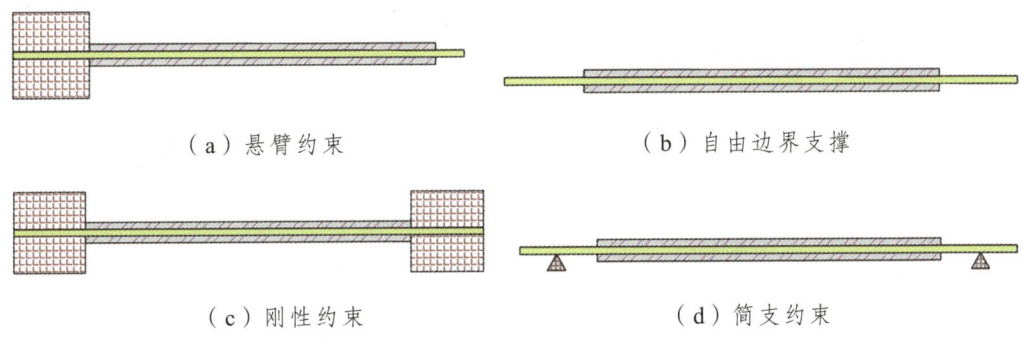

（a）悬臂约束　　　　　　　（b）自由边界支撑

（c）刚性约束　　　　　　　（d）简支约束

图 4.4　悬臂梁式压电换能器约束形式

图 4.4（a）为悬臂约束，悬臂梁式压电换能器一端固定、一端自由，此约束形式下的压电换能器固有频率较低，在外界荷载作用下产生的挠度大，为最常见的悬臂梁式压电换能器约束形式。

图 4.4（b）为自由边界支撑，此种约束方式下的悬臂梁式压电换能器不易安装，实际应用较少。

图 4.4（c）为刚性约束，悬臂梁式压电换能器两端固定，在外界荷载作用下的挠度较小，机电耦合系数较低。

图 4.4（d）为简支约束，与刚性约束近似，悬臂梁式压电换能器两端置于支座，仅用于约束压电换能器的垂直位移，端部可自由转动，多应用于电滤波网络领域。

悬臂约束与刚性约束下的压电换能器具有良好稳定性，与道路结构高频次受压的特点相契合。因此，选取悬臂约束与刚性约束作为悬臂梁式压电换能器约束形式，将悬臂约束的悬臂梁式压电换能器简称为悬臂约束压电换能器，刚性约束的悬臂梁式压电换能器简称为刚性约束压电换能器。

4.2.2 道路悬臂梁式压电换能器有限元模型建立及验证

1. 道路悬臂梁式压电换能器有限元模型建立

随着现代计算机技术的快速发展，具有高效率、低成本等特点的有限元分析手段深受工程人员青睐。利用有限元软件建立结构模型，可快速分析多场耦合下的结构状态，因此，利用有限元软件建立悬臂梁式压电换能器有限元模型，研究悬臂梁式压电换能器结构特性，为悬臂梁式压电换能器的结构优化奠定了基础。

一方面，悬臂梁式压电换能器的压电陶瓷与基板通过粘结剂紧密粘结，因此设置压电换能器各组件间以联合体方式相接；另一方面，由于粘结剂厚度极小，对悬臂梁式压电换能器受力变化影响极低，建立有限元模型时忽略粘结剂影响，将压电换能器结构简化为"压电陶瓷+基板"。为更加贴合悬臂式压电换能器实际受力状态，在悬臂梁式压电换能器固定端添加两块固定块用于夹持基板，作用端添加圆柱体传力载体用于对悬臂梁式压电换能器施加力或位移激励。悬臂梁式压电换能器有限元模型如图 4.5 所示。

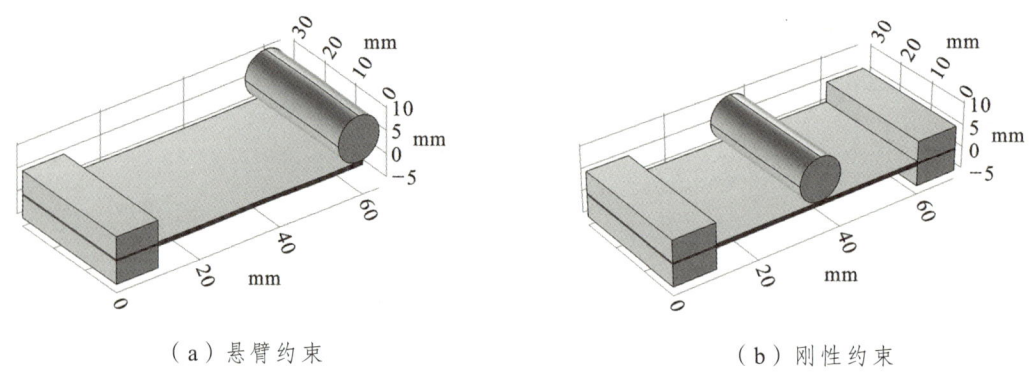

（a）悬臂约束　　　　　　　　　　（b）刚性约束

图 4.5　悬臂梁式压电换能器有限元模型

建立有限元模型时，选用发电效果优良的 PZT-5H 作为压电陶瓷材料，选用强度高、耐久性好的黄铜作为基板材料，固定块及传力载体选择结构钢。为保证有限元结果的通用性，选用各书籍及研究成果通用的各项材料参数，PZT-5H 材料参数如式（4.38）~ 式（4.40）所示，其余材料具体参数如表 4.1 所示。

$$\boldsymbol{C}^E = \begin{bmatrix} 12.6 & 7.95 & 8.41 & & & \\ 7.95 & 12.6 & 8.41 & & & \\ 8.41 & 8.41 & 11.7 & & & \\ & & & 2.30 & & \\ & & & & 2.30 & \\ & & & & & 2.325 \end{bmatrix} \times 10^{10} \ (\text{N/m}^2) \quad (4.38)$$

$$\boldsymbol{e} = \begin{bmatrix} & & 17.0 \\ & 17.0 & \\ -6.5 & -6.5 & 23.3 \end{bmatrix} C/m^2 \quad (4.39)$$

$$\boldsymbol{\varepsilon}_r = \begin{bmatrix} 1700 & & \\ & 1700 & \\ & & 1470 \end{bmatrix} \times 10^{-8} \ F/m \quad (4.40)$$

表 4.1 有限元模型材料参数

结构体名称	材料	密度/（kg/m³）	杨氏模量/GPa	泊松比
基板	黄铜	8 920	106	0.35
固定块	结构钢	7 850	200	0.30
传力载体				

为使悬臂梁式压电换能器固定端处于完全固定的状态，对固定块施加固定约束以限定其位移，通过传力载体带动压电换能器形变。悬臂梁式压电换能器形状规则，因此可采用映射+扫掠的方式划分网格。网格划分质量直接影响有限元模型的精确度，高质量的网格划分有助于准确分析悬臂梁式压电换能器的工作状态，因此有必要分析有限元模型网格划分质量。网格划分结果如图 4.6 所示，网格划分质量统计信息如图 4.7 所示。

判断网格划分质量如何的依据通常有两种，一种为观察网格的平均单元质量，其值越靠近 1，则网格划分质量越高；另一种方式为观察网格的单元质量直方图，直方图中图形越靠右，表明网格质量越高。由图 4.7 可知，采用映射+扫掠方式对有限元模型划分网格后，其平均单元质量分别高达 0.939、0.95，且网格单元质量直方图中的图形集中在最右端，表明所划分网格的优良性。

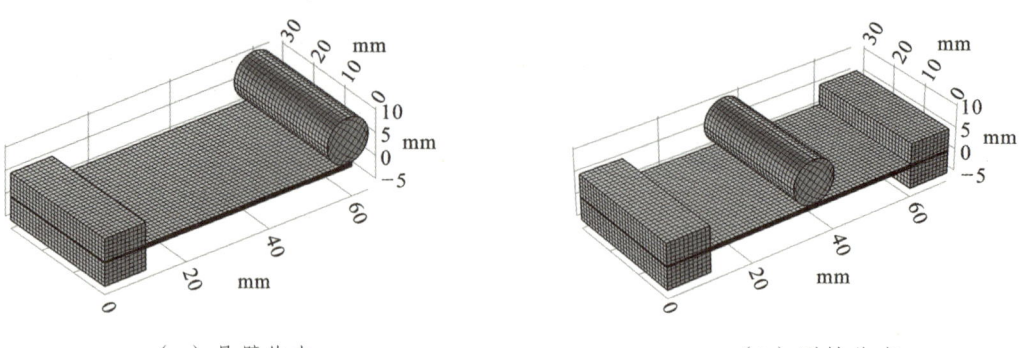

(a) 悬臂约束　　　　　　　　(b) 刚性约束

图 4.6　悬臂梁式压电换能器网格划分

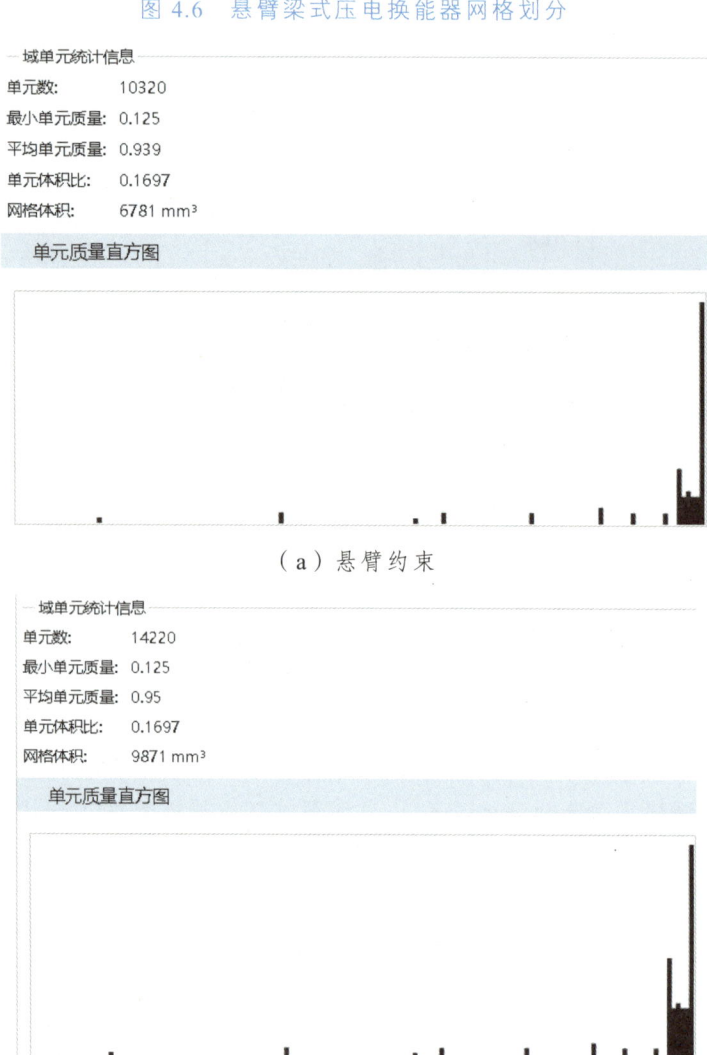

(a) 悬臂约束

(b) 刚性约束

图 4.7　网格划分质量分析

2. 悬臂梁式压电换能器有限元模型验证

为验证所建立有限元模型的正确性，同时验证 4.1 节悬臂梁式压电换能器电学输出理论正确性，采取理论与有限元双向验证。由于输出功率为电压的导出式，此处采用电压作为验证指标，验证时控制单因素变化，初始各尺寸为长度 50 mm、宽度 30 mm、压电层及基板厚度 0.3 mm。验证结果如图 4.8 所示。

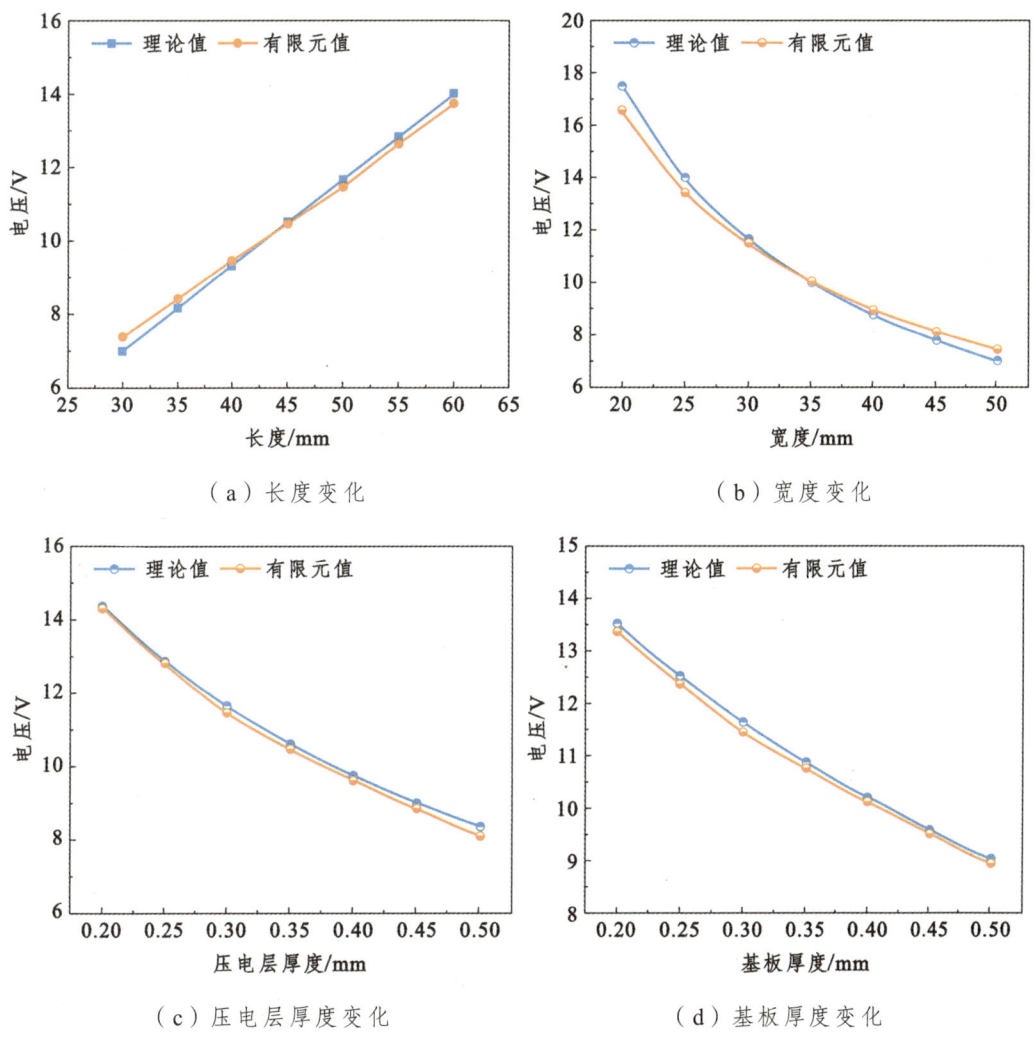

（a）长度变化　　　　　　　　（b）宽度变化

（c）压电层厚度变化　　　　　　（d）基板厚度变化

图 4.8　压电换能器理论及有限元结果对比

由图 4.8 可知，各尺寸因素变化时理论计算值与有限元仿真结果基本一致，二者间呈现良好的贴合，多数情况下有限元电压值与理论计算值误差仅为 1% 左右，最高误差仅为 6%，双向验证了所提出的发电理论与所建立有限元模型的正确性。

4.2.3 道路悬臂梁式压电换能器电学输出特性研究

道路悬臂梁式压电换能器的应用目标为输出电能,而输出功率的大小在一定程度上直接决定了压电换能器电能输出量。因此以功率输出特性为例,将压电换能器外接 0~500 kΩ 电阻,施加 3 Hz-1 mm、6 Hz-1 mm、10 Hz-1 mm 的位移激励,分析其在不同激励频率及外接阻值下的功率输出特性。悬臂梁式压电换能器功率输出特性如图 4.9 所示。

如图 4.9(a)所示,随着负载阻值的增加,悬臂梁式压电换能器的输出功率先增加后减小,在特定激励频率下,悬臂梁式压电换能器存在最佳负载阻值可使得其输出功率达到峰值,且最佳负载阻值随着激励频率的增加而减小。激励频率为 6 Hz 时,压电换能器最佳负载阻值约为 120 kΩ,激励频率为 10 Hz 时,压电换能器最佳负载阻值降低至 70 kΩ。另一方面,随着激励频率的增加,悬臂梁式压电换能器的输出功率逐渐增加。激励频率为 6 Hz 时,压电换能器峰值输出功率为 9.23 mW,当激励频率增加至 10 Hz 时,峰值输出功率上升至 15.39 mW,较 6 Hz 时增加 66.74%,增幅明显,表明将压电换能器应用于车速较快的路段时可有效提高压电换能器能量输出效果。

如图 4.9(b)所示,刚性约束压电换能器输出功率变化趋势与悬臂约束压电换能器近似,随着负载阻值的增加,压电换能器的输出功率先增加后减小,存在最佳负载阻值,且随激励频率的增加,压电换能器输出功率逐渐增加。然而,对比图 4.9(a)可知,刚性约束压电换能器输出功率明显低于悬臂约束,为分析其原因,绘制两种约束条件下的压电换能器电势分布云图如图 4.10 所示。

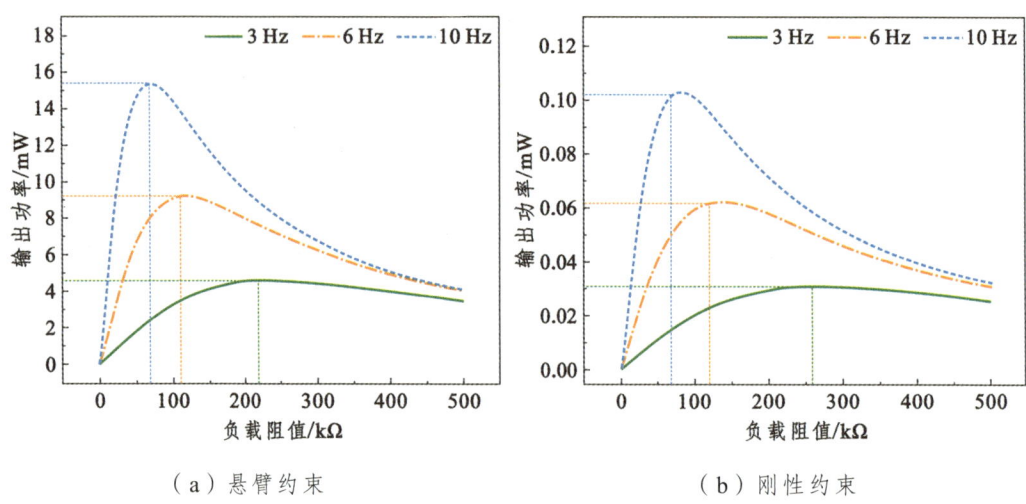

图 4.9 悬臂梁式压电换能器功率输出特性

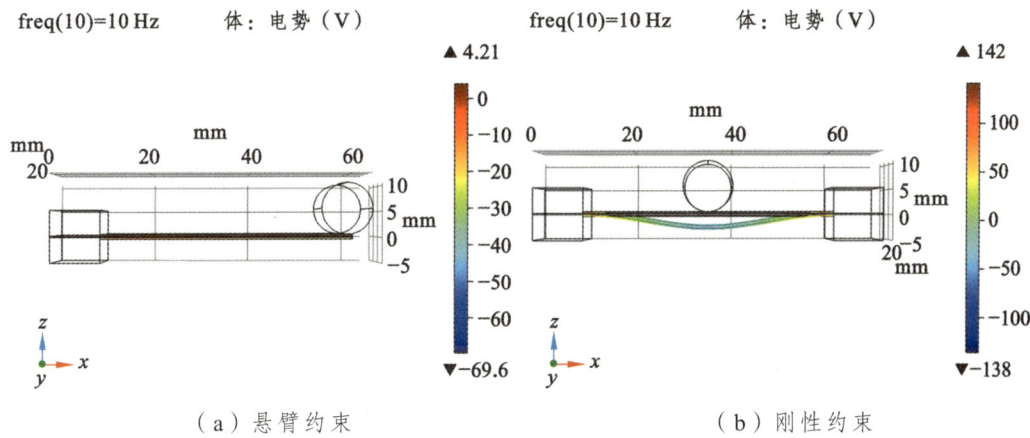

(a) 悬臂约束　　　　　　　　　(b) 刚性约束

图 4.10　不同约束条件下压电换能器电势分布云图

由图 4.10 可知，刚性约束压电换能器最大电势远高于悬臂约束压电换能器，最大值达到 142 V，但由于正电势分布于压电换能器的两端，负电势分布在压电换能器的中间荷载施加区，两种大小相近的正负电势相互抵消，导致压电换能器电学输出效果严重降低，出现输出功率远低于悬臂约束压电换能器的现象。悬臂约束条件下压电换能器最高电势虽低于刚性约束条件，但其正负抵消现象远优于刚性约束，因而最终电学输出效果优于刚性约束。因此，当悬臂梁式压电换能器的约束条件为刚性约束时，可针对其正负电势抵消问题采取一定手段的优化以提升其电学输出效果。

4.2.4　道路悬臂梁式压电换能器应力分布特性研究

分析道路悬臂梁式压电换能器应力分布，一方面可以了解在相应约束形式下压电换能器各区域受力的均匀性，判断压电材料性能是否充分发挥，另一方面还可通过应力值大小初步判断压电换能器耐用性。因此采用有限元分析压电换能器在 3 Hz、6 Hz、10 Hz 频率下外接最佳负载阻值时应力分布特性，并绘制应力云图。

如图 4.11 所示，随着激励频率的变化，外接最佳负载阻值电阻的悬臂约束压电换能器应力大小及分布趋近一致。应力集中于固定端且随着与固定端间距的增加，压电换能器应力呈梯度下降趋势，自由端应力趋近于零，压电材料仅在固定端得到了较为高效的利用，自由端压电材料利用率极低。由图 4.12 可知，刚性约束压电换能器应力主要分布于中间荷载施加区及两侧固定端，且应力呈对称分布。对比图 4.11 与图 4.12 可知，与悬臂约束压电换能器相比，刚性约束压电换能器应力分布均匀性优于悬臂约束，压电材料利用率更高，相同激励条件可以激发更多压电材料，但刚性约束压电换能器应力值远高于悬臂约束压电换能器。分析原因为：虽然输入的位移激励条件相同，但刚性约束时压电换能器变形受到更大限制，因而应力更高。

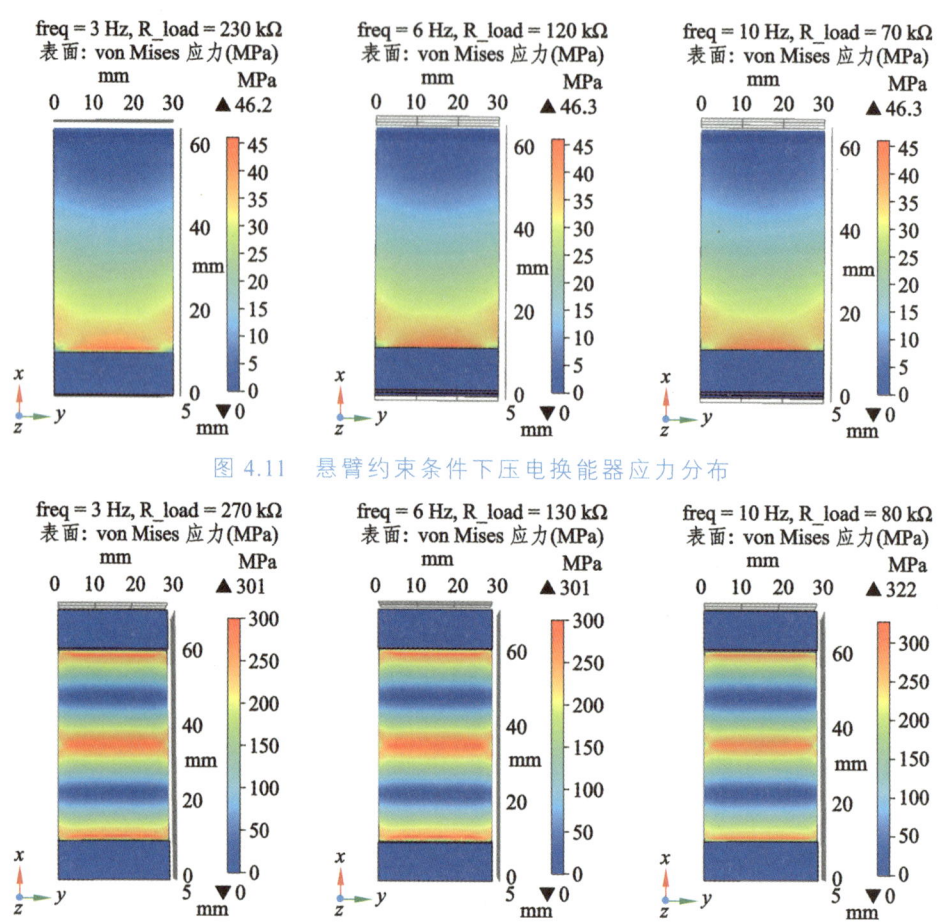

图 4.11　悬臂约束条件下压电换能器应力分布

图 4.12　刚性约束条件下压电换能器应力分布

综上所述，悬臂约束压电换能器具有低电势、低应力、高输出、应力分布均匀性差的特性，应用时应设法提高压电换能器应力均匀性，进而提高压电材料利用率，提升压电换能器电学输出效果；刚性约束压电换能器具有高电势、高应力、低输出的特性，应用时可对固定端作微动处理以减少压电换能器变形约束，或避免压电陶瓷覆盖至应力最大值处，降低压电换能器应力值。

4.3　道路悬臂梁式压电换能器结构优化

为明确不同约束条件下悬臂梁式压电换能器的形状和外部参数，本节基于等长等宽、等面积等长、等面积等宽等条件优化悬臂约束下压电换能器形状，同时基于不同作用方式优化刚性约束下压电换能器的压电层间距及位移施加位置。

4.3.1 基于多种形状的悬臂约束压电换能器结构优化

由 4.2.2 节可知,悬臂约束条件下的压电换能器具有应力低、电势抵消现象小等优点,但亦存在应力分布不均匀等弊端。因此为提高悬臂约束压电换能器力-电性能,需要对压电换能器结构采取一定手段的优化以提高其应力均匀性。由 4.1 节理论公式可知,形状的改变将导致压电换能器应力分布及电学输出效果变化。因此可从形状角度入手,研究不同形状对压电换能器力-电性能的影响规律。不同形状悬臂约束压电换能器示意图如图 4.13 所示。

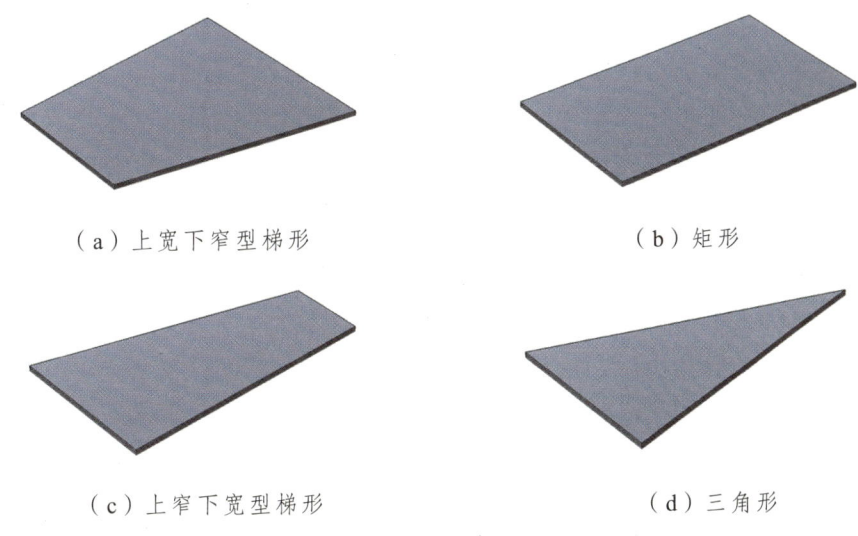

(a) 上宽下窄型梯形　　　　　　　　(b) 矩形

(c) 上窄下宽型梯形　　　　　　　　(d) 三角形

图 4.13　不同形状压电换能器示意图

由理论公式可知,相同振动激励下,三角形悬臂约束压电换能器产生的应变与电压均大于矩形压电换能器,即当外加激励为力时,三角形悬臂约束压电换能器具备更佳的力电转换性能。而悬臂梁式压电换能器应用于道路环境中时,其设计输入激励条件通常为位移。为明确位移激励下不同形状悬臂约束压电换能器力-电性能,优选道路用悬臂约束压电换能器最佳形状,利用有限元软件研究不同形状悬臂约束压电换能器电学输出效果及应力分布。由于三角形等压电换能器形状不规则,难以采用"映射+扫掠"的方式划分网格,因此采用自由四面体网格划分压电换能器有限元模型。

1. 等长等宽条件下悬臂约束压电换能器形状优选

为优选等长、等宽条件下悬臂约束压电换能器形状,分别建立等长、等宽的不同形状悬臂约束压电换能器有限元模型,并设定压电换能器压电层与基板层等尺寸。等长、等宽条件下不同形状悬臂约束压电换能器尺寸如表 4.2 所示。

表 4.2　不同形状悬臂约束压电换能器尺寸

形状	长度/mm	固定端宽度/mm	自由端宽度/mm	厚度/mm
上宽下窄型梯形	50	30	45	0.9
矩形	50	30	30	0.9
上窄下宽型梯形	50	30	15	0.9
三角形	50	30	0	0.9

1）不同形状悬臂梁式压电换能器端值电压特性研究

端值电压指压电换能器外接负载两端之间的电压，其值侧面体现了压电换能器为用电负载提供电能的水平，因此有必要研究压电换能器的端值电压变化。由 4.1 节的压电换能器电学输出计算公式可知，压电换能器输出电压与激励位移值有关，与激励频率无关。而理论公式为基于理想状态的推导式，实际应用时阻尼等因素均影响其电学效果。因此可利用有限元软件明确位移激励下不同形状悬臂约束压电换能器端值电压随频率的变化规律。

已有研究表明，压电换能器外接电阻阻值大于 1 000 kΩ 时，其端值电压基本稳定。因此将悬臂约束压电换能器外接 1 000 kΩ 电阻，并对传力载体施加位移 1 mm 的正弦激励，频率设为 1～11 Hz 的常见车辆碾压频率。不同形状悬臂约束压电换能器在不同激励频率下的端值电压变化如图 4.14 所示。

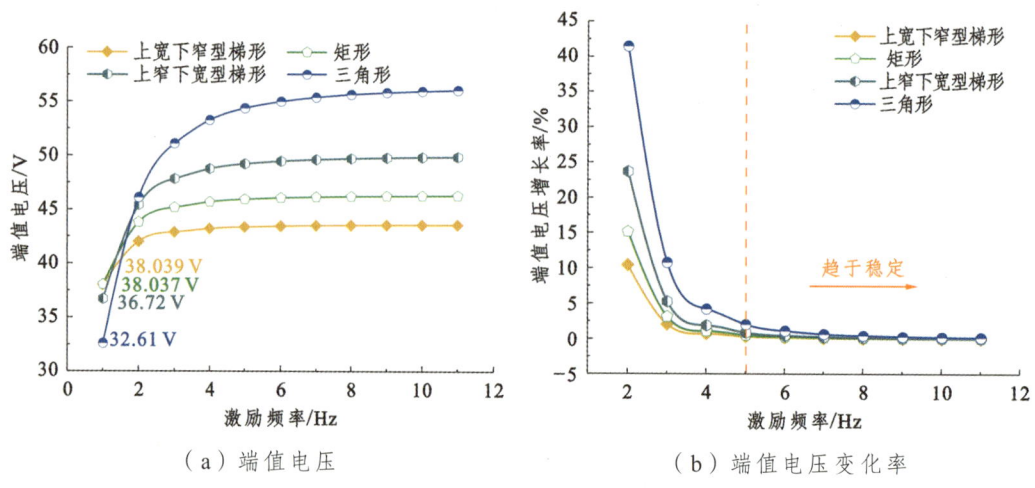

(a) 端值电压　　　　　　(b) 端值电压变化率

图 4.14　不同激励频率下悬臂约束压电换能器端值电压变化

如图 4.14 所示，不同形状压电换能器端值电压随激励条件的变化趋势相同，表明形状的改变不会影响压电换能器本身电学输出规律。随着激励频率的增加，各形状悬臂梁式压电换能器端值电压均呈现不同程度的增长，且增幅逐渐降低。激励频率由 1 Hz 增长至 2 Hz 时端值电压涨幅明显，大于 5 Hz 时端值电压变化逐渐趋于稳定。以矩形压电换能器为例，当位移激励频率为 1 Hz 时，压电换能器端值电压为

38.04 V,当激励频率为 2 Hz 时,端值电压为 43.80 V,增长率为 15.2%;当激励频率由 5 Hz 增长至 11 Hz 时,端值电压分别为 45.95 V、46.29 V,增长率仅为 0.74%,端值电压趋于平稳。

另一方面,当激励频率为 1 Hz 时,随着压电换能器自由端宽度的减小,端值电压逐渐降低,然而当激励频率高于 1 Hz 时,自由端宽度越小的悬臂约束压电换能器端值电压反而越高。1 Hz 时四种压电换能器端值电压大小关系为:上宽下窄型梯形压电换能器>矩形压电换能器>上窄下宽型梯形压电换能器>三角形压电换能器;当激励频率大于 2 Hz 时,四种压电换能器端值电压大小关系变为:上宽下窄型梯形压电换能器<矩形压电换能器<上窄下宽型梯形压电换能器<三角形压电换能器。从端值电压角度考虑,公路交通中车辆作用频率范围通常为 2~12 Hz,交通荷载作用频率范围内的压电换能器端值电压基本保持平稳,电学输出效果良好,表明悬臂约束压电换能器应用于道路交通的适用性。同时,悬臂约束压电换能器自由端宽度宜尽可能小,相比于矩形及梯形悬臂约束压电换能器,相同长度与端部宽度下的三角形悬臂梁式压电换能器具有更高的输出电压。

2)不同形状悬臂梁式压电换能器输出功率特性研究

为明确不同形状悬臂约束压电换能器输出功率特性,对传力载体分别施加 3 Hz-1 mm、6 Hz-1 mm、10 Hz-1 mm 正弦位移激励,外接 0~500 kΩ 阻值电阻。不同激励频率下各形状悬臂约束压电换能器功率输出情况如图 4.15 所示。

由图 4.15 可知,各激励频率下,随着悬臂约束压电换能器自由端宽度的减小,其输出功率逐渐降低且最佳负载阻值逐渐增加。10 Hz 激励频率下,当悬臂约束压电换能器形状同样为梯形时,自由端宽度较大的上宽下窄型梯形压电换能器峰值输出功率为 16.88 mW,对应最佳匹配阻值在 60 kΩ 附近;自由端宽度较小的上窄下宽型梯形压电换能器峰值输出功率为 13.52 mW,较上宽下窄型梯形压电换能器降低 19.91%,对应最佳匹配阻值在 90 kΩ 附近。分析悬臂梁式压电换能器输出功率降低

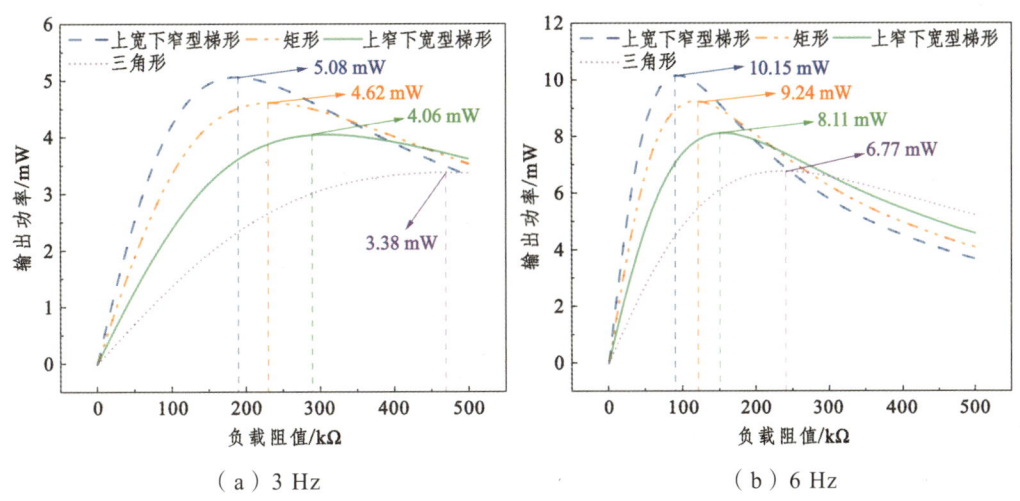

(a) 3 Hz (b) 6 Hz

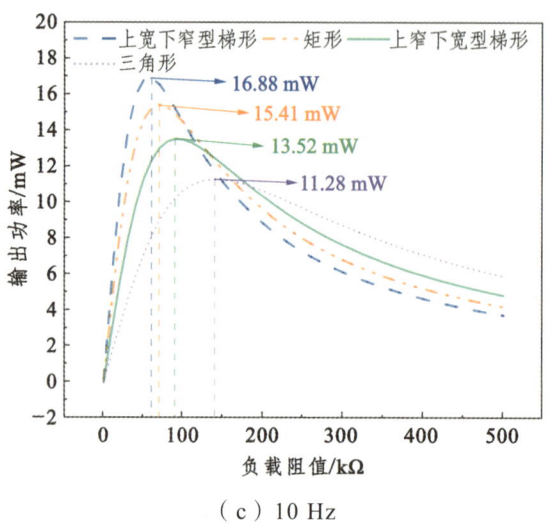

（c）10 Hz

图 4.15　不同形状悬臂梁式压电换能器输出功率变化

的原因为：随着自由端宽度的减小，悬臂梁式压电换能器中压电材料的面积逐渐减小，导致相同激励位移下悬臂梁式压电换能器产出的电能减少。

另一方面，观察各激励频率下不同形状压电换能器输出功率曲线可得：固定压电换能器长度及固定端宽度时，随着自由端宽度的减小，一定范围负载阻值内的压电换能器输出功率曲线曲率逐渐降低。当负载阻值超过最佳值时，自由端宽度更小的压电换能器输出功率降低幅度更小，即可保持压电换能器优良电学输出效果的匹配阻值范围更大，实际应用中压电换能器与不同阻值用电设备的匹配效果更佳。

为进一步分析各形状压电换能器电学输出特性，将各形状压电换能器峰值功率换算为功率密度，如图 4.16 所示。

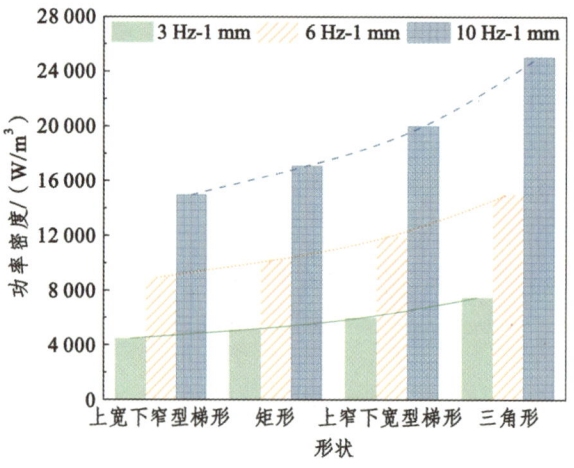

图 4.16　不同形状压电换能器功率密度

由图 4.16 可知，各加载条件下压电换能器功率密度均随自由端宽度的减小而增加且增加幅度保持稳定。加载条件为 3 Hz-1 mm 时,上窄下宽型梯形峰值功率密度为 4 513 W/m³,三角形压电换能器峰值功率密度为 7 520 W/m³,提升 66.63%;加载条件为 6 Hz-1 mm 时,上宽下窄型梯形压电换能器峰值功率密度为 9 018 W/m³,三角形压电换能器峰值功率密度为 15 038 W/m³,提高 66.76%。同等加载条件下,三角形压电换能器具备更高的功率输出密度,压电材料利用率更高。

3)不同形状悬臂约束压电换能器应力分布特性研究

压电换能器外接匹配阻值时可获得最高电能输出,实际应用时应保证外接负载阻值维持在匹配阻值附近。因此,为贴合实际应用情况,对传力载体施加 10 Hz-1 mm 正弦位移激励,外接匹配电阻。悬臂约束压电换能器应力分布如图 4.17 所示。

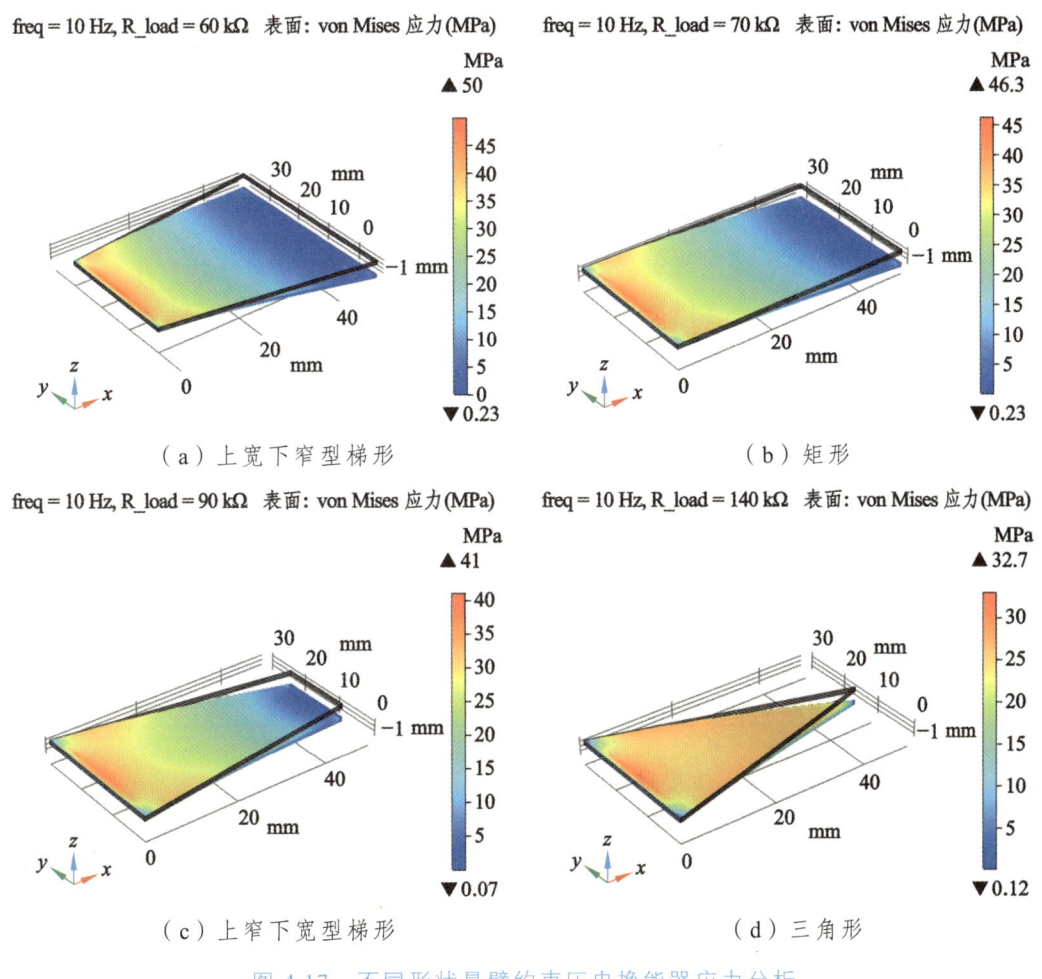

(a)上宽下窄型梯形　　(b)矩形

(c)上窄下宽型梯形　　(d)三角形

图 4.17　不同形状悬臂约束压电换能器应力分析

如图 4.17 所示,当悬臂约束压电换能器长度与固定端宽度尺寸相同时,随着自由端宽度的减小,悬臂约束压电换能器应力分布逐渐均匀。悬臂约束压电换能器形状为矩形或自由端更宽的上宽下窄型梯形时,应力集中在固定端,自由端应力较小,影响压电材料的力电转换。当悬臂约束压电换能器形状为三角形时，应力均匀地分布于整个压电换能器，在自由端受到位移荷载作用时压电材料可得到有效利用。另一方面，随着自由端宽度的减小，压电换能器最大应力值逐渐降低。同等加载条件下，矩形压电换能器最大应力值为 49.4 MPa，三角形压电换能器最大应力值仅为 35 MPa，最大应力值降低 29%。因此，相比于其他形状，三角形悬臂梁式压电换能器在位移荷载作用下不仅应力分布均匀，压电材料的利用率更高且压电换能器结构最大应力值较低，耐久性优良。

综上所述，当压电换能器长度及固定端宽度相同时，自由端宽度更小的三角形压电换能器电压输出效果更佳，应力值更低，应力分布效果更佳。而上宽下窄型梯形压电换能器输出功率虽高于其他形状，但其适配阻值范围较小，应力分布较为集中，功率密度较低。因此，当设计条件为长度与固定端宽度固定时，悬臂约束压电换能器的形状宜采用三角形。

2. 等面积等长条件下悬臂梁式压电换能器形状优选

明确相同面积条件下不同形状悬臂约束压电换能器电学输出效果，优选相同面积条件下具有最佳电学输出效果的悬臂约束压电换能器形状有助于提高压电材料利用率，以相同成本产生更多电能。因此，利用有限元软件明确等面积、等长度条件下不同形状悬臂约束压电换能器的电学输出及应力分布特性。设计相同面积、不同形状悬臂约束压电换能器尺寸如表 4.3 所示。

表 4.3　不同形状悬臂梁式压电换能器尺寸

形状	长度/mm	固定端宽度/mm	自由端宽度/mm	厚度/mm
上宽下窄型梯形	50	20	40	0.9
矩形	50	30	30	0.9
上窄下宽型梯形	50	40	20	0.9
三角形	50	60	0	0.9

1）不同形状悬臂梁式压电换能器端值电压特性研究

为明确压电层面积与长度相等时，位移激励下不同形状悬臂约束压电换能器在不同频率下的电学输出效果，对压电换能器传力载体施加频率 1~11 Hz、位移 1 mm 正弦激励，外接 1 000 kΩ 电阻。不同形状悬臂约束压电换能器在不同激励频率下的端值电压如图 4.18 所示。

如图 4.18，对于等面积、等长度的各形状压电换能器而言，各激励频率下的压电换能器端值电压大小均为：三角形压电换能器>上窄下宽型梯形压电换能器>矩形压电换能器>上宽下窄型梯形压电换能器。即固定端宽度越大，自由端宽度越小，压电换能器端值电压越高。加载频率为 11 Hz 时，上宽下窄型梯形压电换能器端值电压为 36.84 V，矩形与三角形压电换能器端值电压分别为 46.29 V、55.62 V，提升 25.65%、50.98%。从端值电压角度考虑，悬臂约束压电换能器固定端宽度宜尽可能大，自由端宽度宜尽可能小，相同加载条件下三角形悬臂约束压电换能器具备更佳的电学输出效果。

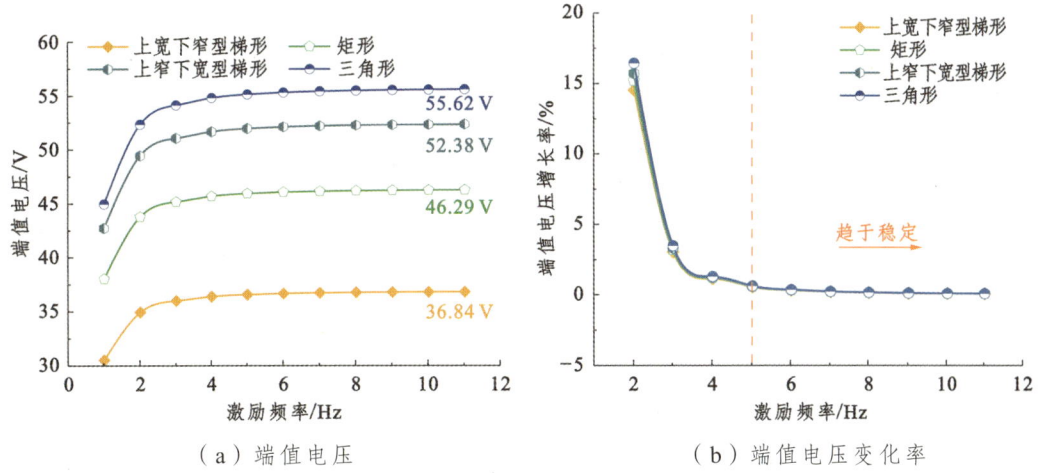

（a）端值电压　　　　　　　　　　　（b）端值电压变化率

图 4.18　不同激励频率下悬臂约束压电换能器端值电压变化

另一方面，各形状悬臂约束压电换能器随激励频率的端值电压变化特性与等长度及固定端宽度条件下的压电换能器近似。端值电压会随激励频率的增加而增加，激励频率为 1 Hz 时，各形状压电换能器端值电压均明显低于 2 Hz。激励频率大于 2 Hz 时，压电换能器端值电压变化较小，大于 5 Hz 时趋于稳定，压电换能器在道路交通荷载频率下可保持良好的电学输出效果。

2）不同形状悬臂梁式压电换能器输出功率特性研究

为明确不同形状悬臂约束压电换能器的输出功率特性，对压电换能器传力载体施加 3 Hz-1 mm、6 Hz-1 mm、10 Hz-1 mm 正弦位移激励，外接 0～500 kΩ 阻值的电阻。不同激励频率下各形状悬臂约束压电换能器的功率输出情况如图 4.19 所示。

由图 4.19 可知，当悬臂梁式压电换能器截面面积及长度固定时，四种形状悬臂约束压电换能器输出功率变化与等宽、等长度时截然相反。随着固定端宽度增加、自由端宽度减小，悬臂约束压电换能器输出功率逐渐增加。上宽下窄型梯形压电换能器在 10 Hz-1 mm 位移激励作用下的峰值输出功率为 10.02 mW，而相同面积的三角形压电换能器峰值输出功率为 21.20 mW，为梯形压电换能器的 2.12 倍。表明面积相等时，相同激励条件作用下的三角形悬臂约束压电换能器电能输出效率远高于其他三种形状。增加固定端宽度，减小自由端宽度有助于提高悬臂约束压电换能器的电学输出效果。

另一方面，观察不同激励频率下的压电换能器输出功率曲线可知：固定端宽度越大，自由端宽度越小的压电换能器其输出功率曲线曲率越小，即：三角形压电换

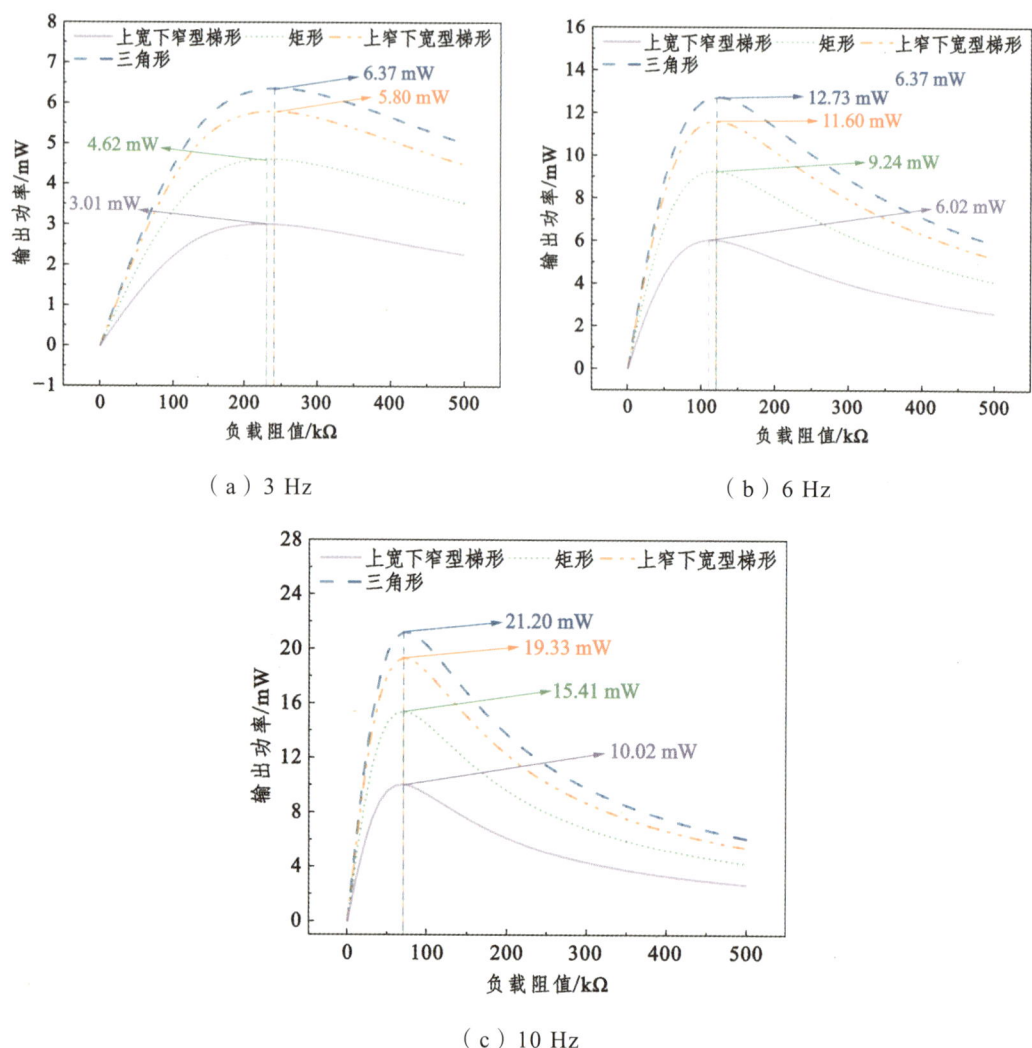

图 4.19 不同形状悬臂约束压电换能器输出功率变化

能器>上窄下宽型梯形压电换能器>矩形压电换能器>上宽下窄型梯形压电换能器。表明三角形压电换能器可保持高功率输出的负载阻值范围更大，实际应用时与不同阻值用电设施的匹配性更佳。

3）不同形状悬臂约束压电换能器应力分布特性研究

对传力载体施加 10 Hz-1 mm 正弦位移激励，外接匹配阻值电阻。不同形状悬臂约束压电换能器应力分布如图 4.20 所示。

如图 4.20 所示，当悬臂约束压电换能器面积与长度相同时，随着固定端宽度的增加，自由端宽度的减小，压电换能器应力值逐渐降低，且应力均匀性逐渐提升。上宽下窄型梯形压电换能器应力远高于三角形悬臂约束压电换能器，且应力集中于

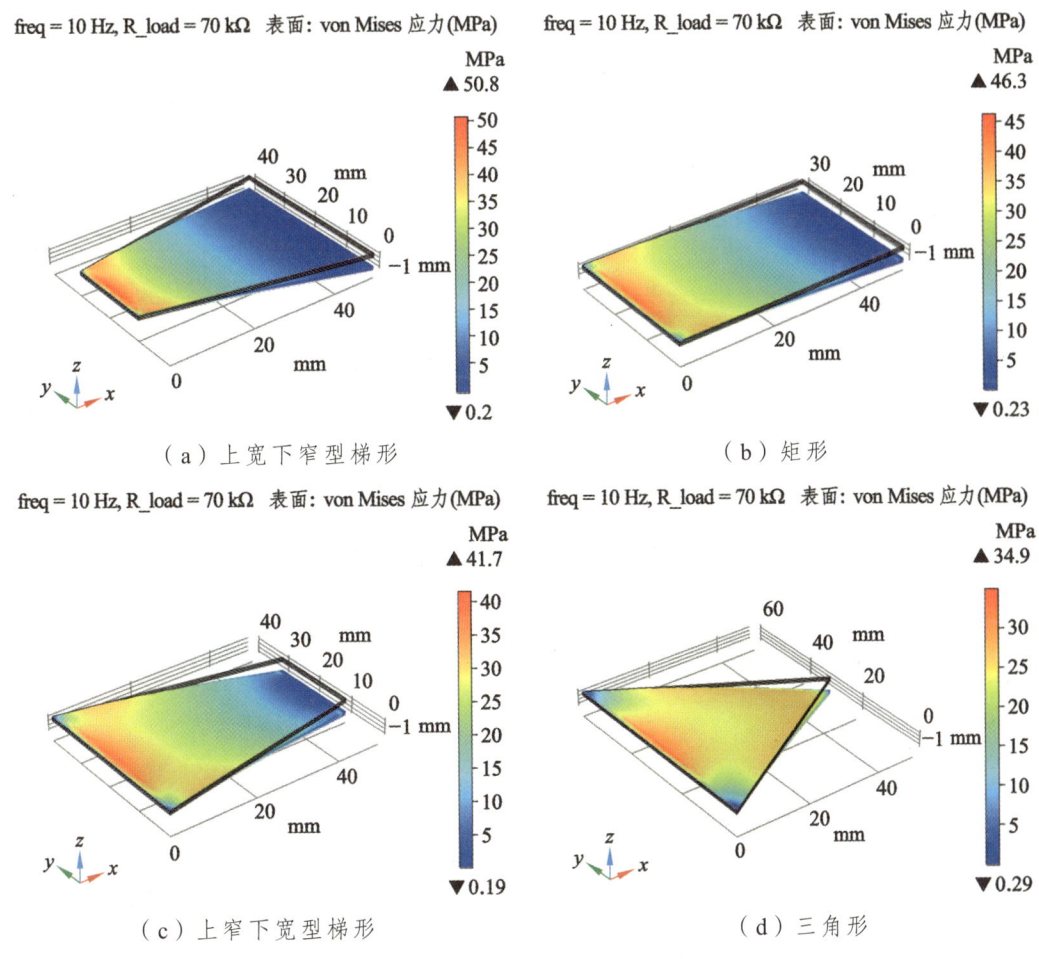

（a）上宽下窄型梯形　　　（b）矩形

（c）上窄下宽型梯形　　　（d）三角形

图 4.20　不同形状悬臂约束压电换能器应力分布

固定端，自由端应力极小，位于自由端的压电材料难以实现能量的转换。三角形悬臂约束压电换能器固定端应力较低，且应力较为均匀地分布在整个表面，压电换能器的压电材料利用率更高。因此，从应力分布角度考虑，三角形压电换能器具备更高的应力分布均匀性，且最大应力值更低，耐久性较优。

综上所述，对于等面积、等长度悬臂约束压电换能器而言，增加固定端宽度，降低自由端宽度可有效提升压电换能器电学输出效果，提升应力分布均匀性。相较其他形状的压电换能器，三角形压电换能器具有最佳端值电压、输出功率与应力分布效果，且保持高功率输出的阻值范围更大，与不同阻值用电设备的匹配性更佳。

1. 等面积等宽条件下悬臂梁式压电换能器形状优选

当悬臂梁式压电换能器面积固定时，除长度外，影响不同形状压电换能器电学输出效果的因素中还包括了宽度。因此，为全面分析不同形状压电换能器应力分布与电学输出特性，设计等面积、等宽度的悬臂约束压电换能器尺寸如表4.4所示。

表4.4 不同形状悬臂梁式压电换能器尺寸

形状	长度/mm	固定端宽度/mm	自由端宽度/mm	厚度/mm
上宽下窄型梯形	20	30	45	0.9
矩形	25	30	30	0.9
上窄下宽型梯形	30	30	20	0.9
三角形	50	30	0	0.9

1）不同形状悬臂梁式压电换能器端值电压特性研究

为明确压电换能器面积、宽度相等时，位移激励下不同形状悬臂约束压电换能器在不同频率下的电学输出效果，对压电换能器传力载体施加频率 1~11 Hz、位移 1 mm 的正弦激励，外接 1 000 kΩ 电阻。不同形状悬臂约束压电换能器在不同激励频率下的端值电压如图4.21所示。

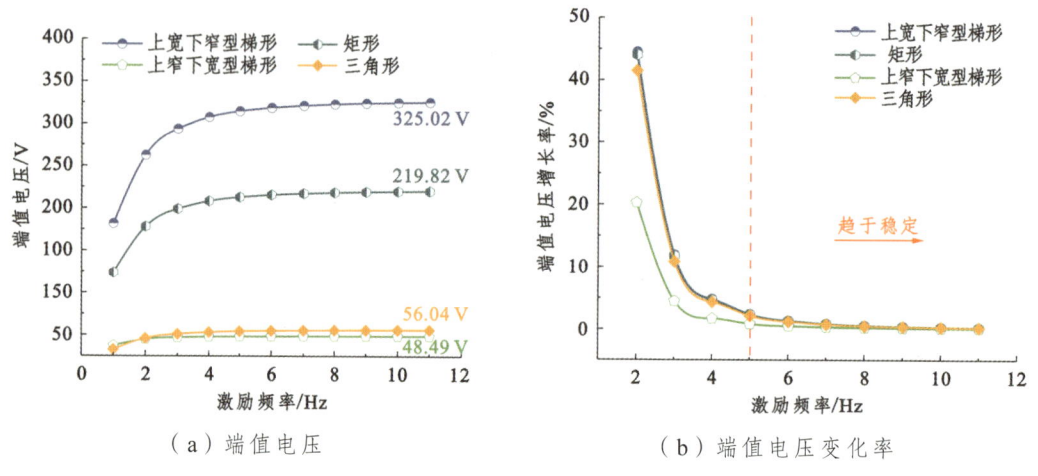

（a）端值电压 （b）端值电压变化率

图4.21 不同激励频率下悬臂约束压电换能器端值电压变化

如图4.21所示，相同加载条件下，随着悬臂约束压电换能器长度增加、自由端宽度减小，压电换能器端值电压整体呈降低趋势。11 Hz-1 mm 加载条件下，长度 20 mm 的上宽下窄型梯形压电换能器端值电压为 325.02 V；长度为 30 mm 的上窄下宽型梯形压电换能器端值电压为 48.49 V，峰值电压下降明显。然而，长度为 50 mm 的三角形压电换能器端值电压为 55.94 V，较上窄下宽型梯形压电换能器反而有所上升。压电换能器长度增加不利于压电换能器高电压输出，自由端宽度减小有助于提升压电换能器输出电压。

另一方面，不同形状压电换能器端值电压变化特性近似，激励频率大于 2 Hz 时各形状压电换能器端值电压变化较小，大于 5 Hz 时趋于稳定。压电换能器在交通荷载频率范围内可保持良好的电学输出效果。

2）不同形状悬臂梁式压电换能器输出功率特性研究

为明确不同形状悬臂约束压电换能器的输出功率特性，对压电换能器传力载体施加 3 Hz-1 mm、6 Hz-1 mm、10 Hz-1 mm 正弦位移激励，外接 0～500 kΩ 电阻。不同激励频率下各形状悬臂约束压电换能器功率输出情况如图 4.22 所示。

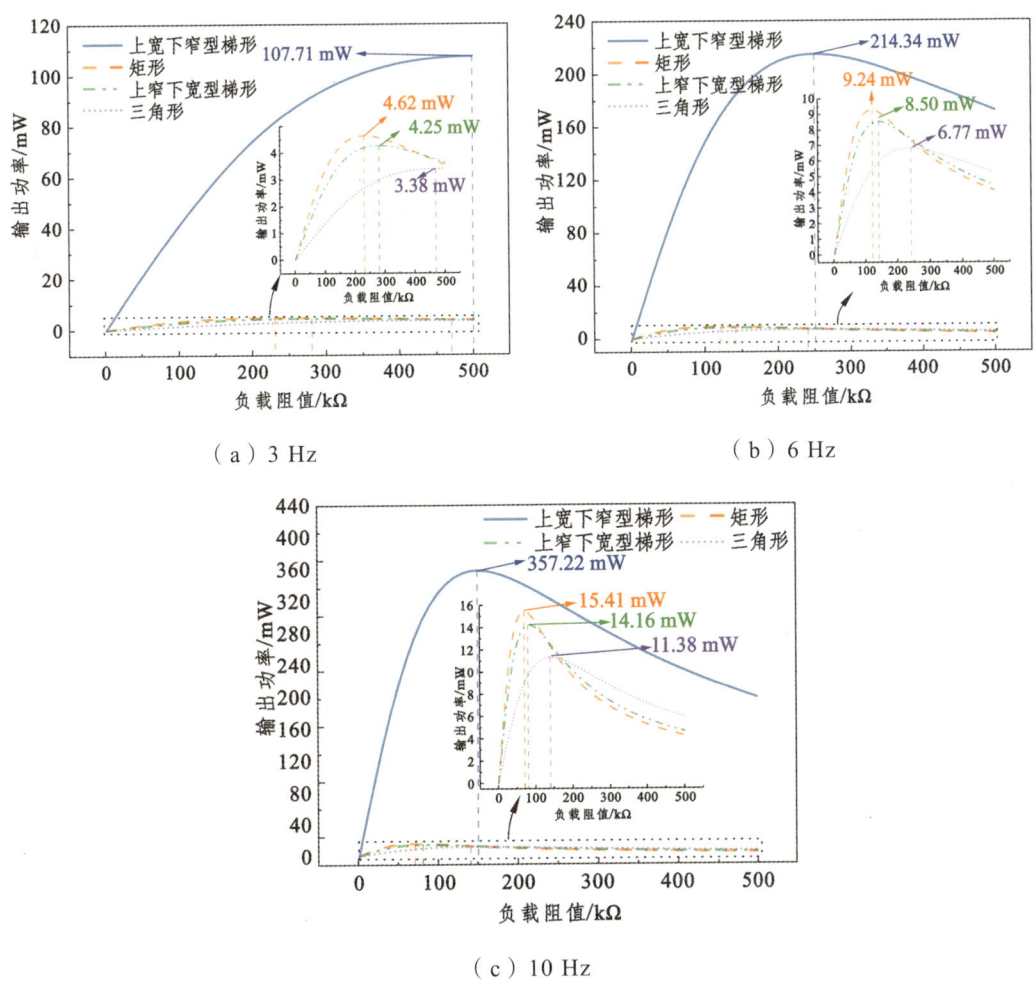

图 4.22　不同形状悬臂约束压电换能器输出功率变化

如图 4.22 所示，等面积、等固定端宽度条件下，随着长度的增加、自由端宽度的减小，悬臂约束压电换能器输出功率逐渐降低，且降低幅度逐渐下降。激励条件同为 10 Hz-1 mm 时，长度为 20 mm 的上宽下窄型梯形压电换能器峰值输出功率高达 357.22 mW；长度为 30 mm 上窄下宽型梯形压电换能器峰值输出功率降低至 14.16 mW，长度增加 10 mm 后功率降低至 1/25；长度为 50 mm 的三角形压电换能器峰值输出功率降低至 11.28 mW，长度增加 20 mm 后功率降低至 4/5。这表明，激励条件相同的情况下，压电换能器长度的增加虽导致其输出功率降低，但随着自由端宽度的减小,其功率输出效果在一定程度上得到提升,延缓了功率的降低幅度。分析随长度的增加,压电换能器功率降低原因为:激励位移一致时,长度增加会导致压电层应变降低,从而降低压电换能器电学输出效果。

3)不同形状悬臂约束压电换能器应力分布特性研究

对传力载体施加10 Hz-1 mm正弦位移激励,并外接匹配阻值电阻。不同形状悬臂约压电换能器应力分布如图4.23所示。

如图4.23所示,随着自由端宽度的减小、长度的增加,悬臂约束压电换能器应力值逐渐降低,且应力分布逐渐均匀。10 Hz-1 mm激励条件下,长度20 mm的上宽下窄型梯形压电换能器最大应力值为351 MPa,长度为50 mm的三角形最大应力值仅为32.7 MPa。表明自由端宽度的减小及长度的增加有助于压电换能器应力值的降低及应力分布均匀性的提高。

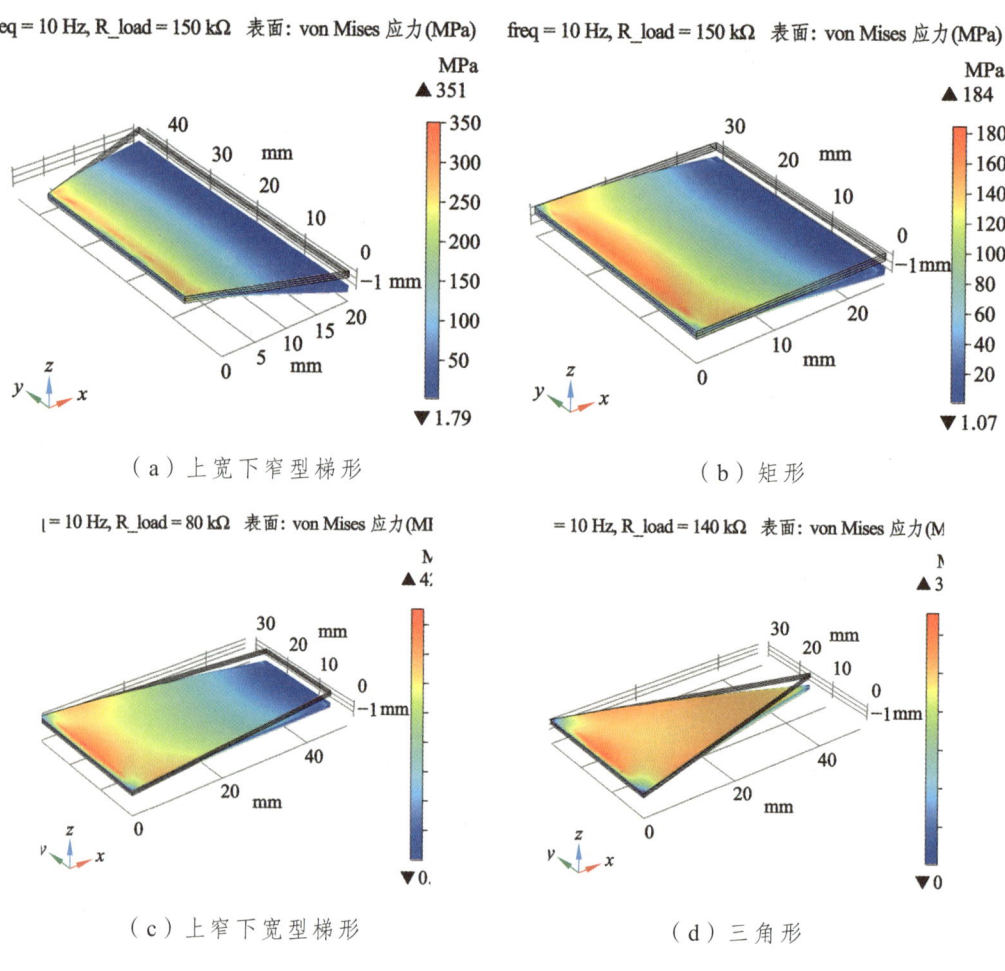

图4.23 不同形状悬臂约束压电换能器应力分布

综上所述,当固定悬臂梁式压电换能器的长度与固定端宽度时,三角形悬臂梁式压电换能器具有最高的输出电压、峰值功率密度且应力值最低；当固定压电换能器面积与长度时，三角形压电换能器具有最高的输出电压与输出功率、最低的应力值；当固定压电换能器面积与宽度时，三角形压电换能器具有最低的应力，输出电压与功率虽低于上宽下窄型梯形与矩形压电换能器，但对压电换能器电学输出的提升效果明显。因此，为最大化利用压电材料和提升悬臂约束压电换能器电学输出性能，压电换能器形状宜选用三角形。

4.3.2 基于作用方式的刚性约束压电换能器结构优化

悬臂约束压电换能器在端值电压、输出功率与应力分布等方面虽具备更佳的表现，然而还应注意到 4.2.3 节悬臂梁式压电换能器电学输出特性分析时，刚性约束形式下的压电换能器具有极高的正负电势，同时由于正负电势相互抵消，导致最终输出电压较低。若能消除这种正负电势抵消的影响，则可有效提升压电换能器的电学输出效果。

由 4.2.4 节可知，刚性约束压电换能器应力集中于固定端与位移施加区，因此可从固定端和位移施加区角度优化压电换能器，以提高刚性约束压电换能器的电学性能。固定端及位移施加区示意图如图 4.24 所示。

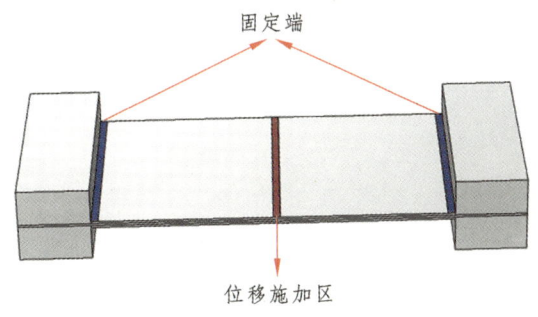

图 4.24 固定端及位移施加区示意图

1. 刚性约束压电换能器固定端优化

当悬臂梁式压电换能器受刚性约束时，由于约束的存在，应力及应变集中于端部。因此，想要减少此区域应力及应变，可在保持压电层大小的同时适当延长基板长度，将压电层与固定端保持一定距离，使压电层端部避开大应力位置。为明确压电层与固定端间距对刚性约束压电换能器力-电性能影响规律，利用有限元软件研究压电层距固定端 0、1 mm、2 mm、3 mm、4 mm、5 mm、6 mm、7 mm 时的压电换能器电学输出及应力分布特性。

1）电学输出特性研究

为明确压电层与固定端间距对刚性约束压电换能器电学输出效果的影响规律，对传力载体施加 10 Hz-1 mm 正弦位移激励，压电换能器外接 0～500 kΩ 电阻。不同压电层与固定端间距下刚性约束压电换能器输出功率如图 4.25 所示。

由图 4.25 可知，当压电层与固定端间距小于 3 mm 时，随着间距的增加，刚性约束压电换能器输出功率逐渐增加。当距离为 0 时，压电换能器峰值输出功率仅为 0.1 mW，而当间距增加至 1 mm 时，压电换能器峰值输出功率骤升至 148.55 mW，功率提升近千倍，验证了优化方向的正确性。随着间距进一步提升，压电换能器峰值输出功率逐渐增加且增幅逐渐降低。当间距为 3 mm 时，压电换能器输出功率达到峰值 208 mW。当间距进一步增大时，压电换能器输出功率呈略微降低的趋势。间距为 4 mm 与 5 mm 时，压电换能器峰值功率分别降至 205.50 mW 与 196.79 mW。因此，当压电层与固定端距离为 3 mm 时，刚性约束压电换能器具备最佳的电学输出效果。

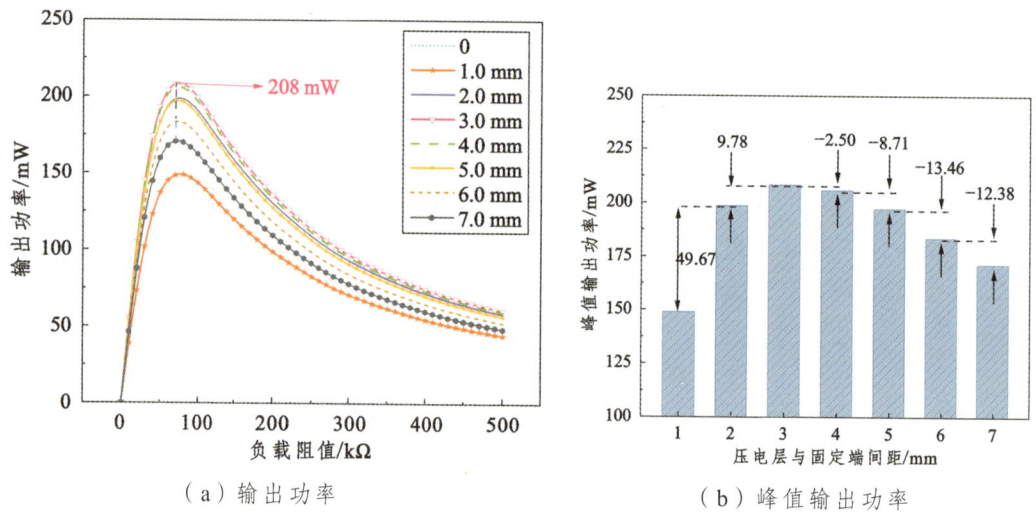

(a) 输出功率　　　　　　　(b) 峰值输出功率

图 4.25　不同压电层与固定端距离压电换能器输出功率分析

2) 应力分布特性研究

对传力载体施加 10 Hz-1 mm 位移荷载。为更贴近压电换能器实际应用效果，压电换能器外接匹配阻值电阻。压电换能器应力分布如图 4.26 所示。

由图 4.26 可知，随着压电层与固定端间距的增加，刚性约束压电换能器应力先急速增加后逐渐降低。当压电层与固定端距离为 0 时，悬臂梁式压电换能器最大应力为 301 Mpa；当距离增加至 1 mm 时，压电换能器最大应力激增至 692 MPa。随着间距的增加，应力逐渐降低，且降速逐渐变慢。间距为 2 mm 时，压电换能器最大应力降低至 439 MPa，降速为 253 MPa/mm。当间距增加至 3 mm 时，压电换能器应力降至 357 MPa，降速 82 MPa/mm。从应力角度考虑，刚性约束压电换能器的压电层与固定端距离宜大于 2 mm 以减少压电层及基板应力，从而提高压电换能器的耐久性。

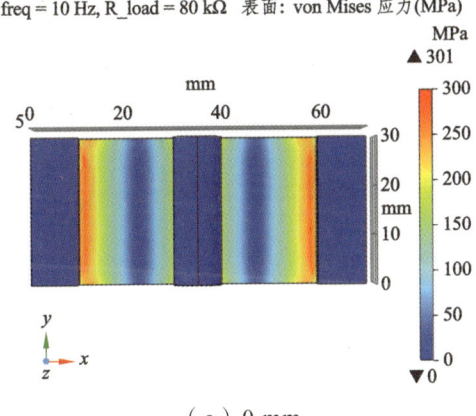

(a) 0 mm

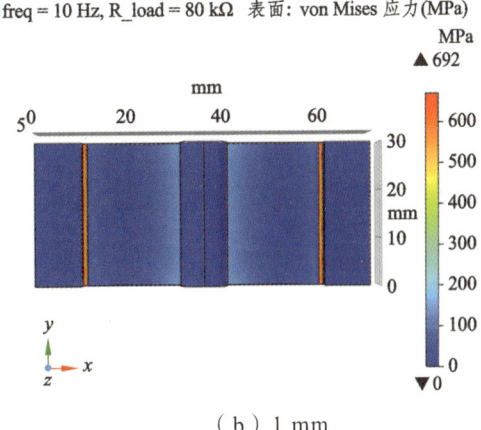

(b) 1 mm

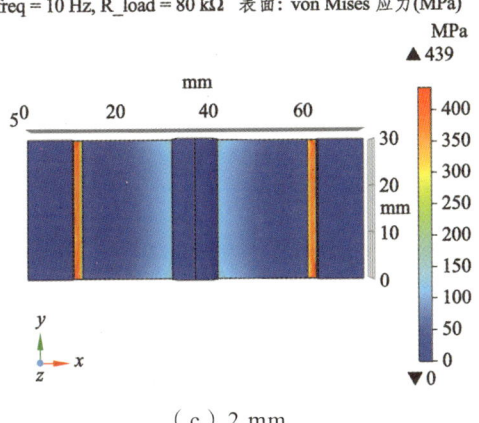

(c) 2 mm

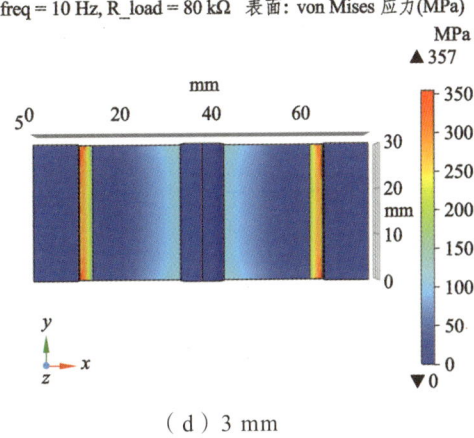

(d) 3 mm

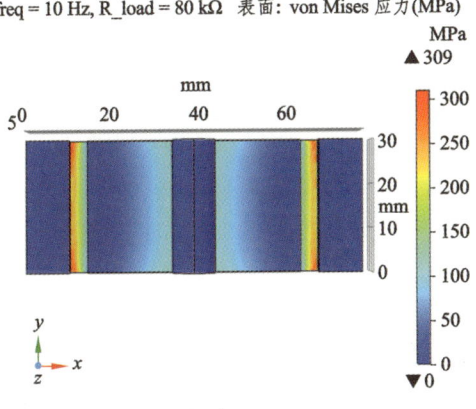

(e) 4 mm

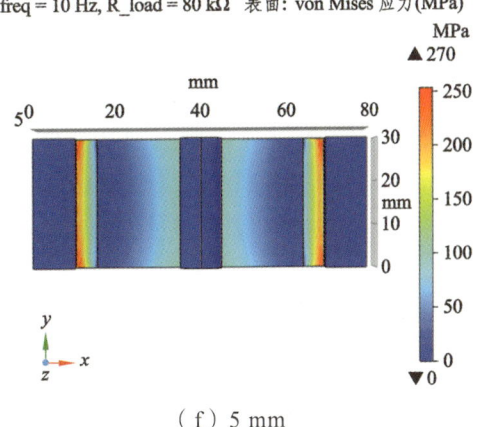

(f) 5 mm

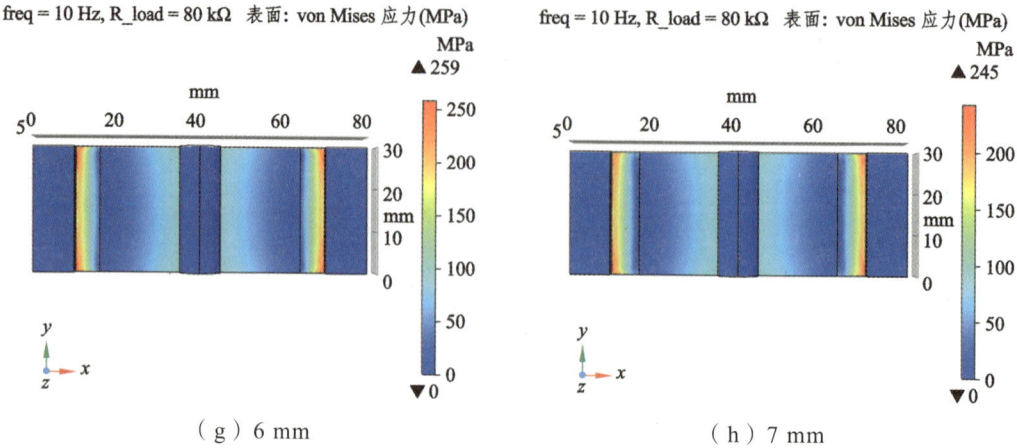

(g) 6 mm　　　　　　　　　　（h) 7 mm

图 4.26　不同压电层与固定端距离下的压电换能器应力分析

为进一步优选压电换能器压电层与固定端间距，综合考虑压电换能器电学输出效果与应力分布，将压电换能器峰值输出功率与最大应力值进行绘制，如图 4.27 所示。

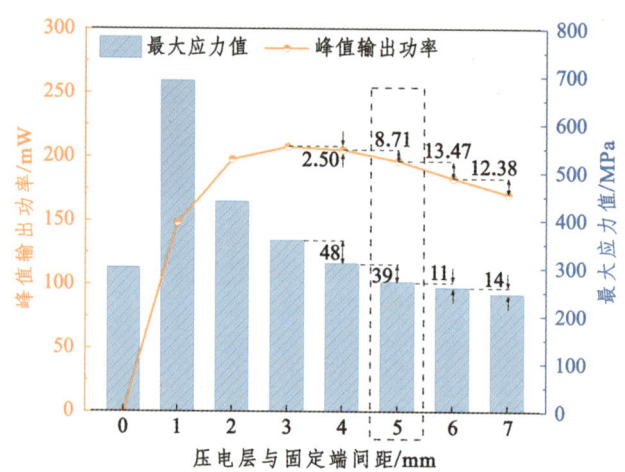

图 4.27　压电换能器峰值输出功率与最大应力值对比

道路用压电换能器要求其具有较高的电学输出效果与较低应力值。由图 4.27 可知，压电层与固定端间距为 3 mm 时，压电换能器电学输出效果最佳，此时峰值输出功率为 208 mW，最大应力值为 318 MPa。当间距进一步提升时，压电换能器输出功率与应力值均在一定程度上降低。间距每增加 1 mm，压电换能器峰值输出功率分别降低 1.20%、4.24%、6.84%、6.75%；应力值分别降低 13.45%、12.62%、4.25%、5.41%。可知，当压电层与固定端间距由 5 mm 增加至 6 mm 时，压电换能器峰值输出功率降低率高于最大应力降低率。以上结果表明继续增加压电层与固定端间距将导致应力收益低于功率损失。

综上所述，增加压电层与固定端间距可有效提升压电换能器电学输出效果。随着压电层与固定端间距的增加,压电换能器应力逐渐降低,输出功率先增加后降低。压电层与固定端距离为 5 mm 时可在保证刚性约束压电换能器良好电学输出的同时有效降低整体应力水平。

2. 刚性约束压电换能器位移施加区优化

当悬臂梁式压电换能器两端刚性约束时,会在压电换能器中部施加一定的位移激励,压电换能器中部位移施加区则会承受较大的应力与应变,且与端部应力、应变方向相反,导致压电材料产生的电荷相互抵消。因此将压电层左右分隔,保持压电层总面积不变,延长基板长度,使左右两压电层间保持一定间距,明确不同间距下的刚性约束压电换能器电学输出效果及应力分布特性。

由于两压电层间的水平距离变动影响圆柱体传力载体位移激励施加,因此采用传力载体直径随压电层间水平间距变动的方法展开分析。

1) 电学输出效果分析

为明确压电层水平间距对刚性约束压电换能器电学输出效果的影响规律,对传力载体施加 10 Hz-1 mm 正弦位移激励,压电换能器外接 0 ~ 500 kΩ 电阻。不同压电层间距下刚性约束压电换能器输出功率如图 4.28 所示。

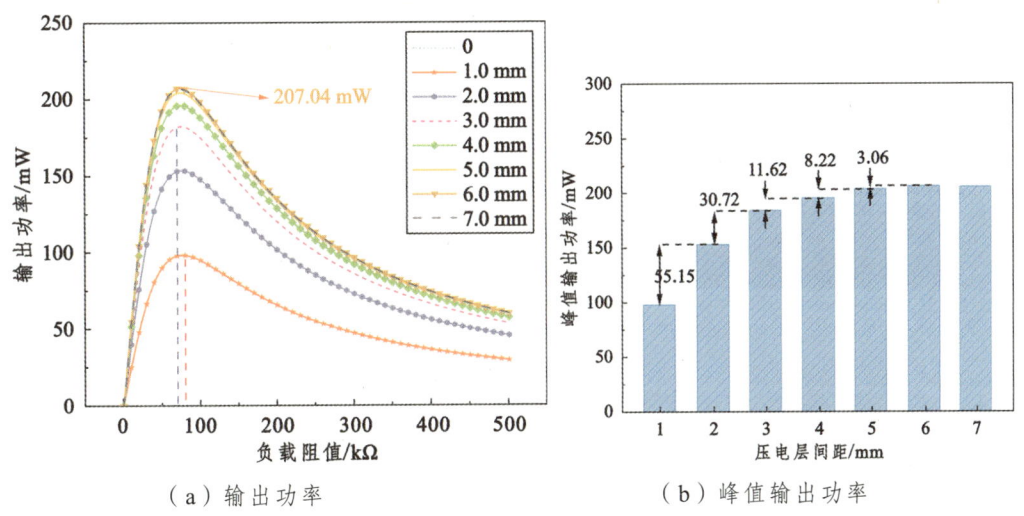

(a) 输出功率　　　　　　(b) 峰值输出功率

图 4.28　不同压电层水平间距下的压电换能器输出功率分析

由图 4.28 可知,将刚性约束下的悬臂梁式压电换能器压电层左右分块,可有效提升压电换能器电学输出效果。随着左右两压电层水平间距的增加,刚性约束压电换能器输出功率呈现先增加后降低的趋势,且最佳负载阻值稳定在 70 ~ 80 kΩ。当刚性约束压电换能器左右压电层间距为 0,即优化前,压电换能器峰值输出功率仅为 0.1 mW。当压电层间距为 1 mm 时,压电换能器峰值功率跃升至 98.27 mW,功率提升近千倍,证明了优化方向的正确性。当压电层间距进一步提升时,压电换能器功率逐渐增加且增加幅度逐渐降低,间距为 6 mm 时功率达到峰值 207.04 mW。

压电层间距大于 6 mm 时，随着间距的增加，压电换能器功率呈下降趋势。因此，压电层间距为 6 mm 时，可保证压电换能器最佳电学输出效果。

2）应力分布分析

为明确压电层间距对压电换能器应力分布影响规律，对压电换能器传力载体施加 10 Hz-1 mm 正弦位移激励，压电换能器外接匹配阻值电阻。压电换能器应力分布如图 4.29 所示。

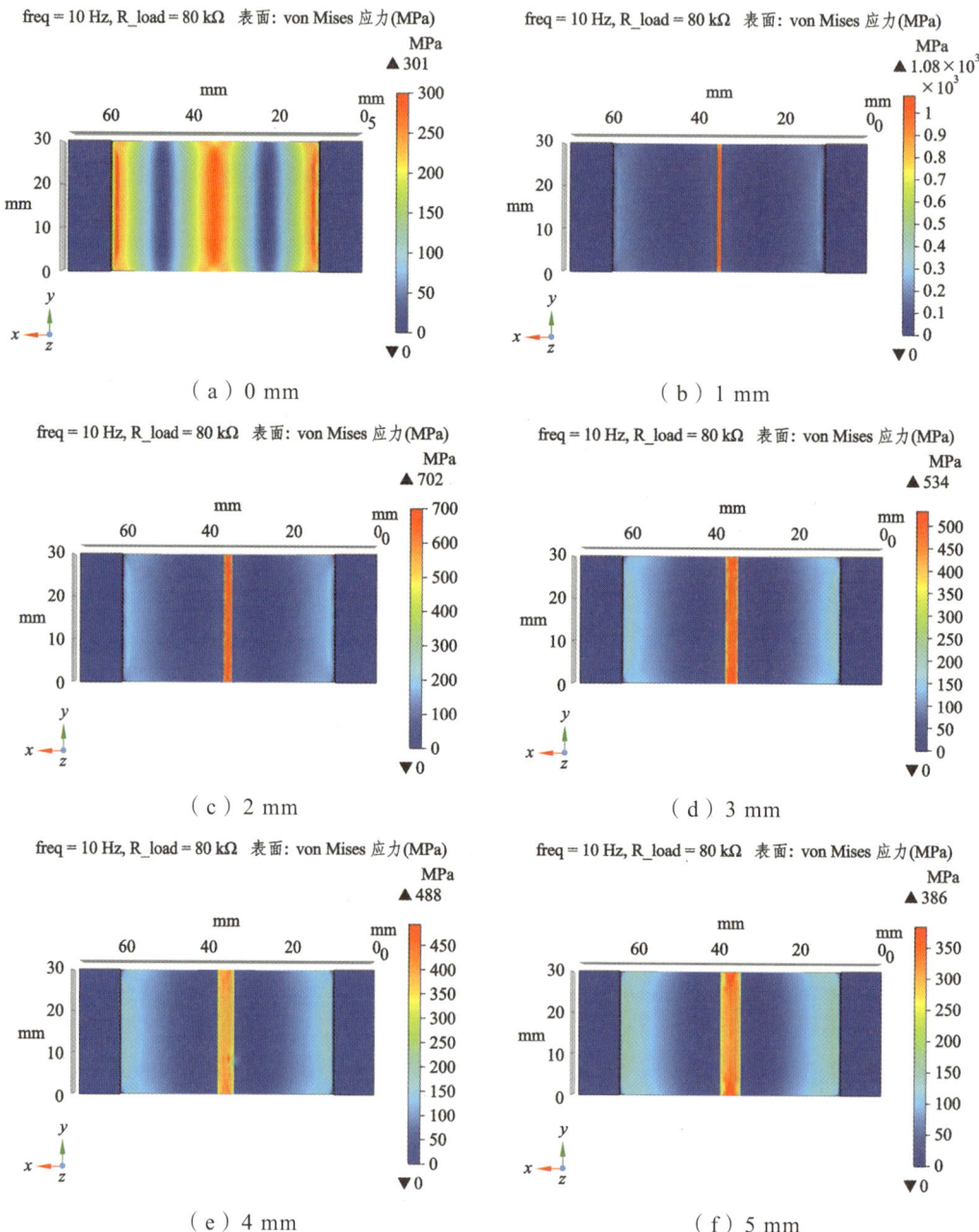

（a）0 mm （b）1 mm （c）2 mm （d）3 mm （e）4 mm （f）5 mm

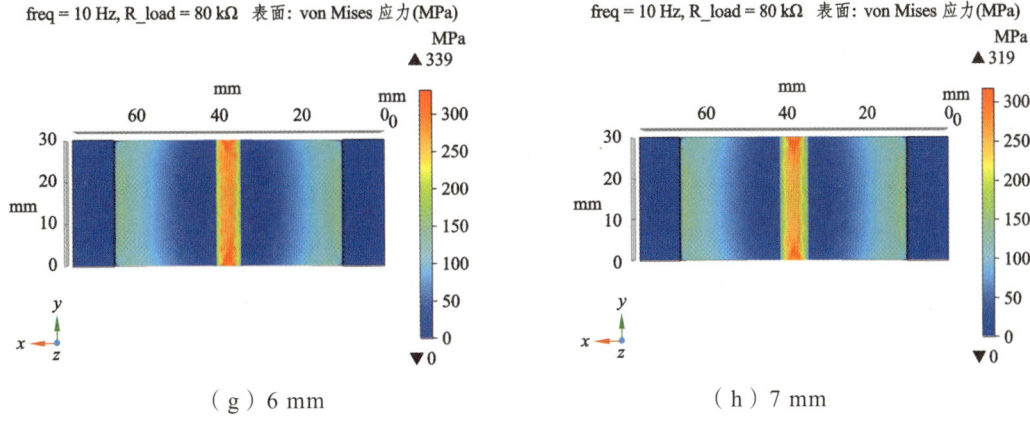

(g) 6 mm　　　　　　　　　　　　　(h) 7 mm

图 4.29　不同压电层间距下的压电换能器应力分布

由图 4.29 可知,当压电层分隔左右两块时,刚性约束压电换能器应力迅速增大,且最大应力值均分布于位移施加区。随着左右两压电层间距的增加,压电换能器最大应力值逐渐减小。如当水平间距为 0 时,压电换能器应力为 301 MPa。当压电层左右分块且水平间距为 1 mm 时,压电换能器应力迅速增加至 1 080 MPa,应力值增幅高达 252.16%。随着间距进一步增加,应力逐渐降低,当两压电层间距离增加至 7 mm 时,压电换能器应力降至 335 MPa。因此从应力角度分析,刚性约束压电换能器若采用左右分块的优化方式,两压电层间的水平间距宜尽可能大,以降低压电换能器的应力水平。

为进一步优选压电换能器压电层间距,综合考虑压电换能器电学输出效果与应力分布,将压电换能器峰值输出功率与最大应力值进行绘制,如图 4.30 所示。

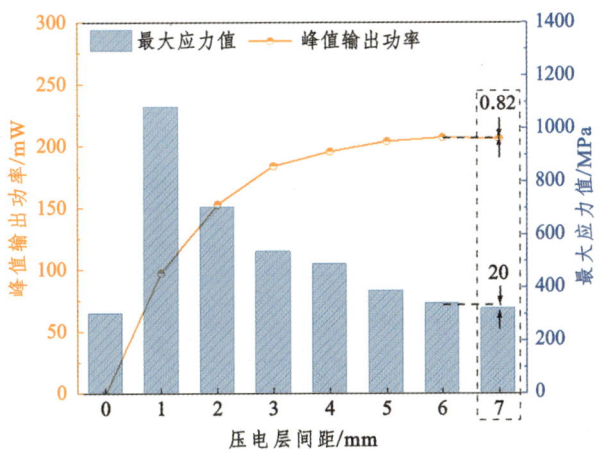

图 4.30　压电换能器峰值输出功率与最大应力值对比

由图 4.30 可知,压电层间距为 6 mm 时,压电换能器功率达到峰值 207.04 mW,此时最大应力为 356 MPa。当间距进一步增加时,压电换能器功率与应力值均出现一定程度的降低。间距为 7 mm 时,压电换能器峰值功率降低 0.82 mW,较 6 mm 时降低了 0.40%；最大应力降低 20 MPa，较 6 mm 时约降低了 5.61%。因此，为保证在高效电能输出的同时有效降低压电换能器应力，刚性压电换能器左右压电层间距暂定为 7 mm。

综上所述，当悬臂梁式压电换能器约束形式为刚性约束时，可通过增加压电层与固定端间距或将压电层左右分块的方式有效提升压电换能器电学输出效果，且前者优化方式下的压电换能器电学输出效果更佳，应力值更低。因此，刚性约束压电换能器可采用增加压电层与固定端间距的方式提升其力-电性能。

4.4　道路悬臂梁式压电换能器尺寸优化

不同约束条件下悬臂梁式压电换能器最佳电学性能对应的尺寸不同，本节基于压电层应力和电学性能指标，采用正交分析方法优选悬臂约束和刚性约束条件下压电换能器的最佳尺寸。

4.4.1　悬臂约束压电换能器尺寸优化

为优选悬臂梁式压电换能器尺寸，调查国内外常用悬臂梁式压电换能器尺寸，并为悬臂梁式压电换能器尺寸设计提供依据。

表 4.5　国内外悬臂梁式压电换能器尺寸调查

研究单位	压电材料				基板材料			
	材料	长度/mm	宽度/mm	厚度/mm	材料	长度/mm	宽度/mm	厚度/mm
汉阳大学	PZT-PZNN	38	38	0.2	不锈钢	60	40	0.2
武汉理工大学	PZT-5H	50	50	0.2	黄铜	70	50	0.2
重庆邮电大学	PZT-5H	60	10	0.2	铝合金	60	10	0.2
哈尔滨工业大学	PZT-5H	40	20	0.2	铜	40	20	0.2
兰州理工大学	PZT-5	50	50	0.21	紫铜	70	52	0.18
重庆交通大学	PZT-5H	60	31	0.2	磷青铜	80	33	0.2
浙江海洋大学	PZT-5H	40	20	0.3	磷青铜	48	20	0.5
北京交通大学	PZT-5A	60	30	0.2	黄铜	60	30	0.3
大连理工大学	PZT-5A	40	18	0.2	磷青铜	40	18	0.2
诺森比亚大学	PZT-5H	60	15	0.25	黄铜	60	15	0.25

由表 4.5 可知，目前悬臂梁式压电换能器压电层长度多在 40～60 mm，宽度多

在 10～50 mm，厚度多在 0.2～0.3 mm；基板长度多在 40～70 mm，宽度多在 10～50 mm，厚度多在 0.2～0.5 mm。为优选悬臂约束压电换能器尺寸，暂定压电层尺寸与基板尺寸相同，根据常见悬臂约束压电换能器的尺寸范围，对悬臂约束压电换能器尺寸进行多因素正交分析。将压电换能器长度、宽度、基板层厚度、压电层厚度作为正交因素，水平数选取 5Hz-1 mm、10 Hz-1 mm 激励条件下压电换能器外接 1 000 kΩ 电阻时的端值电压，最佳匹配阻值下的峰值功率、压电层及基板应力作为正交分析的优化目标。正交因素及水平数表如表 4.6 所示。

表 4.6 正交因素与水平数表

因素	水平				
	1	2	3	4	5
长度/mm	40	45	50	55	60
宽度/mm	10	15	20	25	30
压电层厚度/mm	0.2	0.3	0.4	0.5	0.6
基板厚度/mm	0.2	0.3	0.4	0.5	0.6

正交结果表明各情况下的悬臂约束压电换能器基板应力最大仅为 69.97 MPa，远低于金属基板材料的疲劳强度（200 MPa），应着重关注压电换能器的压电层应力。绘制压电换能器压电层应力与电学输出情况正交结果图如图 4.31 所示。

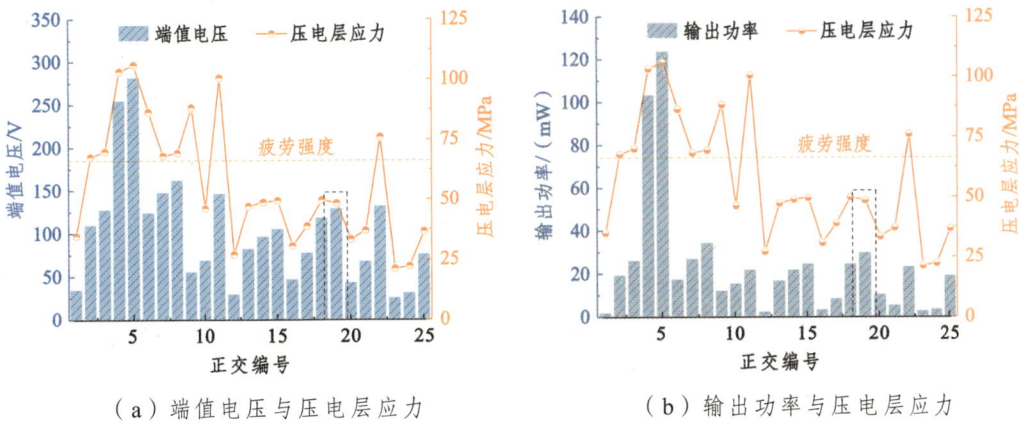

（a）端值电压与压电层应力　　　　（b）输出功率与压电层应力

图 4.31　悬臂约束压电换能器正交分析结果

为保证压电换能器在多频次作用下不发生疲劳破坏，压电层应力值应低于压电陶瓷疲劳强度（67～100 MPa）。由图 4.31 可知，当压电层应力小于 67 MPa 时，端值电压较高的三组编号为 15、18、19，分别为 105.55 V、118.57 V、129.28 V；输出功率较高的三组编号亦为 15、18、19，分别为 24.78 mW、24.71 mW、29.96 mW。可知，在保证压电层应力不超过压电陶瓷疲劳强度前提下，编号 19、长度 55 mm、宽度 25 mm、压电层厚度 0.6 mm、基板厚度 0.3 mm 的压电换能器具备最高的端值电压与输出功率,可在保证耐久性的同时兼具优良的电学输出性能。因此,三角形悬臂约束压电换能器可选择长度 55 mm,宽度 25 mm,压电层厚度 0.6 mm,基板厚度 0.3 mm 的尺寸。

4.4.2 刚性约束压电换能器尺寸优化

为优化刚性约束压电换能器尺寸,采用正交分析与有限元仿真相结合的方式来确定压电换能器最佳尺寸,正交分析结果如表 4.7 所示。

表 4.7 $L_{25}(5^6)$ 正交表

情况	因素				压电层应力 /MPa	基板应力 /MPa	端值电压 /V	峰值功率 /mW
	长度/mm	宽度/mm	压电层厚度/mm	基板厚度/mm				
1	40	10	0.2	0.2	154.76	222.57	93.69	26.90
2	40	15	0.3	0.5	271.71	455.69	296.99	258.38
3	40	20	0.4	0.3	249.83	567.92	362.92	385.48
4	40	25	0.5	0.6	448.60	681.28	755.35	1 618.28
5	40	30	0.6	0.4	487.31	731.72	815.70	1 885.62
6	45	10	0.4	0.6	425.50	529.55	341.23	213.2
7	45	15	0.5	0.4	356.41	474.91	419.13	372.82
8	45	20	0.6	0.2	258.38	1 169.10	379.95	334.8
9	45	25	0.2	0.5	251.55	413.35	147.71	165.38
10	45	30	0.3	0.3	173.63	738.18	213.35	278.5
11	50	10	0.6	0.5	308.68	462.53	439.52	284.56
12	50	15	0.2	0.3	118.88	209.98	79.38	34.41
13	50	20	0.3	0.6	289.51	389.82	218.54	223.64
14	50	25	0.4	0.4	243.66	363.28	283.55	356.68
15	50	30	0.5	0.2	164.53	815.99	294.58	369.96
16	55	10	0.3	0.4	157.38	305.84	124.28	44.05
17	55	15	0.4	0.2	142.75	512.52	207.81	110.81
18	55	20	0.5	0.5	226.57	386.11	337.84	373.94
19	55	25	0.6	0.3	261.29	459.83	370.62	462.74
20	55	30	0.2	0.6	222.08	300.23	108.91	126.69
21	60	10	0.5	0.3	203.28	316.96	194.93	75.07
22	60	15	0.6	0.6	329.15	403.67	371.82	327.34
23	60	20	0.2	0.4	133.48	341.42	65.561	36.28
24	60	25	0.3	0.2	89.24	270.79	91.94	60.71
25	60	30	0.4	0.5	209.29	548.36	225.95	319.96

由表 4.7 可知，所有编号的压电换能器应力值均超过了其疲劳强度界限，即正交表内所有尺寸组合的刚性约束压电换能器均不能满足使用要求。因此需要对压电换能器的尺寸做进一步的优化以满足其疲劳强度要求。

为获得较低的压电层应力，选取压电层应力较低的 5 组尺寸与基板应力较低的 5 组尺寸并汇总于表 4.8、表 4.9 中，分析其应力较低的原因。

由表 4.8 和表 4.9 可知，编号为 1/12/24 的刚性约束压电换能器压电层应力及基板应力均较低，其共同特点为压电层与基板厚度均较低，而长度、宽度尺寸各异。因此可以初步得出结论：压电层及基板厚度对压电换能器的应力大小影响较大，较薄的压电层及基板厚度有助于降低压电换能器应力。观察剩余四组压电换能器尺寸参数及应力结果可得，其余压电换能器的压电层或基板厚度高于 1/12/24 号压电换能器，压电层应力或基板应力亦高于 1/12/24 号压电换能器，进一步佐证了上述结论。

表 4.8 压电层应力较低的尺寸组合

情况	因素				压电层应力 /MPa	基板应力 /MPa	端值电压 /V	峰值功率 /mW
	长度 /mm	宽度 /mm	压电层厚度 /mm	基板厚度 /mm				
1	40	10	0.2	0.2	154.76	222.57	93.689	13.448
12	50	15	0.2	0.3	118.88	209.98	79.378	17.207
17	55	15	0.5	0.2	142.75	512.52	207.81	55.407
23	60	20	0.2	0.4	133.48	341.42	65.561	18.138
24	60	25	0.3	0.2	89.239	270.79	91.94	30.356

表 4.9 基板应力较低的尺寸组合

情况	因素				压电层应力 /MPa	基板应力 /MPa	端值电压 /V	峰值功率 /mW
	长度 /mm	宽度 /mm	压电层厚度 /mm	基板厚度 /mm				
1	40	10	0.2	0.2	154.76	222.57	93.689	13.448
12	50	15	0.2	0.3	118.88	209.98	79.378	17.207
16	55	10	0.3	0.4	157.38	305.84	124.28	22.025
20	55	30	0.2	0.6	222.08	300.23	108.91	63.343
24	60	25	0.3	0.2	89.239	270.79	91.94	30.356

为有效降低压电换能器应力值，其基板及压电层厚度宜尽可能低。另一方面，基板作为压电换能器的主要承力部件，其厚度亦不宜过薄。结合表 4.5 的国内外压电换能器尺寸调查及表 4.7 的正交分析结果，选定基板厚度为 0.2 mm，压电层厚度

为 0.2 mm。为进一步优化压电换能器尺寸，利用有限元软件研究压电层宽度为 30 mm 时，长度对刚性约束压电换能器电学输出及应力分布的影响规律以及长度为 30 mm 时，宽度对压电换能器电学输出及应力分布的影响规律。长度及宽度对压电换能器力-电性能影响如图 4.32 所示。

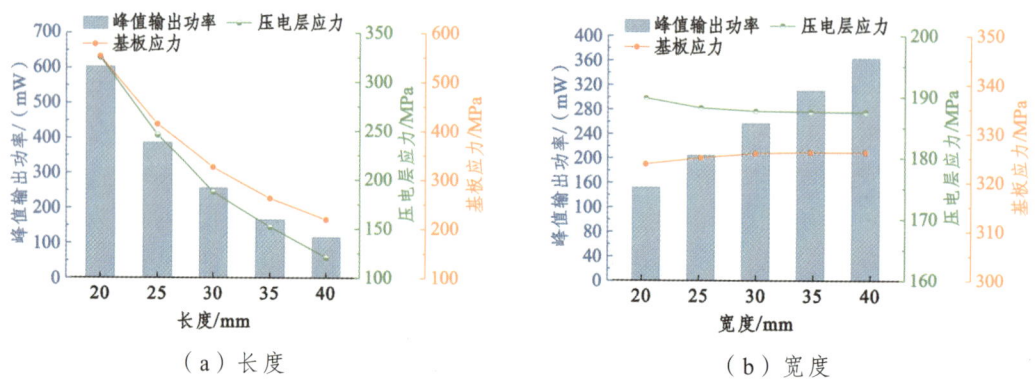

(a) 长度   (b) 宽度

图 4.32　长度与宽度对刚性约束压电换能器电学输出及应力影响

由图 4.32（a）可知，随着长度的增加，刚性约束压电换能器输出功率、基板及压电层应力均逐渐降低。长度为 20 mm 时，压电换能器输出功率为 603.40 mW，压电层应力为 324.84 MPa，基板应力为 551.85 MPa。当长度增加至 40 mm 时，压电换能器输出功率降至 117 mW，压电层应力降至 121.24 MPa，基板应力降至 219.28 MPa。因此，适当增加压电换能器长度可有效降低压电层与基板应力，但亦会导致压电换能器输出功率降低。由图 4.32（b）可知，随着宽度的增加，刚性约束压电换能器输出功率呈线性增加趋势，压电层应力略微降低，基板应力略微升高。长度为 30 mm，宽度为 20 mm 时，压电换能器输出功率为 152.20 mW，压电层应力为 189.85 MPa，基板应力为 323.81 MPa。宽度增加至 40 mm 时，压电换能器输出功率为 363.66 mW，提升 138.94%；压电层应力降低至 187.54 MPa，仅降低 1.2%；基板应力升高至 326.17 MPa，仅提升 0.7%。因此，适当增加刚性约束压电换能器宽度，可在维持压电层及基板应力稳定的情况下有效提高输出功率。

综上可知，长度对压电换能器力学性能的影响较大，宽度的影响较小。结合 4.3.2 小节压电层与固定端间距影响压电换能器应力大小的结论，通过调节压电层与固定端间距使压电层应力保持在 60~67 MPa，压电层宽度暂定为 20 mm，固定端宽度为 10 mm。利用有限元软件研究压电层长度 10~40 mm 时压电换能器功率密度、压电层及基板应力，研究结果如图 4.33 所示。

由图 4.33 可知，同等压电层应力水平下，随着压电层长度的增加，压电换能器端值电压逐渐降低，峰值输出功率逐渐增加，功率密度及基板应力逐渐降低。如压电层长度为 10 mm 时，压电换能器端值电压为 80.27 V，基板应力为 259.93 MPa，峰值输出功率及功率密度分别为 11.43 mW、142 870 W/m³。而当压电层长度增加至 40 mm 时，端值电压降至 60.37 V，基板应力降为 137.68 MPa，峰值输出功率提升至 21.548 mW，功率密度降低至 67 337.5 W/m³。压电层长度的增加虽可有效降低基板应力并提高压电换能器输出功率，但其压电材料利用效率会急剧下降。压电层长度由 10 mm 增加至 40 mm 时，端值电压降低 32.96%，功率密度降低 112.18%，压电换能器的经济效益严重降低。

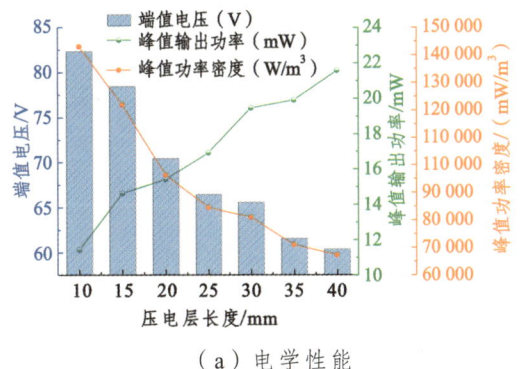

（a）电学性能

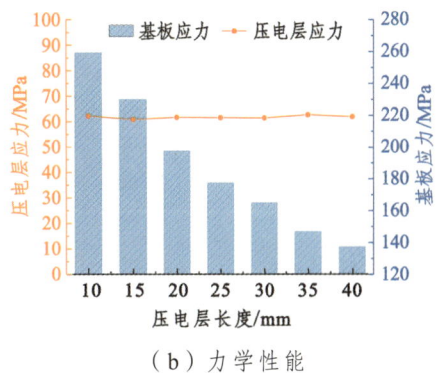

（b）力学性能

图 4.33 近似压电层应力下不同压电层长度对压电换能器性能影响

为进一步明确压电换能器最佳长度，取压电换能器端值电压、峰值输出功率、功率密度为指标，选用主成分分析方法将多指标转换为不同权重指标组成的综合电学指标，优选压电换能器长度。主成分分析结果如表 4.10 和表 4.11 所示。

表 4.10 主成分特征值及其贡献率

主成分	特征值	贡献率/%	累积贡献率/%
1	2.935	97.850	97.850
2	0.597 4	1.968	99.818
3	0.198 9	0.182	100.000

表 4.11 主成分特征向量

输出特性指标	主成分 1 特征向量
端值电压	0.994
峰值输出功率	-0.980
功率密度	0.994

由表 4.10 可知，主成分 1 贡献率高达 97.85%，因此选取主成分 1 各特征向量计算权重。结合表 4.11 可得端值电压、峰值输出功率及功率密度权重分别为 98.649%、−97.251%、98.602%。由图 4.33 可知，压电层长度小于 20 mm 时，基板应力不符合要求，分析压电层长度大于 20 mm 时，压电换能器长度与综合电学指标关系，优

选最佳压电层长度。压电换能器综合电学指标随长度变化如图 4.34 所示。

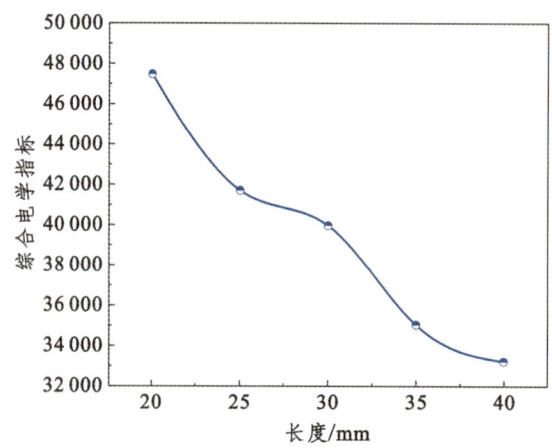

图 4.34　压电换能器综合电学指标随长度变化图

如图 4.34 所示，当压电层长度为 20 mm 时，压电换能器综合电学指标值最高，且随长度的增加呈下降趋势。基于此，以压电层长度为 20 mm，压电换能器总长度 70 mm 为基准进一步优选压电换能器宽度。由表 4.5 可知，压电陶瓷尺寸鲜有超过 60 mm 的，进一步增加尺寸将导致加工难度快速提升。因此，分析宽度为 20~60 mm 时的压电换能器各项性能表现如图 4.35 所示。

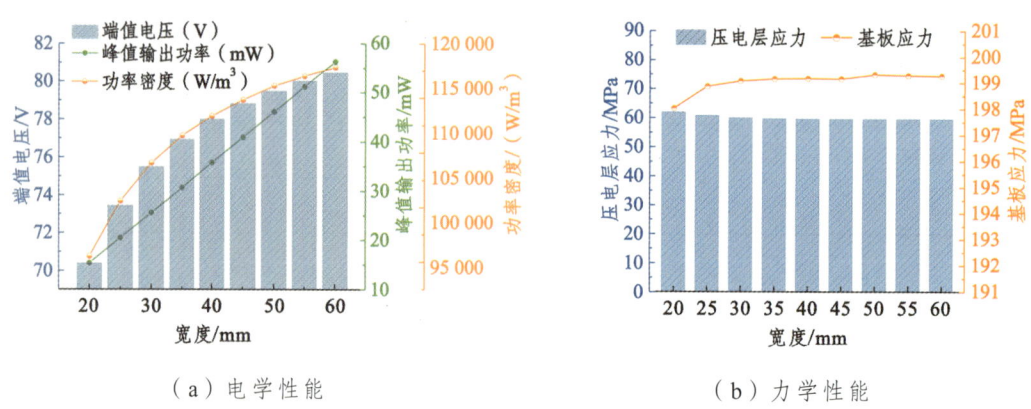

（a）电学性能　　　　　　　　　（b）力学性能

图 4.35　宽度对压电换能器性能影响

由图 4.35 可知，当压电层长度为 20 mm 时，随着宽度的增加，压电换能器的端值电压与峰值输出功率均逐渐增加。如宽度为 20 mm 时，端值电压为 70.39 V，峰值输出功率为 15.40 mW。宽度增加至 60 mm 时，电压与功率分别增加至 80.46 V、56.34 mW。宽度提高 3 倍，端值电压提升 14.31%，输出功率提高 265.84%，提升效果显著。峰值功率密度亦随宽度的增加而增加，且增加幅度逐渐减小。宽度由 20 mm 增加至 30 mm 时压电换能器峰值功率密度提升 10 447 W/m³，而宽度由 50 mm 增加至 60 mm 时功率密度仅增加 2 087 W/m³。表明随着宽度的增加，压电换能器电学输出提升效果逐渐降低，电学输出效果趋近于最大化。

另一方面，从应力角度考虑，当宽度小于 30 mm 时，基板应力随宽度增加而略微上升。30 mm 较 20 mm 基板应力增加 1.04 MPa。宽度大于 30 mm 时，随着宽度的增加，基板应力逐渐趋于平稳。不同宽度时压电换能器基板应力稳定在 199.06 ~ 199.30 MPa，表明宽度的增加对基板应力影响微小。随着宽度的增加，压电换能器压电层应力逐渐降低，随后趋于平稳。如宽度为 20 mm 时，压电层应力达 61.99 MPa。宽度增加至 40 mm 时，压电层应力降至 59.63 MPa，降低 3.8%。宽度为 60 mm 时，压电层应力值为 59.57 MPa，较 40 mm 时仅降低 0.1%。因此压电换能器宽度宜大于 40 mm 以保证压电层应力处于较低值。

综合考虑压电换能器电学性能与应力值，宽度为 60 mm 时的压电换能器兼具较高的电学输出性能与较低的压电层应力。因此，压电换能器宽度推荐选取 60 mm，即压电层尺寸为 20 mm×60 mm×0.2 mm，基板尺寸为 70 mm×60 mm×0.2 mm。

4.5 本章小结

本章推导了悬臂约束条件下悬臂梁式压电换能器电学输出理论，研究了不同约束条件下悬臂梁式压电换能器结构特性，并通过力-电性能影响规律明确了其最佳形状及最佳尺寸。

（1）基于 d_{31} 模式下压电方程，推导了悬臂约束矩形及三角形悬臂梁式压电换能器电学输出理论，相同作用条件下自由端宽度更小的三角形压电换能器电学输出效果优于矩形压电换能器。

（2）优选了适用于道路交通条件的悬臂约束和刚性约束形式，明确了两种约束形式下压电换能器的结构特性，即悬臂约束压电换能器应力分布集中于固定端，压电材料利用率低，刚性约束压电换能器应力分布均匀，但正负电势抵消明显。

（3）明确了兼具高效电学输出与良好应力分布的悬臂约束压电换能器最佳形状为长度较小的上宽下窄型梯形，基于多因素正交分析，明确了兼具高效电学输出与低应力耐久的悬臂约束尺寸为长度 55 mm × 宽度 25 mm × 压电层厚度 0.6 mm，刚性约束尺寸为长度 70 mm × 宽度 60 mm × 压电层厚度 0.2 mm，压电层与固定端间距为 15 mm。

第 5 章 道路臂梁式压电换能器结构参数与性能研究

力-电耦合场下的压电换能器电学输出性能除受其尺寸、结构等因素影响外，实际应用过程中传力载体结构及其作用形式等因素也影响其性能发挥，最佳的压电换能器应用参数是实现其性能最大化的必要条件。因此，本章探明传力载体、作动形式对压电换能器力-电性能影响规律，明确压电换能器电学输出稳定高效的极限作动距离，系统测试不同约束形式下压电换能器的开路电压与输出功率，评价其电学输出性能与耐久性能，从而进一步提升道路悬臂梁式压电换能器的发电能力。

5.1 道路悬臂梁式压电换能器应用参数优化

为确定性能最佳的道路悬臂梁式压电换能器应用参数，本节制作简易压电换能器测试装置，基于力-电性能指标确定不同约束条件下压电换能器的传力载体形状及尺寸，并探明不同作动形式对压电换能器电学输出性能的影响规律。

5.1.1 道路悬臂梁式压电换能器测试装置制作

悬臂梁式压电换能器的实际应用效果与其作动位移大小及形式等因素息息相关。为明确此类应用参数对悬臂梁式压电换能器的影响规律，可利用可模拟实际道路加载条件的 MTS 伺服液压测试系统测试各应用参数下的压电换能器电学输出效果。然而 MTS 伺服液压测试系统难以直接对压电换能器施加载荷，因此需要制作简易的悬臂梁式压电换能器测试装置为压电换能器各项应用参数测试提供便利。

悬臂梁式压电换能器测试装置由顶板、底板、侧板、夹持板及牵引板构成。顶板用于承受及传递 MTS 伺服液压测试系统所加荷载；底板用于支撑整个测试装置及固定侧板与夹持版；侧板上端设有用于放置弹簧的凹槽，下端通过螺栓与底板相接；加持板用于固定悬臂梁式压电换能器，通过螺栓固定于底板之上；牵引板与顶板相连，接收顶板传递而来的荷载并牵引传力载体对压电换能器施加荷载。

悬臂梁式压电换能器应用于路面结构时需承受大质量的车辆碾压,因此压电发电装置顶板等结构强度要求较高,材料多为金属材料。测试压电换能器数量较少,同等位移加载条件下,压电换能器测试装置所需承受荷载远低于路面结构中的压电发电装置。因此测试装置材料强度要求可略微降低,选用价格更低的工程塑料代替金属材料。调查常见工程塑料材料的技术参数,优选适用于测试装置的材料型号,常见工程塑料材料参数如表 5.1 所示。

表 5.1 常见工程塑料材料参数

材料名称	抗弯强度/MPa	杨氏模量/MPa	密度/(g/cm³)	耐疲劳性能
改性聚丙烯	100~120	3 000~4 500	1.10~1.60	较高
聚酰胺	100~120	2 000~3 000	1.10~1.15	较高
聚碳酸酯	100~120	2 000~2 500	1.18~1.20	较高
丙烯腈-丁二烯-苯乙烯	62~97	2 000	1.05~1.18	较高
聚四氟乙烯	5.7	350~630	2.20	较低

悬臂梁式压电换能器测试装置通过顶板与侧板间弹簧压缩实现位移荷载的施加。因此,各构件重量宜尽可能低,且应具备良好的抗疲劳性能以抵抗循环加载作用下的形变。由表 5.1 可知,改性聚丙烯与聚酰胺均具有较高的抗弯强度,且与聚酰胺相比,改性聚丙烯刚度较大,更适合用作测试装置基材。因此,选取改性聚丙烯为基材制作悬臂梁式压电换能器测试装置。悬臂梁式压电换能器测试装置如图 5.1 所示,压电换能器如图 5.2 所示。

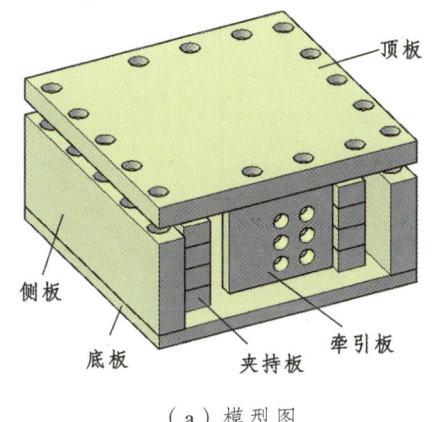

(a)模型图   (b)实拍图

图 5.1 悬臂梁式压电换能器测试装置

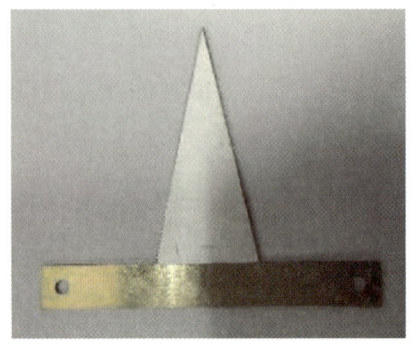 

（a）悬臂约束　　　　　　　　　　　（b）刚性约束

图 5.2　悬臂梁式压电换能器

5.1.2　道路悬臂梁式压电换能器传力载体优化

传力载体作为应力传递的载体，其形状及尺寸将直接影响压电换能器作用效果。同时，由上文可知，刚性约束压电换能器对位移荷载的敏感度更高，同等加载条件下应力值及电学输出更高。因此，可以刚性约束压电换能器为例，分析不同传力载体形状及尺寸对压电换能器力-电性能影响。

1. 压电换能器传力载体形状优化

为明确传力载体形状对悬臂梁式压电换能器影响，下面利用有限元软件研究传力载体为圆柱体与立方体时，刚性约束压电换能器的电学输出与应力分布特性。

1）功率输出特性研究

对刚性约束压电换能器传力载体施加 10 Hz-1 mm 正弦位移激励，并扫描外接 0～500 kΩ 电阻时压电换能器输出功率，并绘制换能器输出功率如图 5.3 所示。

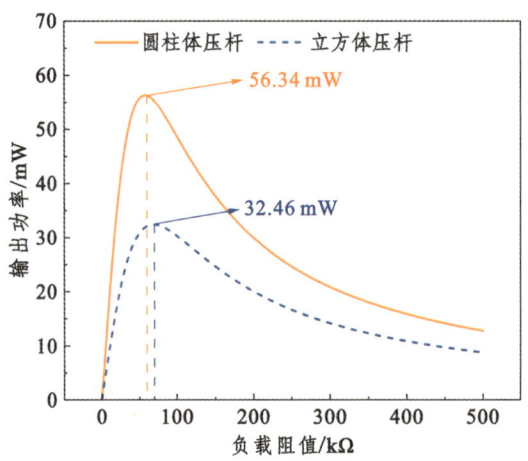

图 5.3　不同形状传力载体作用下刚性约束压电换能器输出功率

如图 5.3 所示，两种形状的传力载体作用于刚性约束压电换能器时，压电换能器输出功率变化趋势相同。随着负载阻值的增加，压电换能器输出功率均呈现先增大后减小趋势。当传力载体形状为立方体，刚性约束压电换能器外接 70 kΩ 电阻时，最大输出功率达 32.46 mW。当传力载体形状为圆柱体，刚性约束压电换能器外接 60 kΩ 电阻时，最大输出功率达到 56.34 mW，为立方体时的 173.57%。从电学输出角度考虑，传力载体形状为圆柱体时，刚性约束压电换能器电学输出效果更佳明显，同等作用条件下，可以为用电设备输出更多电能。

2）应力分布特性研究

对压电换能器传力载体施加 10 Hz-1 mm 正弦位移激励，压电换能器外接负载阻值设为匹配阻值。绘制应力分布云图如图 5.4。

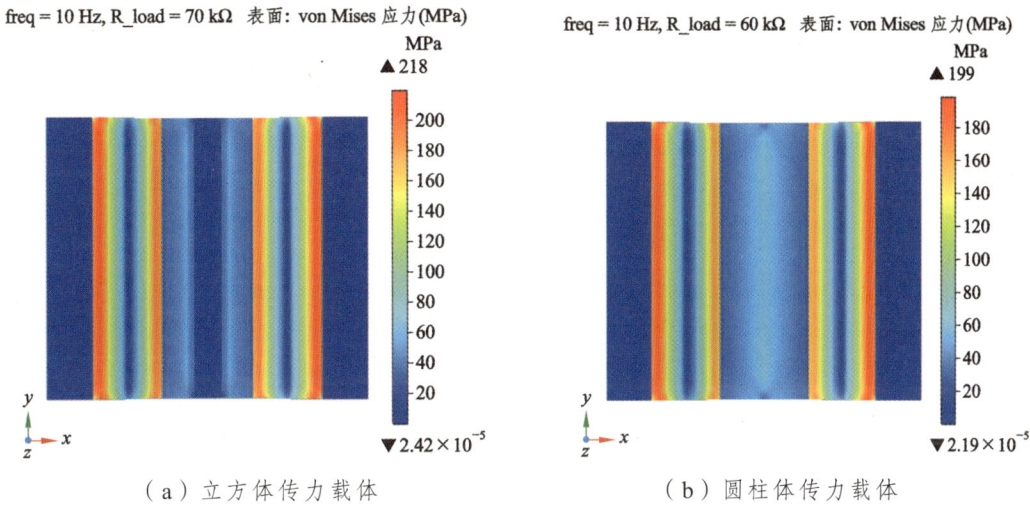

（a）立方体传力载体　　　　　　（b）圆柱体传力载体

图 5.4　不同形状传力载体作用下悬臂梁式压电换能器应力分析

如图 5.4 所示，当其他条件相同时，立方体传力载体作用下的压电换能器最大应力值略高于圆柱体传力载体，为圆柱体传力载体最大应力的 109.55%，且压电层应力过渡均匀性较差。高应力与应力不连续不利于悬臂梁式压电换能器的长久使用。而传力载体为圆柱体时，悬臂梁式压电换能器最大应力分布在两侧压电层材料与固定端的间隙处，且相较于立方体传力载体作用下的压电换能器压电层应力分布更为均匀。因此从应力分布角度考虑，圆柱体传力载体更适合为悬臂梁式压电换能器施加激励。

综上所述，圆柱体传力载体作用下的压电换能器可实现较高电学输出与较低应力的平衡，更适合用于为悬臂梁式压电换能器施加激励。

2. 压电换能器传力载体半径优化

悬臂梁式压电换能器接受传力载体传递而来的位移而产生形变与电能，而传力载体的半径大小对压电换能器力电性能影响未知。为明确传力载体半径对悬臂梁式压电换能器的影响规律，利用有限元软件研究不同半径传力载体作用下的压电换能器电学输出效果与应力分布。传力载体作为压电换能器接收位移荷载的载体，其半径过小会影响其结构强度，过大则影响压电发电装置中压电换能器的纵向布设。参考已有研究选取传力载体半径，确定传力载体半径范围为 3~7 mm。

对刚性约束压电换能器传力载体施加 10 Hz-1 mm 正弦位移激励，并扫描外接 0~500 kΩ 电阻时的压电换能器输出功率。为方便观察不同半径传力载体作用下的压电换能器输出功率，对功率曲线做适当偏移，如图 5.5 所示。

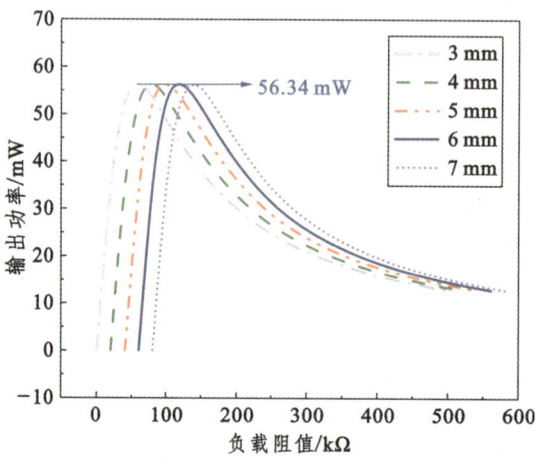

图 5.5　不同传力载体半径作用下的压电换能器输出功率

由图 5.5 可知，不同半径作用下压电换能器输出功率无明显变化，表明传力载体半径对压电换能器电学输出影响较小。为进一步明确传力载体半径对压电换能器影响，绘制压电换能器基板、压电层、传力载体应力云图如图 5.6 所示。

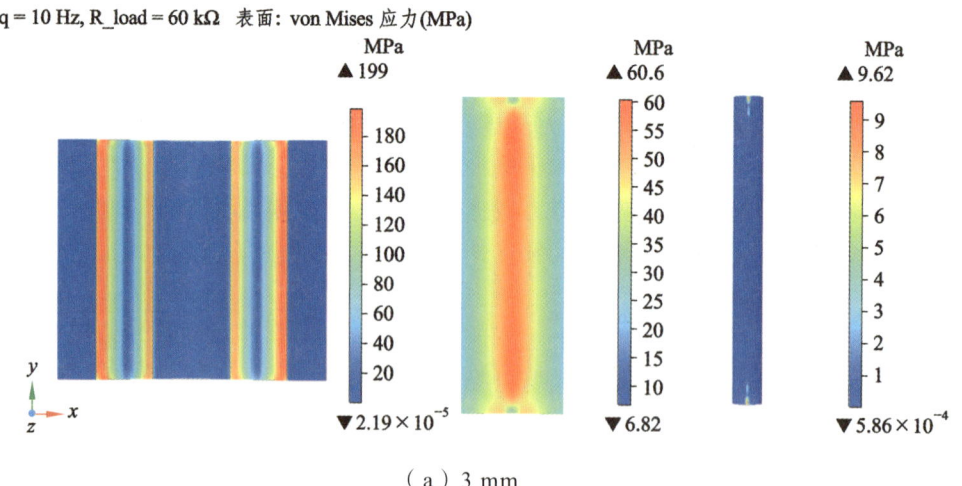

(a) 3 mm

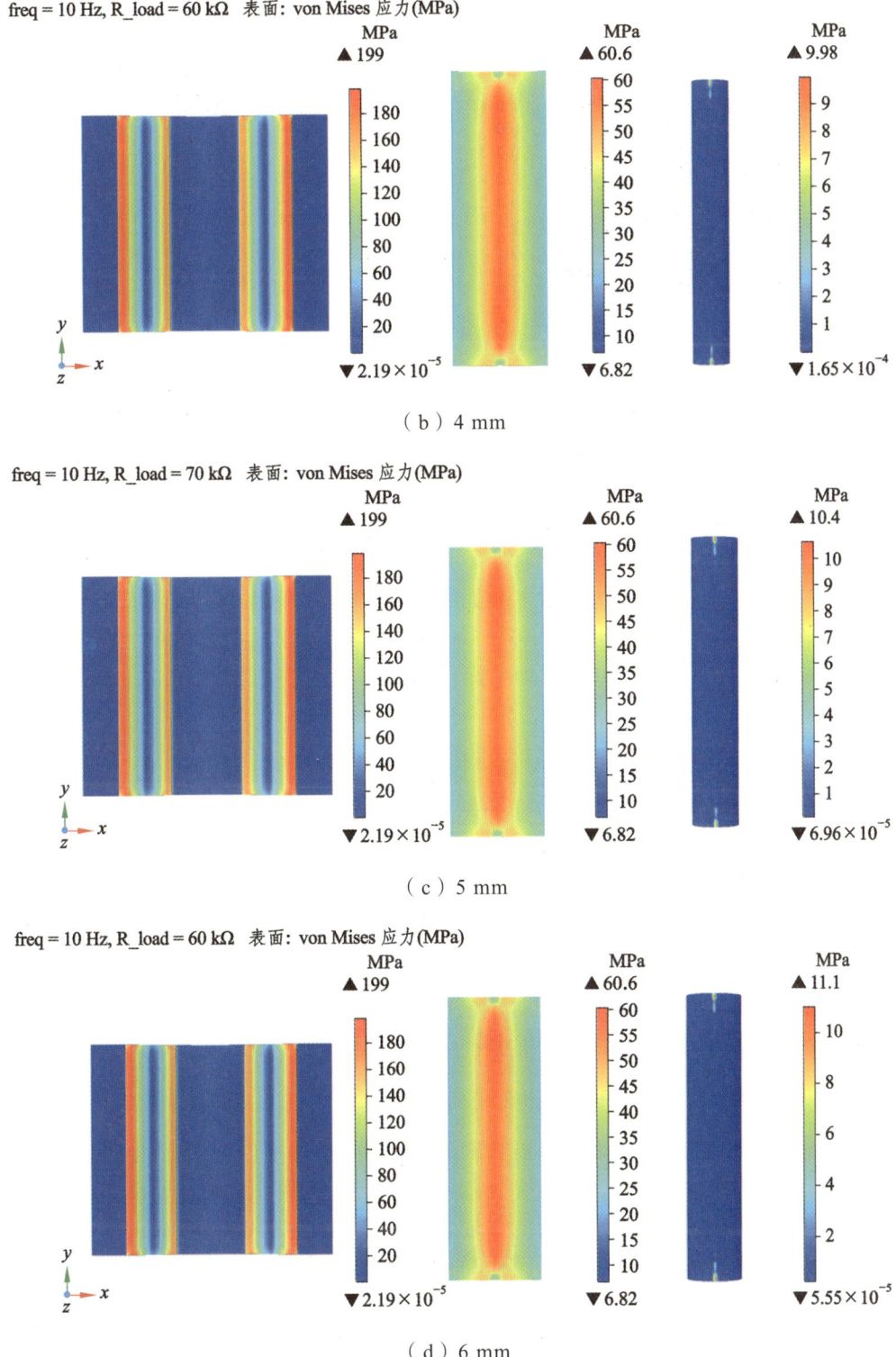

(b) 4 mm

(c) 5 mm

(d) 6 mm

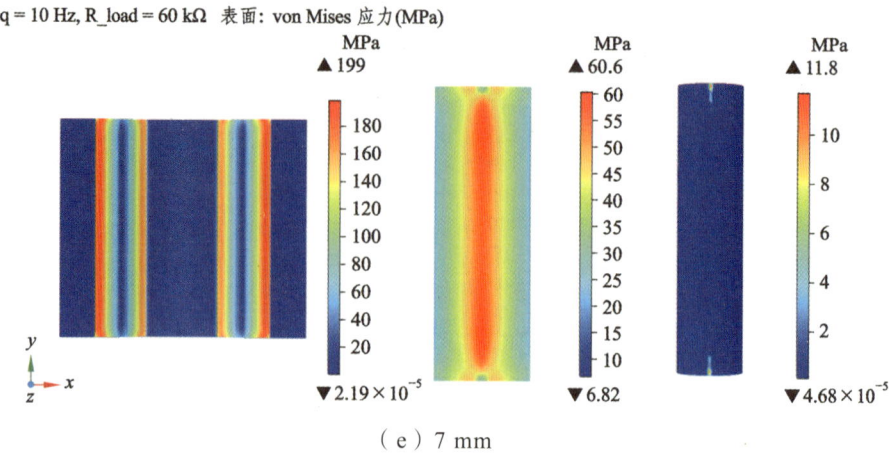

(e) 7 mm

图 5.6　不同半径传力载体作用下的压电换能器应力分析

如图 5.6 所示，不同半径传力载体作动下的压电换能器应力分布近乎一致。随着半径的增加，基板及压电层应力均无明显变化，传力载体应力略微增加。传力载体半径每增加 1 mm，应力值仅增加 0.36~0.7 MPa，影响较小。

综上所述，传力载体半径对压电换能器力-电性能影响微小，实际应用中可根据作用个数及作用力大小选取传力载体半径。压电换能器作用个数为单个，传力载体所受力较小，因此选取 3 mm 半径即可满足测试需求。

5.1.3　道路悬臂梁式压电换能器位移作动形式研究

悬臂梁式压电换能器的位移施加方式通常需借助一定的载体，即传力载体。上文已从电学与力学角度出发，对传力载体的形状及尺寸采取优化。除此之外，压电换能器与传力载体间的相互作用形式亦可能影响其电学性能，如传力载体带动压电换能器变形的被动型与压电换能器碰撞传力载体的主动型作动形式。因此，以悬臂约束与刚性约束压电换能器为研究对象，借助 MTS 伺服液压测试系统与自制测试装置探究被动型与主动型作动形式对压电换能器电学输出性能的影响规律。被动型与主动型作动形式示意图如图 5.7 所示。

1. 作动形式对电学输出水平研究

评价压电换能器电学输出水平最直观的指标为电压，而电压与压电换能器外接电阻阻值息息相关。一方面，为摒弃外接电阻影响，客观分析不同作动形式对压电换能器影响，可采用开路电压作为电学输出水平依据之一。另一方面，铺设压电发电路面的终极目标为对外输出电能，而功率作为电能输出量的重要指标，既方便观测，又可在观测过程中得出最大化压电换能器电能输出的匹配阻值。因此采用开路电压与输出功率为指标，研究位移作动形式对压电换能器电学输出水平影响。测试条件如表 5.2 所示，测试过程如图 5.8 所示，测试结果如图 5.9 和图 5.10 所示。

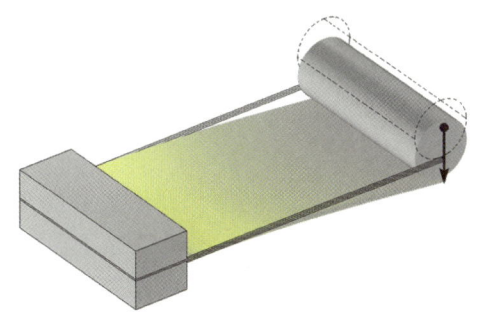
（a）被动型

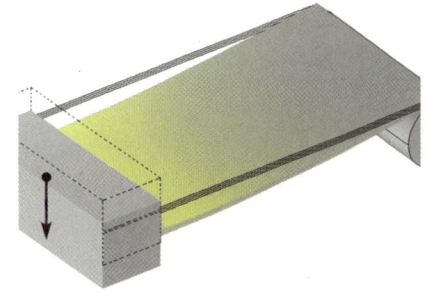
（b）主动型

图 5.7　位移作动形式示意图

表 5.2　位移作动形式测试条件

测试目的	位移/mm	频率/Hz
开路电压	0.2/0.6/1	2/6/10
输出功率	0.2/0.6/1	2/6/10

（a）悬臂约束

（b）刚性约束

图 5.8　压电换能器不同位移作动形式测试

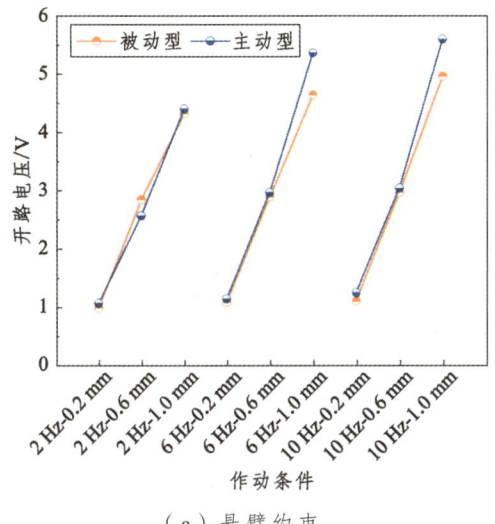
（a）悬臂约束

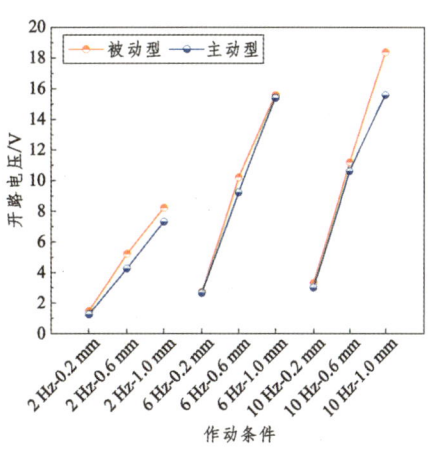
（b）刚性约束

图 5.9　不同作动形式压电换能器开路电压

如图 5.9 所示，被动型与主动型作动形式下的压电换能器开路电压均随作动位移与作动频率的增加而增加，且随着作动位移的增加而效果明显。当加载条件为 10 Hz-1 mm 时，两种位移作动形式下的压电换能器开路电压均达到最大值，表明不同位移作动形式下的压电换能器电学输出规律具有一致性。

由图 5.9（a）可知，对于悬臂约束压电换能器而言，主动型作动形式下的开路电压略高于被动型，且大位移作动条件下更加明显。10 Hz-1 mm 作动条件下，被/主动型压电换能器开路电压分别为 4.96 V、5.6 V，主动型作动形式下的开路电压较被动型提高 12.90%。即在同等位移作动条件下，主动型作动形式的压电换能器具备更高的开路电压输出。

由图 5.9（b）可知，被动型位移作动形式下的刚性约束压电换能器开路电压在各作动条件下均高于主动型。如 10 Hz-1 mm 作动条件下，被/主动型压电换能器开路电压分别为 18.4 V、15.6 V，被动型作动形式下的开路电压较主动型提高 17.95%。即在同等位移作动条件下，被动型作动形式的压电换能器具备更高的开路电压输出。

如图 5.10 所示，被动型与主动型位移作动形式下的压电换能器输出功率值均随作动位移及作动频率的增加而增加，且随作动位移的增加效果更为明显。当作动条件为 10 Hz-1 mm 时，压电换能器峰值输出功率均达到最大值，表明不同位移作动形式下的压电换能器输出功率具有一致性。

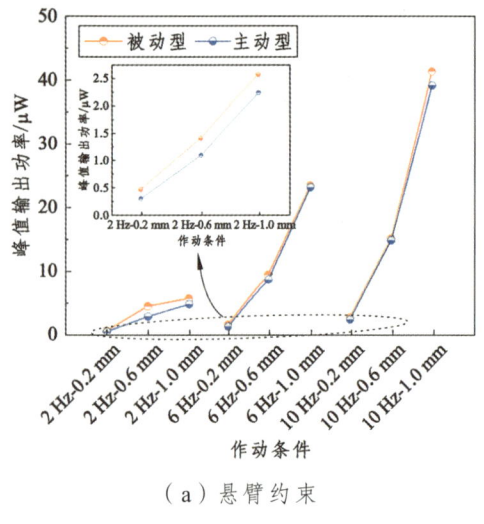 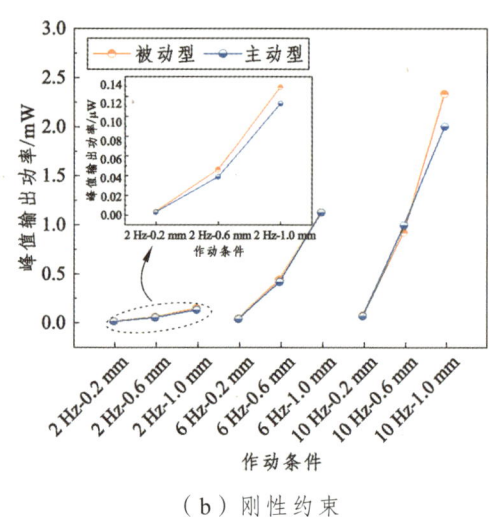

（a）悬臂约束　　　　　　　　　　　　（b）刚性约束

图 5.10　不同作动形式压电换能器峰值输出功率

由图 5.10（a）可知，被动型作动形式下的悬臂约束压电换能器峰值输出功率整体高于主动型，且大位移作动时提升效果明显。1 mm 作动位移时，三种作动频率下的被动型作动形式压电换能器峰值输出功率较主动型分别提升 20.11%、16.6%、14.06%。结合上文开路电压效果，主动型作动形式的压电换能器开路电压虽略高于被动型，但其峰值输出功率降低效果更为明显。综合考虑开路电压与峰值输出功率，被动型作动形式的悬臂约束压电换能器具备更佳的电学输出效果。

由图 5.10(b)可知，两种作动形式下的压电换能器峰值输出功率相差无几，被动型略高于主动型，且大位移、高频率作动条件下提升效果较为明显。作动位移为 1 mm，作动频率为 2 Hz 时，被动型作动形式的压电换能器峰值输出功率较主动型提高 14.47%；作动频率为 10 Hz 时，被动型较主动型提高 16.64%。结合上文开路电压效果，被动型作动形式的压电换能器开路电压输出亦高于主动型。可知，刚性约束压电换能器在被动型作动形式下具备更佳的电学输出效果。

分析两种作动形式电学输出效果出现差异的原因为：当压电换能器作动形式为主动型时，压电换能器下压-回弹过程受作动条件约束更为严厉，影响压电换能器自有作动过程；作动形式为被动型时，压电换能器与传力载体的回弹存在一定延迟，压电换能器回弹过程更接近自由振动下的弹性恢复。两者作动效果不同，因而电学效果出现差异。

综上所述，作动形式为被动型时，悬臂约束压电换能器开路电压略低于主动型，峰值输出功率略高于主动型；刚性约束压电换能器开路电压及峰值输出功率均高于主动型。实际应用时可将压电换能器作动形式设为被动型以提升电能输出。

2. 作动形式对电学输出稳定性研究

压电换能器埋设于路面结构中经受车辆的长期碾压，需具备良好的电学输出稳定性。因此，利用 MTS 伺服液压测试系统施加 10 000 次 10 Hz-1 mm 位移荷载，观察每 2 000 次位移作用后，不同作动形式作用下的压电换能器开路电压及峰值功率变化情况。测试结果如图 5.11 和图 5.12 所示。

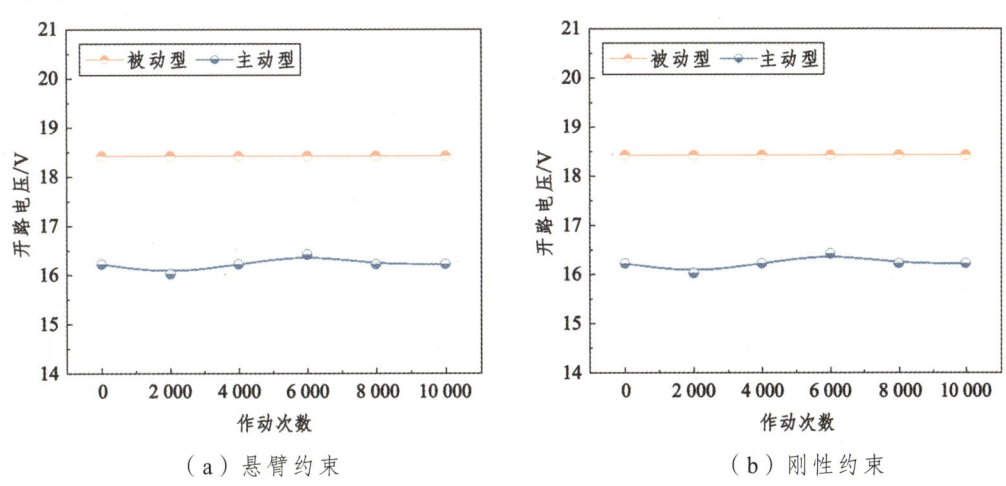

(a) 悬臂约束　　　　　　　　(b) 刚性约束

图 5.11　压电换能器开路电压变化

由图 5.11 可知，两种作动形式的悬臂约束与刚性约束压电换能器开路电压均随作动次数的增加变化微小。由图 5.11(a)可知，10 000 次作动后，被动型作动形式的悬臂约束压电换能器开路电压无变化，标准差为0.009；主动型作动形式开路电压亦无变化，标准差为0.01。即对于悬臂约束压电换能器而言，被动型作动形式下的开路电压稳定性略佳。由图5.11（b）可知，10 000次作动后，被动型作动形式的刚性约束压电换能器开路电压无变化，标准差为0；主动型作动形式下的开路电压亦无变化，标准差为0.115。即对于刚性约束压电换能器而言，被动型作动形式下的开路电压稳定性更佳。

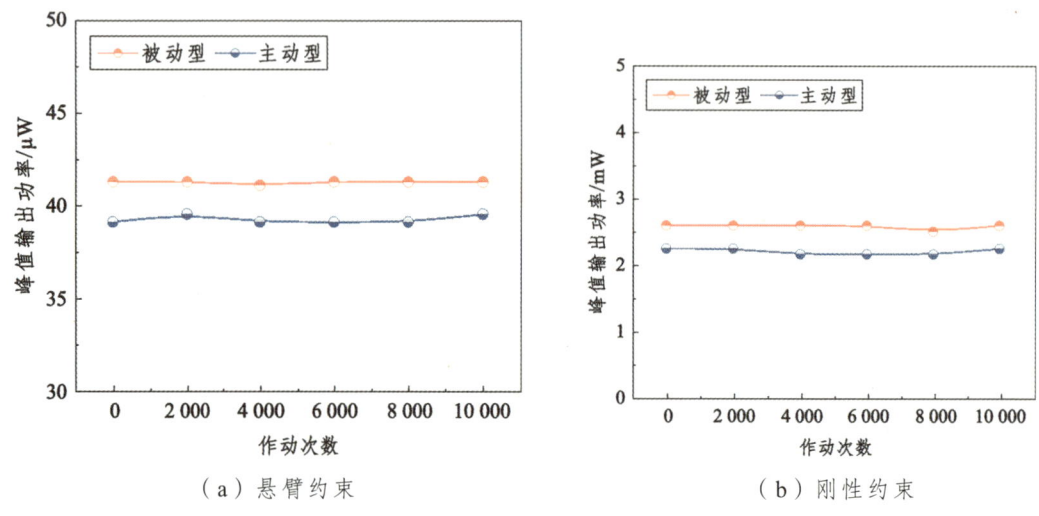

（a）悬臂约束　　　　　　　　　　　（b）刚性约束

图5.12　压电换能器峰值输出功率变化

由图5.12可知，两种作动形式的悬臂约束与刚性约束压电换能器峰值输出功率亦随作动次数变化微小。由图5.12（a）可知，10 000次作动后，被动型作动形式的悬臂约束压电换能器峰值输出功率变化4.82%，标准差为0.07；主动型作动形式峰值输出功率变化1.08%，标准差为0.3。对于悬臂约束压电换能器而言，被动型作动形式下的功率输出稳定性更佳。由图5.12（b）可知，10 000次作动后，被动型作动形式的刚性约束压电换能器峰值输出功率最大变化率3.48%，标准差为0.03；主动型作动形式峰值输出功率最大变化率3.74%，标准差为0.04。对于刚性约束压电换能器而言，被动型作动形式下的功率输出稳定性略佳。

分析压电换能器电学输出微弱变化原因：弹簧作为压电换能器测试装置机械能传递的介质，其在高频率循环作用中的压缩-复位过程并不是恒定的，而是在一定范围内波动，进而导致压电换能器电学输出效果的微弱波动。因此，可以认为电学效果微弱波动的悬臂约束与刚性约束压电换能器在两种作动形势下均具备良好的电学输出稳定性。

综上所述，被动型作动形式下的悬臂约束与刚性约束压电换能器综合电学性能表现优于主动型。因此，实际应用时可采用被动型作动形式对压电换能器施加位移荷载以提升其电学输出效果。

5.2 道路悬臂梁式压电换能器极限作动距离研究

悬臂梁式压电换能器应用于道路结构时，受不可控超载车辆影响，压电换能器作动距离值可能超过压电换能器作动极限，影响压电换能器使用寿命。因此有必要明确压电换能器的极限作动距离。悬臂梁式压电换能器极限作动距离可分为单次加载极限作动距离与动态加载极限作动距离。前者指压电换能器在单次加载作用下不发生损坏的最大作动距离，实际应用中压电换能器作动距离不可超过此限度；后者指压电换能器在连续、多频次、长时间加载作用下不发生损坏的最大作动距离，实际应用中短时间内可略微超过此限度。

5.2.1 单次加载极限作动距离研究

利用 UTM 微机控制电子万能试验机对悬臂约束压电换能器施加 0.2 mm 阶梯递增的位移荷载，对刚性约束压电换能器施加 0.1 mm 阶梯递增的位移荷载，初始位移设为 1 mm，加载速度恒定为 500 mm/min，利用数字示波器观察单次加载下压电换能器开路电压变化。为保证试验数据的精确性，试验过程中对同一位移值施加三次，取平均开路电压作为代表值。开路电压测试结果如表 5.3 和表 5.4 所示，平均开路电压随作动位移值变化如图 5.13 所示。

表 5.3 悬臂约束压电换能器开路电压随作动距离变化值

作动距离/mm	开路电压1/V	开路电压2/V	开路电压3/V	作动距离/mm	开路电压1/V	开路电压2/V	开路电压3/V
1.2	4.6	4.4	4.4	7.2	9.8	9.8	9.8
1.4	5.2	4.8	4.8	7.4	10.0	10.0	10.0
1.6	5.4	5.6	5.6	7.6	10.0	10.0	10.0
1.8	5.6	5.8	5.8	7.8	10.0	10.2	10.2
2.0	6.4	6.2	6.2	8.0	10.2	10.2	10.2
2.2	6.6	6.4	6.4	8.2	10.4	10.4	10.4
2.4	6.8	6.8	6.8	8.4	10.4	10.4	10.4
2.6	7.0	7.0	7.0	8.6	10.4	10.4	10.4
2.8	7.0	7.2	7.2	8.8	10.4	10.4	10.4
3.0	7.4	7.2	7.4	9.0	10.4	10.4	10.4
3.2	7.6	7.4	7.4	9.2	10.4	10.4	10.4
3.4	7.6	7.6	7.6	9.4	10.4	10.4	10.4
3.6	7.6	7.6	7.6	9.6	10.2	10.2	10.2
3.8	7.8	7.8	7.8	9.8	10.2	10.2	10.2
4.0	7.8	7.8	7.8	10.0	10.2	10.2	10.0
4.2	8.0	7.8	8.0	10.2	10.0	9.8	10.0

续表

作动距离/mm	开路电压1/V	开路电压2/V	开路电压3/V	作动距离/mm	开路电压1/V	开路电压2/V	开路电压3/V
4.4	8.2	8	8.2	10.4	10.0	9.8	9.6
4.6	8.2	8.2	8.2	10.6	9.8	9.8	9.8
4.8	8.4	8.4	8.4	10.8	10.0	10.0	10.0
5.0	8.6	8.6	8.6	11.0	9.8	9.8	9.8
5.2	8.6	8.6	8.8	11.2	9.8	9.8	9.8
5.4	9.0	9.0	9.0	11.4	9.8	9.8	9.8
5.6	9.0	9.0	9.0	11.6	9.8	9.8	9.8
5.8	9.2	9.2	9.2	11.8	9.8	9.8	9.8
6.0	9.4	9.4	9.4	12.0	9.8	9.8	9.8
6.2	9.4	9.4	9.4	12.2	9.8	9.8	9.8
6.4	9.6	9.6	9.6	12.4	9.8	9.8	9.8
6.6	9.8	9.4	9.6	12.6	9.6	9.4	9.4
6.8	9.8	9.8	9.8	12.8	8.8	8.6	8.0
7.0	9.8	9.8	9.8	13.0	5.8	5.8	6.4

表 5.4 刚性约束压电换能器开路电压随作动距离变化值

作动距离/mm	开路电压1/V	开路电压2/V	开路电压3/V	作动距离/mm	开路电压1/V	开路电压2/V	开路电压3/V
1.1	29.6	28.8	28.8	3.1	24.8	24.8	24.8
1.2	29.6	30.4	29.6	3.2	24.4	24.4	24.8
1.3	30.4	30.4	30.4	3.3	23.6	23.6	23.6
1.4	31.2	31.2	31.2	3.4	24.0	22.4	22.4
1.5	32.0	31.2	31.2	3.5	22	21.6	21.2
1.6	32.8	32.0	32.0	3.6	20.8	21.2	21.2
1.7	32.8	32.0	32.0	3.7	21.2	20.8	20.8
1.8	32.8	32.8	32.8	3.8	20.4	20.4	20.4
1.9	33.6	32.8	32.8	3.9	17.2	17.2	16.4
2.0	33.6	33.6	32.8	4.0	18.4	18.4	18.4
2.1	32.0	32.0	32.8	4.1	19.2	18.8	18.8
2.2	32.0	32.0	32.0	4.2	18.8	18.4	18.8
2.3	32.0	31.2	31.2	4.3	16.4	16.4	16.0
2.4	30.4	30.4	30.4	4.4	17.2	17.2	17.2
2.5	30.4	30.4	29.6	4.5	17.2	17.2	17.2
2.6	29.6	28.8	28.8	4.6	17.2	17.2	16.8
2.7	28.8	28.8	28.0	4.7	17.2	17.2	17.2
2.8	26.4	27.6	26.4	4.8	17.2	16.8	16.8
2.9	26.8	26.8	26.8	4.9	17.6	17.2	16.8
3.0	26.8	26.4	26.4	5.0	16.8	16.8	16.4

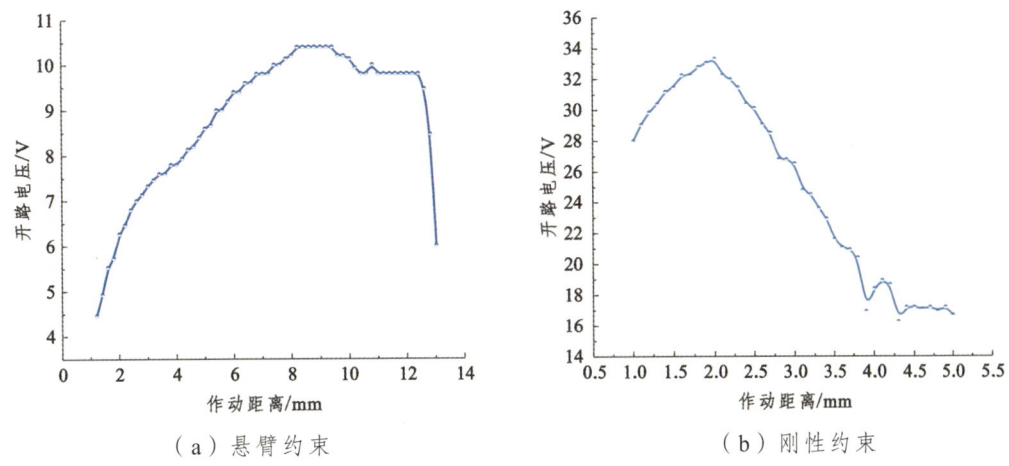

(a)悬臂约束　　　　　　　　　(b)刚性约束

图 5.13　压电换能器平均开路电压

由图 5.13 可知，当悬臂约束压电换能器作动距离小于 8.2 mm，刚性约束压电换能器作动距离小于 2 mm 时，随着作动距离的增加，压电换能器开路电压平稳增加。当悬臂约束压电换能器作动距离大于 8.2 mm 而小于 9.4 mm 时，作动距离的增加并未导致开路电压的提升，大于 9.4 mm 时开路电压呈下降趋势。刚性约束压电换能器作动距离大于 2 mm 时，压电换能器开路电压亦呈下降趋势。表明一味地增加压电换能器作动距离难以有效提升压电换能器电学输出效果，利于悬臂约束压电换能器电学输出效果提升的极限作动距离为 8.2 mm，刚性约束压电换能器为 2 mm。

为进一步评测压电换能器的极限作动距离，拍摄不同作动距离作用后压电换能器表观状况，取具有代表性的压电换能器表观状况图如图 5.14 所示。

由图 5.14 可知，当悬臂约束压电换能器作动距离小于 12.4 mm，刚性约束压电换能器作动距离小于 3.3 mm 时，压电换能器结构表面无明显变化，结构表观状况良好。当压电换能器作动距离分别增加至 12.4 mm、3.3 mm 时，悬臂约束压电换能器反面右下角出现轻微裂痕，刚性约束压电换能器正面左下角出现轻微折痕，表明此作动距离已导致压电换能器结构损伤。悬臂约束压电换能器作动距离为 13 mm，刚性约束压电换能器作动距离为 5 mm 时，压电陶瓷发生断裂，压电换能器结构遭到破坏。因此，为保证压电换能器结构健康，悬臂约束压电换能器作动距离禁止超过 12.4 mm，刚性约束压电换能器作动距离禁止超过 3.3 mm。

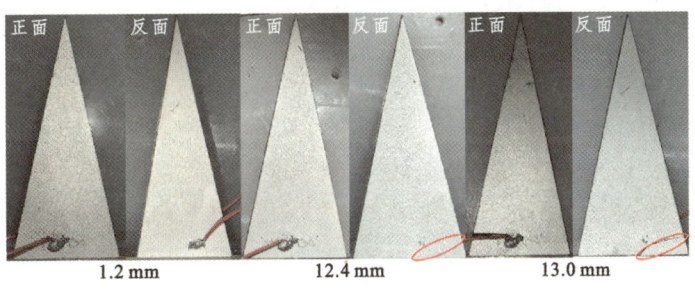

(a)悬臂约束

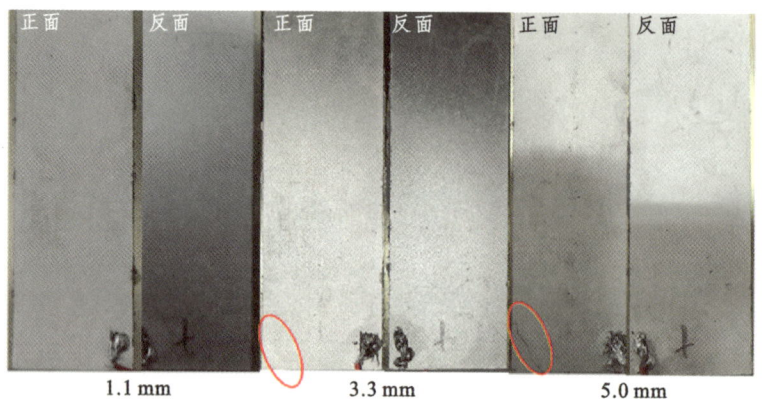

（b）刚性约束

图 5.14　刚性约束压电换能器表面裂纹发展

综上所述，当悬臂约束压电换能器作动距离大于 8.2 mm，刚性约束压电换能器作动距离大于 2 mm 时，压电换能器电学性能出现降低趋势；悬臂约束压电换能器作动距离大于 12.4 mm，刚性约束压电换能器作动距离大于 3.3 mm 时，结构发生肉眼可见破坏。为保证压电换能器的健康应用，应保证悬臂约束压电换能器作动距离不超过 8.2 mm，刚性约束压电换能器不超过 2 mm。

5.2.2　动态加载极限作动距离研究

应用于道路结构的悬臂梁式压电换能器经受车辆荷载循环往复作用，其受压作动通常具有多频次的特点。因此，研究多频次动态作用下的悬臂梁式压电换能器极限作动距离对于压电换能器性能的最大化开发利用具有极其重要的现实意义。然而要寻找使压电换能器不发生疲劳破坏的极限作动距离，传统试验方法不仅试验量巨大且不易评判作动距离界限，因此，可采用有限元仿真研究多频次动态作用下的压电换能器极限作动距离。

为使有限元结果与压电换能器实际效果相符，依据压电陶瓷厂商所提供参数修正有限元模型，并与上文压电换能器电压测试结果对比，验证有限元模型的准确性。压电换能器电压测试值与有限元值对比结果如图 5.15 所示。

由图 5.15 可知，修正后的压电换能器有限元模型结果与实际测试结果具有良好的一致性。作动位移为 1 mm 时刚性约束压电换能器电压误差仅为 2.25%，悬臂约束压电换能器电压误差仅为 3.08%。作动位移较小（如 0.2 mm）时二者误差亦低于 10%，验证了有限元仿真结果的准确性。

为明确动态加载作用下压电换能器极限作动距离，设定初始位移 1 mm，对有限元模型施加 0.1 mm 递增位移激励，明确作动频率为 1～12 Hz 时压电换能器压电层应力水平。部分悬臂与刚性约束压电换能器压电层应力变化如图 5.16 所示。

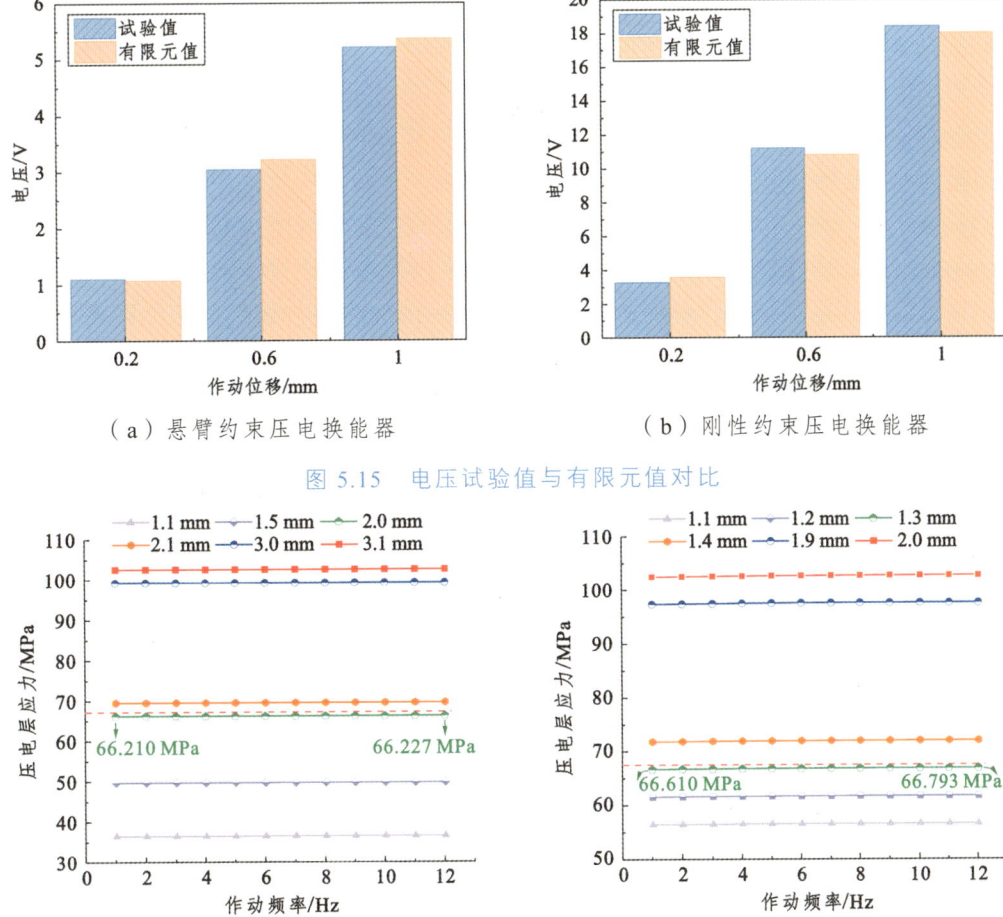

图 5.15 电压试验值与有限元值对比

图 5.16 压电换能器压电层应力随作动位移及频率变化

如图 5.16（a）所示，当作动位移一致时，悬臂约束压电换能器压电层应力随作动频率的增加而增加，且增加幅度微小。如悬臂约束压电换能器作动位移为 2 mm，作动频率由 1 Hz 增加至 12 Hz 时，压电换能器压电层应力仅增加 0.016 MPa；刚性约束压电换能器作动位移为 1.3 mm 时，压电层应力仅增加 0.183 MPa。可见频率变化导致的压电层应力变化幅度较低，可不做重点关注。

另一方面，当作动频率一致时，压电换能器压电层应力随作动位移增加而增加且增幅明显。如作动频率为 10 Hz，作动位移由 2 mm 增加至 2.1 mm 时，悬臂约束压电换能器压电层应力增加 3.311 MPa；作动位移由 1.3 mm 增加至 1.4 mm 时，刚性约束压电换能器压电层应力增加 5.138 MPa。可知，位移导致的压电换能器压电层应力增幅显著。为保证压电换能器的优良耐久性，应重点关注其作动位移。

由图 5.16（b）可知，当悬臂约束压电换能器作动位移小于 2.1 mm，刚性约束压电换能器作动位移小于 1.4 mm 时，压电换能器压电层应力在各频率下均低于 67

MPa，即在此作动位移下可保证压电换能器不发生疲劳破坏。当悬臂约束压电换能器作动位移大于等于 2.1 mm 小于等于 3 mm，刚性约束压电换能器作动位移大于等于 1.4 mm 小于等于 1.9 mm 时，压电层应力虽高于 67 MPa，但仍低于 100 MPa 的压电陶瓷疲劳强度上限，可认为压电换能器在此作动位移区间内仍可在高频次作用下保持较好的耐久性。当悬臂约束压电换能器作动位移大于 3 mm，刚性约束压电换能器作动位移大于 1.9 mm 时，任意作动频率下的压电换能器压电层应力均高于 100 MPa，压电换能器耐久性受到较大威胁。

虽然提升压电换能器作动距离有利于提升其电学性能，但过大的作动距离可能会导致压电换能器疲劳寿命降低，甚至破坏其结构完整性。因此，有必要限制压电换能器作动距离的大小。结合单次加载作用下的压电换能器作动距离研究，为保证压电换能器在道路高频次作用环境下的耐久性，压电发电装置设计时应控制常态作用下的悬臂约束压电换能器作动位移不超过 2 mm，刚性约束压电换能器作动位移不超过 1.3 mm；短时间、低频次作用下悬臂约束压电换能器可略高于 2 mm 但不宜高于 3 mm，刚性约束压电换能器可略高于 1.3 mm 但不宜高于 1.9 mm；超载车辆碾压等极端作用条件下悬臂约束压电换能器不超过 8.2 mm，刚性约束压电换能器不超过 2 mm。

5.3 道路悬臂梁式压电换能器电学性能研究

对于以电学输出为目的、以结构耐久为要求的道路压电发电技术而言，电学输出性能与结构耐久性能是评价其实用性的关键指标。本节系统测试不同约束形式下悬臂梁式压电换能器的输出电压与输出功率，为道路压电发电装置设计提供基础。

5.3.1 道路悬臂梁式压电换能器电压输出特性研究

1. 道路悬臂梁式压电换能器性能测试方案

由道路悬臂梁式压电换能器电学理论公式可知，当悬臂梁式压电换能器应用于道路环境时，其电学性能外部影响因素为作动频率与作动位移。作动频率与行驶车辆的行驶速度、轴距等因素相关。常见车辆以 20~120 km/h 车速行驶，车辆对道路同一点位的碾压频率集中在 2~12 Hz。因此，为贴近实际车辆作用情况，评价压电换能器在不同交通条件下的性能，选取 2 Hz、6 Hz、10 Hz、12 Hz 作为测试频率。

车辆行驶在路面时，路面产生的变形量虽较低，但当悬臂梁式压电换能器集成于压电发电装置时，可采取一定的机械结构提高内部压电换能器位移大小。因此，在测试压电换能器的电学性能时，其测试位移大小可略高于路面变形量。结合上文极限作动距离测试结果，确定悬臂约束压电换能器作动距离为 0.2 mm、0.6 mm、1.0 mm、1.3 mm、2.0 mm，刚性约束压电换能器作动距离为 0.2 mm、0.6 mm、1.0 mm、

1.3 mm，研究悬臂梁式压电换能器在不同输入位移及频率下的电学输出变化规律，系统评价其性能。

2. 道路悬臂梁式压电换能器峰值电压

悬臂梁式压电换能器的峰值电压代表了其所能提供电荷流动的最大动力，在一定程度上代表了压电换能器的电学输出效果。因此，对压电换能器在各荷载条件下的峰值电压大小的研究极其重要。由电子电工学知识可知，串联电路中电学器件所分配的电压值与其阻值成正比。当外接电阻阻值远远大于压电换能器内阻时，外接电阻的电压值将无限逼近电路总电压，此时外接电阻处的电压称为峰值电压。为准确分析压电换能器在不同作动条件下的电学输出规律，将不同阻值电阻与压电换能器串联相接，利用数字示波器测量外接电阻电压值。各作动条件下悬臂约束压电换能器端值电压如图 5.17 所示，刚性约束压电换能器端值电压如图 5.18 所示。

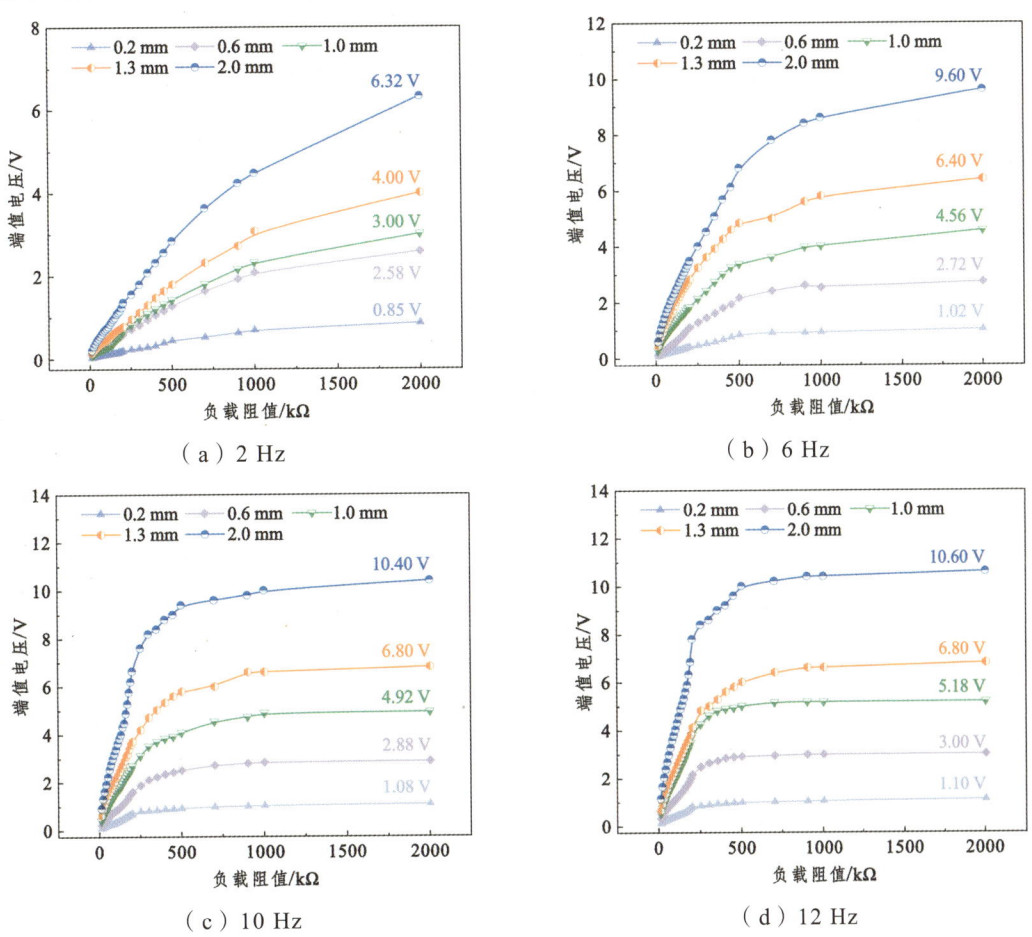

图 5.17 悬臂约束压电换能器端值电压变化

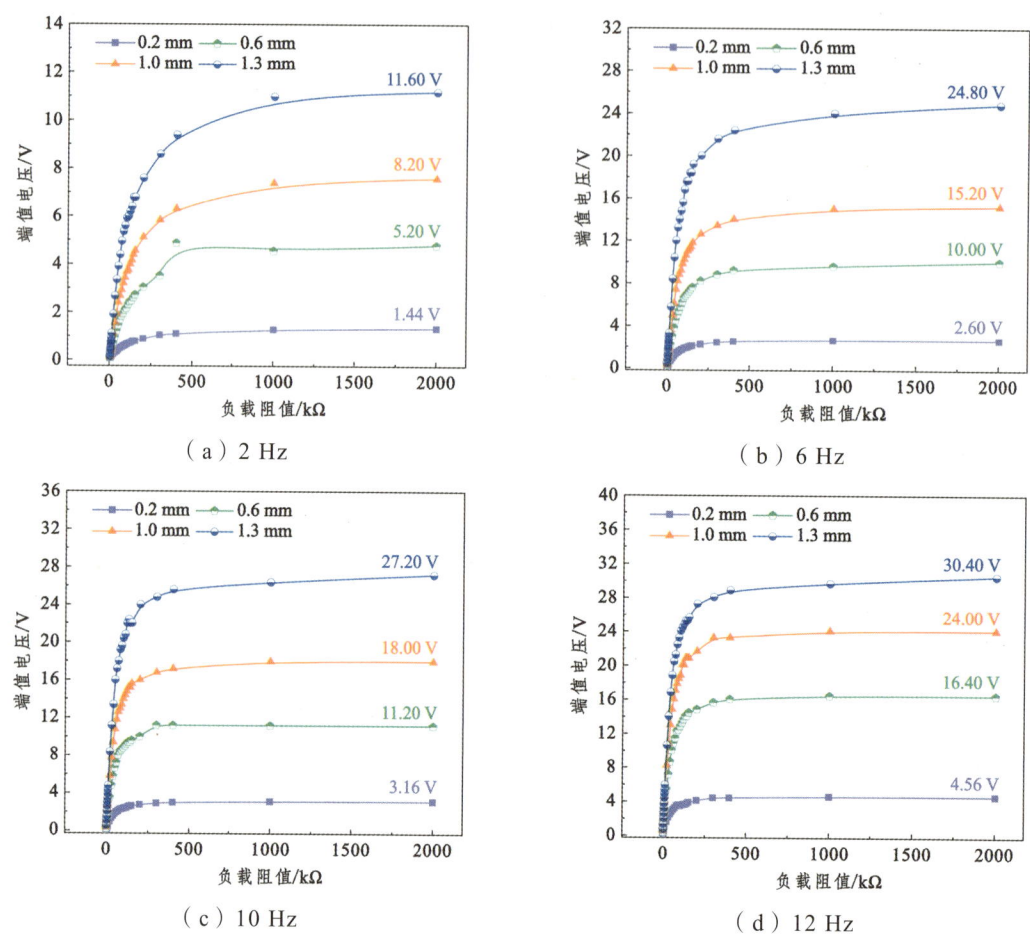

图 5.18 刚性约束压电换能器端值电压变化

由图 5.17 和图 5.18 可知，随着负载阻值的增加，悬臂约束与刚性约束压电换能器端值电压均逐渐增加且增加趋势逐渐减缓，表明不同约束形式下的悬臂梁式压电换能器电学输出特性近似。

相同作动位移条件下，压电换能器峰值电压随作动频率的增加而增加，且低频时增加幅度明显。作动位移为 2 mm，作动频率为 2 Hz、6 Hz、10 Hz、12 Hz 时的悬臂约束压电换能器峰值电压分别为 6.32 V、9.60 V、10.40 V、10.60 V，分别提升 51.90%、8.33%、1.92%；作动位移为 1.3 mm 时，各频率下的刚性约束压电换能器峰值电压分别为 11.60 V、24.80 V、27.20 V、30.40 V，分别提升 113.79%、9.68%、11.76%。表明低作动频率下的压电换能器电学性能难以有效发挥，压电换能器应用规划时可侧重应用于行车碾压频率高于 6 Hz 的路段，即大于 60 km/h 速度路段。

相同作动频率下，压电换能器峰值电压亦随位移值增加而增加，且增加幅度明显。2 Hz 作动频率下，各作动距离的悬臂约束压电换能器峰值电压分别为 0.85 V、2.58 V、3 V、4 V、6.32 V；刚性约束压电换能器峰值电压分别为 1.34 V、4.80 V、

7.60 V，增幅明显，且其他作动频率下亦如此。因此，在保证压电换能器耐久性的前提下，宜尽可能提升其作动距离以获得高效的电学输出。

压电换能器装配于压电发电装置对外输入电能时需要连接一定的采集存储电路，而采集存储电路对输出端电压有一定要求，通常为 5~7 V。由图 5.17 和图 5.18 可知，悬臂约束压电换能器作动位移大于 1.3 mm，刚性约束压电换能器作动位移大于 0.6 mm 时，各作动频率下的压电换能器峰值电压均可满足采集存储电路要求，压电换能器应用时应保证作动距离大于此值。

3. 道路悬臂梁式压电换能器匹配电压

压电换能器匹配电压指其输出功率达到最大时负载所对应的电压值。为保证压电换能器在同等作动条件下输出更多的电能，压电换能器应用时外接阻值应维持在一定范围内，使得外接负载所收获的功率接近峰值。因此，研究此时电阻值及电压值变化规律对于压电换能器实际应用至关重要。

1）匹配阻值

各作动条件下的悬臂约束与刚性约束压电换能器匹配阻值如图 5.19 所示。

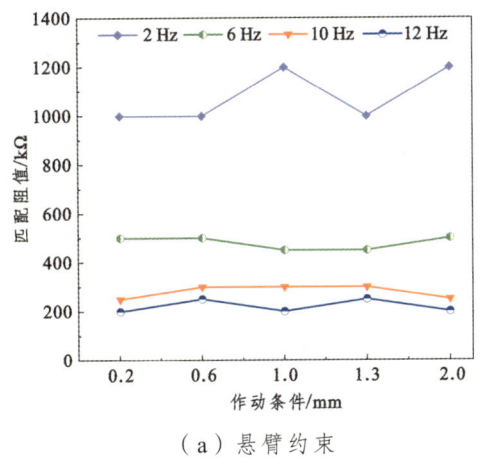
（a）悬臂约束

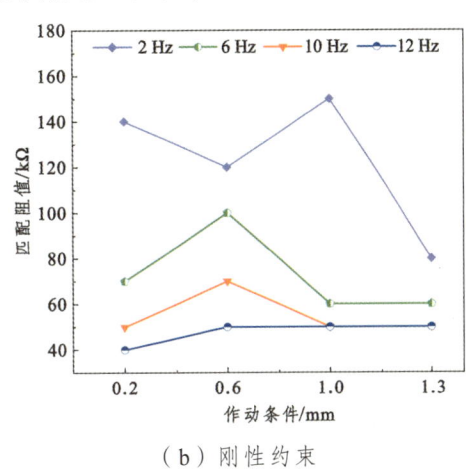
（b）刚性约束

图 5.19 压电换能器匹配阻值

如图 5.19 所示，当作动频率一定时，随着施加位移的增加，压电换能器匹配阻值整体在一定范围内稳定，且作动频率越高，压电换能器匹配阻值越稳定。作动频率 12 Hz 时各作动位移的悬臂约束匹配阻值分别为 200 kΩ、250 kΩ、200 kΩ、250 kΩ、200 kΩ，刚性约束压电换能器匹配阻值分别为 40 kΩ、50 kΩ、50 kΩ、50 kΩ。表明将作动位移值对压电换能器匹配电压影响较低，压电换能器应用于行车速度较快路段有助于保持其最佳电学输出效果。悬臂约束压电换能器应用于 12 Hz（120 km/h）路段时可将匹配阻值设定在 200~250 kΩ 的范围内，刚性约束压电换能器设定在 40~50 kΩ 的范围内。当作动位移一定时，随着作动频率的增加压电换能器匹配阻值逐渐降低且降低趋势逐渐减缓。作动距离为 1.3 mm 时，各作动频率的悬臂约束压电换能器匹配阻值分别为 1 000 kΩ、450 kΩ、300 kΩ、250 kΩ，刚性约束压电换能器分别为 80 kΩ、60 kΩ、50 kΩ、50 kΩ。表明高作动频率下的压电换能器匹配阻值范围更低，有利于压电换能器最佳电学输出效果的动态保持。

2）匹配电压

各作动条件下悬臂约束与刚性约束压电换能器匹配电压如图 5.20 所示。作动位移一定时，压电换能器匹配电压随作动频率的增加而增加。作动位移为 1.3 mm 时，各作动频率下的悬臂约束压电换能器匹配电压分别为 3.08 V、4.60 V、4.72 V、4.82 V，刚性约束压电换能器匹配电压分别为 5.36 V、13.2 V、16 V、18.8 V。表明当外部用电设施所需电压值较高时可将压电换能器应用于快车道以提升其匹配电压满足外部设施电压需求。另一方面，当作动频率一定时，压电换能器匹配电压亦随作动位移的增加而增加且增加幅值逐渐降低。作动频率为 12 Hz、作动位移为 0.2 mm、0.6 mm、1 mm 时，每提升 0.4 mm 作动位移悬臂约束压电换能器匹配电压分别提升 1.68 V、1.32 V，刚性约束压电换能器分别提升 7.52 V、4.8 V。表明压电换能器作动位移不宜过低，应适当提升作动位移以获得最佳匹配电压收益。

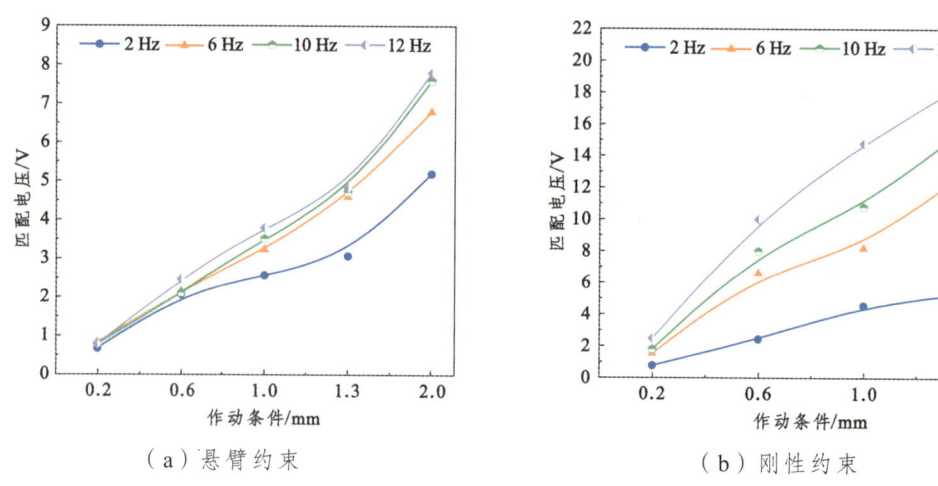

（a）悬臂约束　　　　　　　　　　（b）刚性约束

图 5.20　压电换能器匹配电压

综上所述，压电换能器匹配阻值随作动频率的增加而降低，匹配电压随作动位移值及频率的增加而增加。为提高道路压电发电系统的电流流通性能，悬臂梁式压电换能器可应用于车速较快的高速公路，并适当提高其作动位移值。

5.3.2　道路悬臂梁式压电换能器功率输出特性研究

上文已研究了悬臂梁式压电换能器峰值电压与匹配电压随作动条件的变化规律。除电压外，输出能量多少及效果也是研究与评价悬臂梁式压电换能器电学性能的重要指标。以表示单位时间输出电能量的功率及 LED 灯点亮效果为切入点，系统研究与评价压电换能器的电学性能。

1. 道路悬臂梁式压电换能器输出功率

数字示波器仅能读出压电换能器所输出电压波形，通过电压与功率换算公式将测得的电压值转换为功率值，以分析压电换能器功率输出特性。悬臂约束压电换能器输出功率如图 5.21 所示，刚性约束压电换能器输出功率如图 5.22 所示。

由图 5.21 和图 5.22 可知，压电换能器输出功率随外接负载阻值的增加先快速升高后逐渐降低，存在一个最佳匹配阻值使压电换能器输出功率达到峰值时，压电换能器的输出电压即上文的匹配电压。当压电换能器作动频率一定时，输出功率随作动位移值的增加而增加。作动频率为 12 Hz 时，各作动位移下的悬臂约束压电换能器峰值输出功率分别为 2.88 μW、24.60 μW、72.20 μW、304.2 μW，刚性约束压电换能器分别为 0.15 mW、2 mW、4.38 mW、7.07 mW，功率提升效果显著。表明控制压电换能器最小作动位移、适当提高作动位移有助于提升压电换能器电学输出水平。当作动位移一定时，压电换能器峰值输出功率随加载频率的增加而增加且增

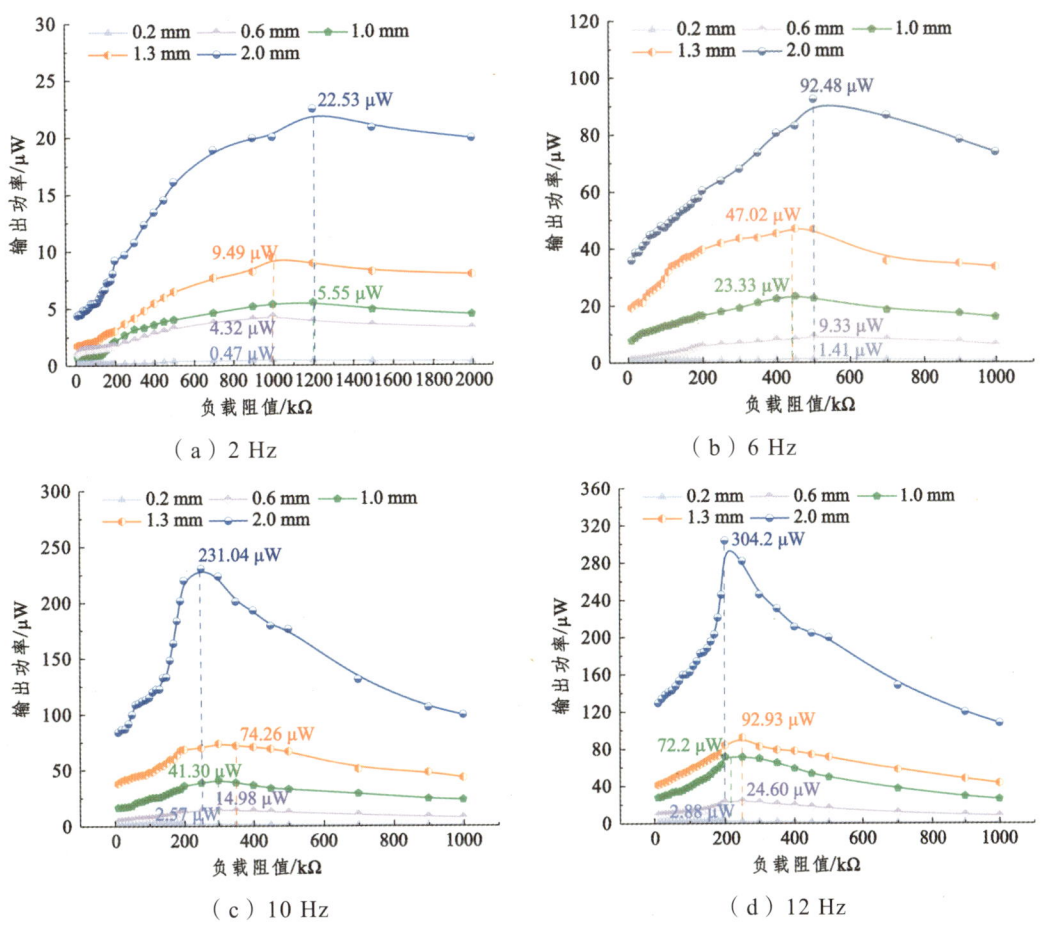

图 5.21　悬臂约束压电换能器输出功率

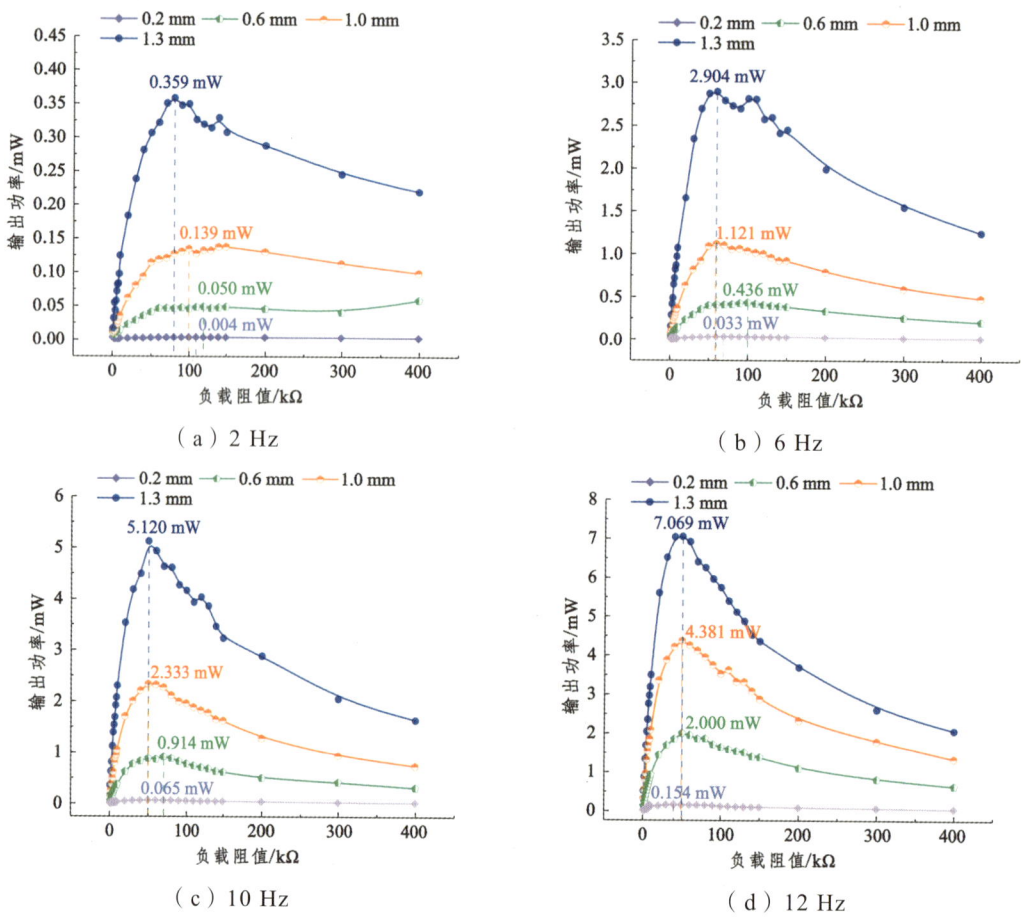

图 5.22 刚性约束压电换能器输出功率

加效果明显。作动位移为 1.3 mm 时，每提升一级频率，悬臂约束压电换能器峰值输出功率提升 395.47%（37.53 μW）、57.93%（27.24 μW）、25.14%（18.67 μW），刚性约束压电换能器分别提升 708.91%（2.545 mW）、76.31%（2.216 mW）、38.07%（1.949 mW）。可知，当作动频率由 2 Hz 增加到 6 Hz 时，压电换能器峰值输出功率提升明显。因此，压电换能器宜应用于作动频率大于 6 Hz 路段（即 60 km/h 路段）以保证其高效电能输出。

2. 道路悬臂梁式压电换能器功率密度

输出功率表示了压电换能器电能输出速率，而功率密度则在一定程度上代表了压电换能器的压电材料利用效率。高功率密度的压电换能器往往代表了其所具有的高性能与高性价比。因此，计算不同作动条件下的压电换能器功率输出密度，以系统评价压电换能器的电学输出效果。压电换能器功率输出密度如图 5.23 所示。

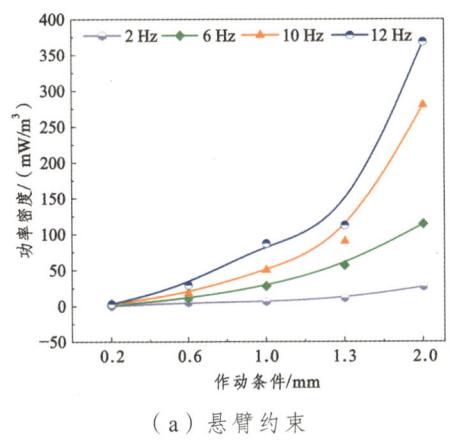
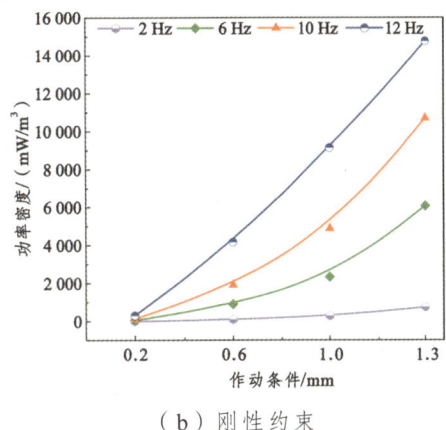

(a)悬臂约束　　　　　　　　　　(b)刚性约束

图 5.23　压电换能器功率密度

如图 5.23 所示,压电换能器峰值功率密度随作动位移及作动频率的增加而增加,且高作动位移与高作动频率时提升效果明显。12 Hz-2 mm 作动条件下,悬臂约束压电换能器功率密度为 368.73 W/m³;12 Hz-1.3 mm 作动条件下,刚性约束压电换能器功率密度为 14 726.67 W/m³。高作动位移与高作动频率条件下的刚性约束压电换能器电学性能显著。

综上所述,作动位移与作动频率的增加有助于提升压电换能器输出功率及功率密度,各作动条件下刚性约束压电换能器电学输出效果显著,体现了所设计压电换能器优良的电学性能。压电换能器应用规划时可侧重快车道的布设,且将其作动位移控制在一定范围内。

3. 道路悬臂梁式压电换能器供能效果验证

悬臂梁式压电换能器的最终应用目标为对外输出电能。虽已从电压、功率等角度明确了压电换能器的电学输出效果,但数字化的参数表现难以直观体现压电换能器的电学输出效果。因此,可将 LED 灯与压电换能器连接,通过 LED 灯点亮效果直观地体现压电换能器电能输出效果。LED 灯点亮效果如图 5.24 所示。

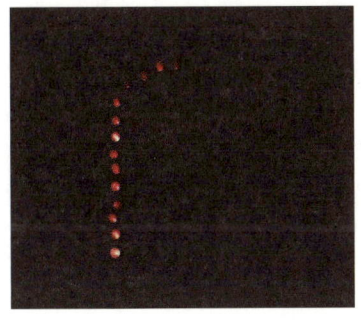

(a)悬臂约束　　　　　　　　　　(b)刚性约束

图 5.24　LED 灯点亮效果

由图 5.24 可知，悬臂约束压电换能器与刚性约束压电换能器均可点亮多个 LED 灯，表明压电换能器具有良好的电学输出效果。悬臂约束压电换能器可点亮 14 个 LED 灯，而刚性约束压电换能器可全部点亮由 32 个 LED 灯组成的 P 字型指示牌，且点亮效果明显优于悬臂约束压电换能器。结合电压与功率测试结果可知，刚性约束压电换能器电学输出效果显著高于悬臂约束压电换能器，具有优良的电学输出性能。

5.4 道路悬臂梁式压电换能器耐久性能评价

高频次的道路交通条件要求压电换能器具备良好的耐久性能。为明确压电换能器的耐久性能，利用 MTS 伺服液压测试系统对悬臂约束压电换能器施加 100 000 次 12 Hz-2 mm 位移荷载，对刚性约束压电换能器施加 100 000 次 12 Hz-1.3 mm 位移荷载，利用数字示波器观察每 10 000 次作用后压电换能器峰值电压与匹配电压，并记录其表面破损情况。压电换能器电压及表观状况变化如图 5.25 和图 5.26 所示。

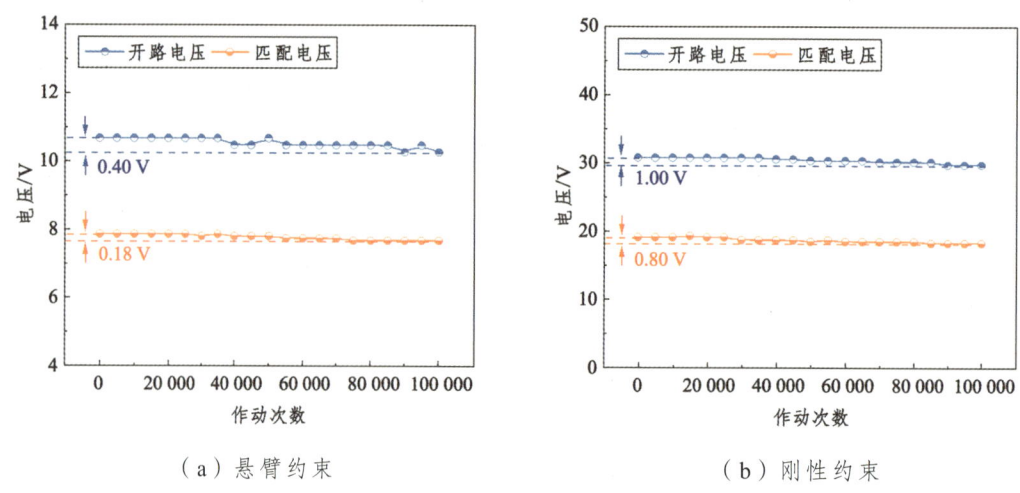

（a）悬臂约束　　　　　　　　　（b）刚性约束

图 5.25　压电换能器峰值电压与匹配电压

由图 5.25 可知，随着作动次数的增加，压电换能器峰值电压与匹配电压均呈现出良好的稳定性。100 000 次作动后悬臂约束压电换能器开路电压变化 0.4 V，变化率 3.77%，匹配电压变化 0.18 V，变化率 2.31%；刚性约束压电换能器开路电压变化 1 V，变化率 3.29%，匹配电压变化 0.8 V，变化率 4.25%。需要说明的是，压电换能器峰值电压与匹配电压的小幅变动并非说明其抗疲劳性能不佳，其电压浮动可能受示波器显示误差、初始位置调整等多种因素影响，其小幅变动属正常试验误差范围。

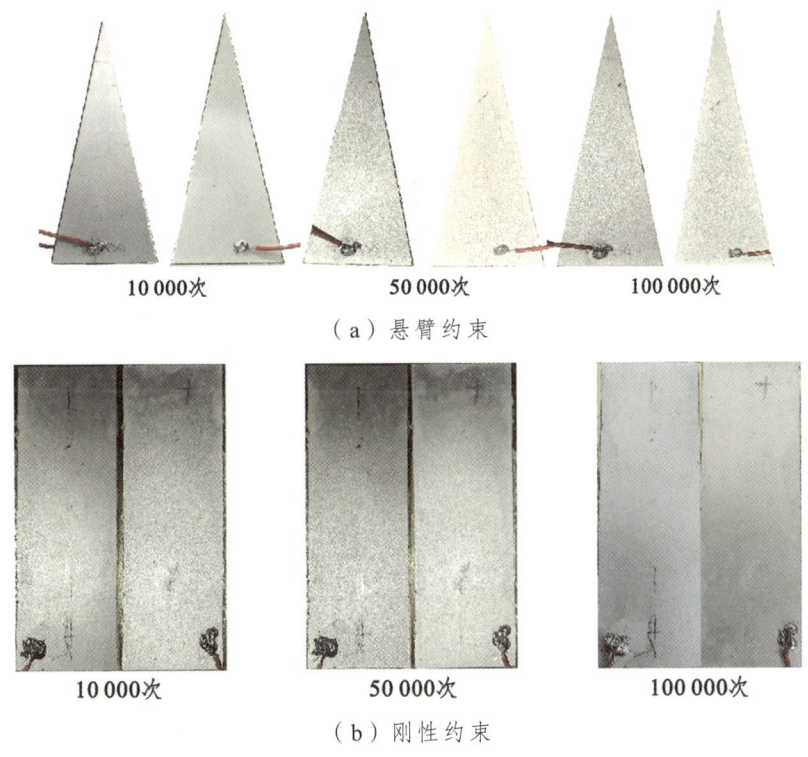

(a) 悬臂约束

(b) 刚性约束

图 5.26 压电换能器表观状况

由图 5.26 可知,随着作用次数的增加,悬臂约束与刚性约束压电换能器表面均未出现明显裂纹。100 000 次作用后的压电换能器结构保持完好,证明了其优良的结构稳定性。需要明确的是,虽只测试了 100 000 次加载的压电换能器耐久性,但此加载条件为连续、高频次加载,作动条件远恶劣于不连续、有恢复期的实际道路交通荷载环境。因此可以得出结论:悬臂约束与刚性约束压电换能器均具备优良的耐久性能,可以适应多频次的道路交通荷载环境。

综上所述,所提出的悬臂约束与刚性约束压电换能器均具备优良的耐久性能,且刚性约束压电换能器电学输出效果远高于悬臂约束压电换能器。因此,实际应用中可采用刚性约束压电换能器以提高道路压电发电系统能量输出效果。

5.5 本章小结

本章针对悬臂梁式压电换能器实际应用过程中的电学影响参数,揭示了位移作动对不同约束形式电学输出的影响规律,明确了不同约束形式压电换能器极限作动距离,全面评价了此约束形式和尺寸压电换能器的电学输出性能和耐久性能。

(1) 明确了兼具良好电学输出与较低应力的传力载体形状及尺寸,其中圆柱体传力载体作用下压电换能器具备更佳的电学输出效果与更优的应力分布,被动型作动或刚性约束对应的输出功率高于主动型,被动型作动悬臂约束对应的电学输出稳定性略高于主动型。

（2）为保证道路高频次作用下的耐久性及承受短时间、低频次、超载碾压,悬臂约束压电换能器极限作动位移为 2.0~2.9 mm,刚性约束为 1.3~1.9 mm,为最大化提升压电换能器电学输出效果奠定了基础。

（3）悬臂约束压电换能器峰值电压和输出功率分别为 10.6 V 和 0.304 mW,刚性约束压电换能器峰值电压和输出功率分别为 30.4 V 和 7.069 mW,10 万次加载后电学稳定性和结构稳定性良好。

第 6 章 增程式悬臂梁压电发电装置开发与优化设计

第一部分初步探索了多层协同式道路悬臂梁式压电发电装置的发电性能，但此性能路面变形制约未表现出显著的俘能优势。为进一步提高其发电能力，本章在确定悬臂梁式压电换能器最佳结构参数的基础上，基于道路行车特征、偏压工况板体下沉特性及全压工况板体屈曲稳定性设计压电发电装置尺寸参数，设计匹配道路激励特征及换能模块协同作动的道路用行程放大结构，基于行程放大理论及响应面方法确定结构参数，开发符合道路变形激励、具备高效行程放大功效的悬臂梁式压电发电装置，以此解决道路微变形状态与悬臂梁大变形需求之间的矛盾，提高其发电水平。

6.1 道路压电发电装置结构与尺寸设计

本节基于第一部分多层协同型悬臂梁式压电发电装置结构设计的技术要求，进一步设计匹配悬臂梁式压电换能器应用参数的道路压电发电装置总体结构，并基于道路行车特征、偏压工况板体下沉特性及全压工况板体屈曲稳定性设计压电发电装置尺寸参数。

6.1.1 压电发电装置总体结构设计

悬臂梁式压电发电装置采用盖板裸露式道路埋入的应用方式，除了给压电发电装置内部换能器提供充足的受压作动空间，还需兼顾装置与道路结构的耦合性、压电发电装置铺设及后期维修便捷性等。设计了内部集成刚性约束悬臂梁式压电换能器的压电发电装置总体结构，并充分考虑高效电学输出与道路耦合性，压电发电装置结构整体采用矩形封装外壳，其结构示意图如图 6.1 所示。整体而言，压电发电装置主要由力学承载板、夹持构件、激励构件及伸缩弹性构件组成。

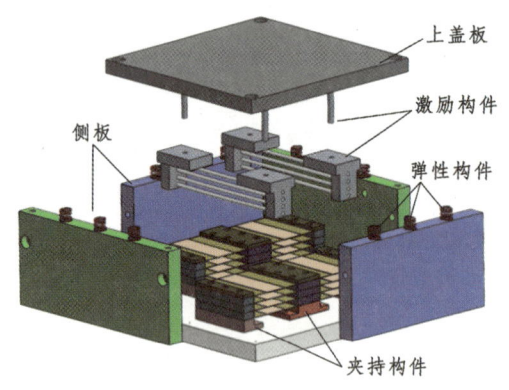
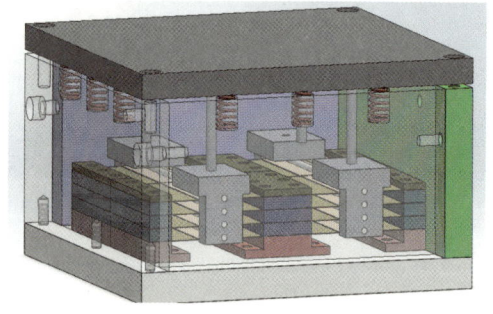

（a）压电发电装置细部爆炸图　　　　（b）压电发电装置结构示意图

图 6.1　道路压电发电装置总体设计示意图

1. 压电换能器布设

刚性约束悬臂梁式压电换能器的激励特征及作动形式要求其采用竖向阵列布设模式，同时考虑压电换能器装配、损坏维修等，设计可拆卸装配多层竖向矩形阵列方式，依托紧固螺栓将其安装于底板上，如图 6.1 所示。竖向阵列紧固的四层压电换能器作为一个压电换能模块，压电发电装置内部布设有四个压电换能模块。同时，为保障压电换能模块的激励协同性，使各层压电换能器具有相同的振动幅值及频率，根据刚性约束悬臂梁式压电换能器空间布设特征，设计具有整体作动功能的激励构件，以实现多层压电换能器与道路行车的协同振动。

2. 力学承载板

压电发电装置力学承载板用于承受车辆荷载反复碾压及复杂道路环境作用，使压电换能器免受荷载冲击、雨水油污侵蚀破坏。力学承载板包括上盖板、侧板及底板。综合考虑承载板装配及加工要求后，设计以下各部件。

1）上盖板

压电发电装置上盖板直接承受车辆荷载冲击作用，并将这种荷载转化为纵向位移传递至压电换能器。上盖板与压电换能器协同振动，依托装置伸缩弹性构件实现往复伸缩作动。为减小装置伸缩弹性构件复位承载力，降低上盖板在车辆轮胎碾压时的自身结构形变量，道路压电发电装置上盖板宜选择材质轻、刚度大、易加工成型的材料。同时，考虑到装置应用到道路后不可避免地同潮湿环境、油污及其他腐蚀液体接触，上盖板材料应具备良好的抗腐蚀性能。综合考虑上述应用要求，选择硬铝合金作为上盖板加工材料，其力学参数如表 6.1 所示。

表 6.1　硬铝合金力学参数

牌号	杨氏模量/GPa	疲劳强度/MPa	抗拉强度/MPa	屈服强度/MPa	抗剪模量/MPa
7075-T6	71	105	524	455	268

2）侧板及底板

压电发电装置侧板通过沉孔螺栓相互紧固于底板之上，形成内部结构封装保护壳体。侧板及底板均为承力构件，底板主要用于承载上部结构自重及道路交通荷载，侧板除了承受上盖板纵向压力之外，还用于承受路面结构层内部的复杂应力。综合考虑装置力学承载能力及后期维修，侧板及底板采用与上盖板相同的材质，以保障装置抵抗道路结构层内部复杂荷载作用时的抗变形能力及抗腐蚀性能。

3. 夹持构件

压电发电装置内部夹持构件与压电换能器金属基板紧贴，为避免压电换能器与侧板及底板硬铝合金接触漏电，夹持构件应选用绝缘性良好的材料。此外，夹持构件组合后安装于压电换能器陶瓷晶片上，为尽可能减小换能器金属基板预应力，夹持构件自身质量应尽可能小。同时，当压电换能器受压后产生挠曲，刚性夹持构件受一定弯矩作用，为保证压电换能器挠曲稳定，夹持构件宜选择刚度较大的材质。

基于上述轻质高强、电学绝缘和加工维修便捷性等要求考虑，选用刚性工程塑料作为装置夹持构件材料，常见工程塑料技术参数如表 6.2 所示。

表 6.2 典型工程塑料材料参数

材质	抗弯强度/MPa	杨氏模量/MPa	密度/（kg/m³）	工作耐久性	价格/（元/kg）
聚酰胺	100~120	3 000~4 500	1 100~1 600	良好	32
改性聚丙烯	100~120	2 000~3 000	1 100~1 150	良好	6
聚四氟乙烯	5.7	350~630	2 200	较低	160

由表 6.2 可知，聚酰胺与改性聚丙烯抗弯拉强度较高，密度均低于聚四氟乙烯，且工作耐久性良好，但改性聚丙烯造价更低，适宜作为装置夹持构件的基材。

4. 限位型弹性构件

压电发电装置经车辆碾压时，内部压电换能器依托装置上盖板传递的激励位移产生结构挠曲，但车辆碾压完成后，由于上盖板及夹持构件自身重量，单独依靠压电换能器金属基板回弹力不足以使得整个作动结构复位，因此需要在装置安装弹性复位构件。同时，鉴于装置上盖板与侧板之间预留作动间隙，这就要求弹性构件还需具备限位功能。因此，在压电发电装置侧板预设限位型沉头孔，安装刚性弹簧用于复位。同时在装置上盖板开设沉头孔安装限位螺栓，二者相配合实现压电换能器受压及复位。鉴于复位弹簧装配至装置后需要反复承受道路交变、冲击荷载作用，应具备良好的弹性极限及冲击韧性。因此采用合金弹簧钢为复位弹簧材质，其材料参数如表 6.3 所示。

表 6.3　复位弹簧材料参数

材质	尺寸/mm	切变模量/GPa	模量/GPa
合金钢	中径 4.5，高 24.5	79	206

6.1.2　基于道路行车特征和板体屈曲稳定的装置尺寸参数设计

道路行车碾压产生的结构位移是触发压电发电装置力电转换的直接激励，压电发电装置尺寸须与碾压工况相匹配，以提升内部压电换能模块的激励协同性，保障压电发电装置电能的高效输出。因此，综合考虑轮胎接地特性、装置上盖板在偏压工况的下沉情况及全压工况的屈曲稳定性等方面后设计优化压电发电装置尺寸。

1. 基于道路行车特征的装置横向尺寸设计

1）基于轮胎接地特性的装置横向尺寸初步设计

道路行车条件决定了应用工况中压电发电装置的发电能力，高效电能输出的装置尺寸应与道路行车特征相匹配。鉴于车辆结构及道面宽度有限，任意车道上轮胎接地碾压轨迹的分布存在规律，即轮迹的横向分布，典型单向及混合双向车道轮迹横向分布频率曲线如图 3.2 所示。单车道行车轨迹存在渠化集聚现象，此现象集中于距道路中心线 0.75~1.25 m 和 2.5~3 m 的道路横线内，可知大部分行车轮迹都分布于以路中线对称的两条各 0.5 m 宽路面范围内，即 27% 的道面宽度承受了将近 60% 的车辆荷载。考虑到压电发电装置的应用经济性，现阶段压电发电装置在道路全断面铺设的可行性较低，应分布于荷载密集的横断面区域内，即分布在道面主要轮迹带宽度范围内。因此，垂直于行车方向的宽度尺寸上限不应超过 500 mm，也就是压电发电装置横向尺寸不应超过 500 mm。

道路交通荷载以激励位移的能量形式通过车辆轮胎传递至悬臂梁式压电发电装置上盖板，轮胎接地尺寸是影响压电发电装置受压稳定性及换能效率的重要因素。为实现压电发电装置高时效触发工作机制，提升装置发电效果，装置横向宽度尺寸应与车辆轮胎接地宽度匹配。

由表 3.3 可知，轻型交通汽车轮胎断面宽度多集中在 155~285 mm，但由于实际交通工况下车辆的胎压、载量、环境温度等不同，轮胎接地宽度与轮胎断面宽度存在差异，整体而言，轮胎接地宽度约为其断面宽度的 70%~85%，考虑到压电发电装置换能效率、结构承载能力及承载稳定性，单个装置宜俘获单个车辆轮胎压力。因此，压电发电装置盖板宽度初步设计为 150~200 mm。

2）基于装置不完全碾压工况的横向尺寸优化

压电发电装置沿车道轮迹带埋设能更大程度俘获道路断面振动机械能，然而车辆运行过程中轮胎胎面并不能时刻完全正压压电发电装置，胎面与装置上盖板存在偏压接触的情况，此情形下上盖板能否稳定下移关乎装置发电效果及承压结构长期工作性能。因此，为进一步明确压电发电装置上盖板在不完全碾压工况下的下移状况，优选偏压工况下沉稳定的压电发电装置横向尺寸，以偏压后装置四角偶与侧板中部的间距为分析指标，通过有限元模型分析偏压时不同宽度上盖板下移特征，分析示意图如图 6.2 所示。

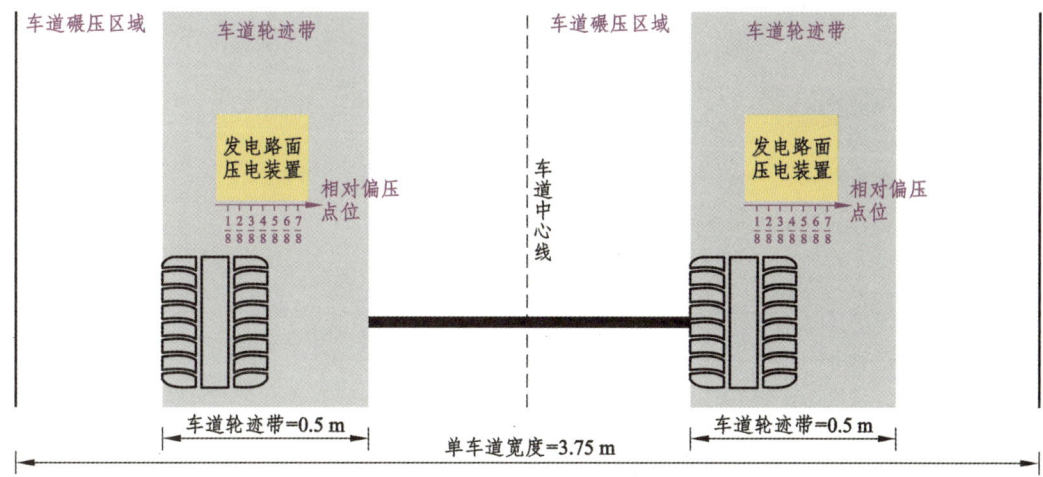

图 6.2　装置不完全碾压工况示意图

为最大程度贴合度装置上盖板在实际偏压工况时的下沉状态，将有限元模型简化为"矩形上板+复位弹簧+支承"的结构组合，模型示意图如图 6.3 所示，模型材质参数如表 6.4 所示。鉴于装置装配后上盖与侧板将复位弹簧紧固在二者之间，复位弹簧因上盖板自重而需承受一定预压力，但鉴于其数值远小于行车荷载，故建模时将其忽略。同时位移激励下压电换能器结构反力很小，且研究重点关注侧边不完全碾压时上盖板下移规律，故建模时不必在相应点位施加微小力。上盖板和侧板依托导向螺栓紧固，受导向孔约束，上盖板偏压时以垂直下移为主，无法产生向上的翘曲位移，故在上盖板碾压的对立边施加固定约束。由于加工及装配公差，其结构在下移过程中存在极小量水平移动，致使复位弹簧亦有小量扭动，故建模时仅对弹簧两端设置夹具，侧边自由，而侧板四周施加固定约束。此外，由于上盖板需要施加局部偏压压力，因此需对其板面实施面分割，添加分割线后再划分网格与模型求解。

有限元分析验证是确保分析结果准确可靠的重要工作，其分析结果误差主要来源于建模错误及离散误差，由于有限元模型约束及建模过程简单，因而网格密度是影响分析结果的主要因素，现在相同边界条件下验证网格类型及网格密度的无关性。

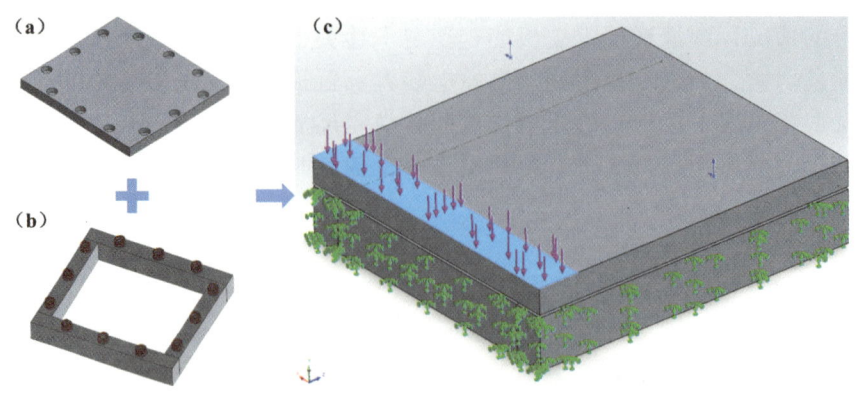

(a) 侧边自由矩形薄板　　(b) 带有复位弹簧的支承　　(c) 模型整体

图 6.3　盖板偏压有限元分析模型

表 6.4　有限元模型材料参数

结构	材料	密度/(kg/m³)	杨氏模量/GPa	泊松比
矩形薄板	7075-T6 铝合金	2 810	72	0.33
支承				
弹性复位构件	合金弹簧钢	7 700	206	0.28

表 6.5　不同网格类型下装置上盖板力学性能分析

网格参数	单元大小/mm	单元总数/个	最大变形量/mm	最大等效应力/MPa
标准网格	8.864	8 760	0.421	47.09
基于曲率的网格	8.864	6 280	0.418	47.05
基于混合曲率网格	8.864	6 300	0.418	47.04

由表 6.5 可知，道路压电发电装置上盖板在不同网格类型下的力学性能近乎一致，最大变形量误差仅为 0.7%，最大等效应力误差不足 0.1%，可见网格类型几乎不会对有限元分析结果产生较大影响，有限元模拟结果是可靠的。以标准网格类型为例，验证网格密度对有限元结果的影响。

表 6.6　不同网格密度下装置上盖板力学性能

网格密度	单元总数/个	单元大小/mm	公差	最大变形量/mm	最大等效应力/MPa
标准	11 073	8.864	0.443	0.432 7	47.09
中等	21 624	6.425	0.321	0.430 3	47.24
良好	57 512	4.432	0.221	0.422 7	47.29

由表 6.6 可知，道路压电发电装置上盖板在不同网格密度下的力学性能差别较小，最大变形量误差为 2%，最大等效应力误差不足 0.4%，网格密度对模拟结果的

影响仍然较小,即可认为有限元分析结果是有效的。为使偏压工况下上盖板下沉特征分析具备普适性,参考常见道路变形量设置 1 mm 装置作动距离,选取小轿车 200 mm 轮胎接地宽度及对应 4.2 kN 小型接地力为有限元模拟参数,以 0.9 装置纵横比为例,分析轮胎偏压时不同宽度上盖板下移规律,结果如图 6.4 所示。

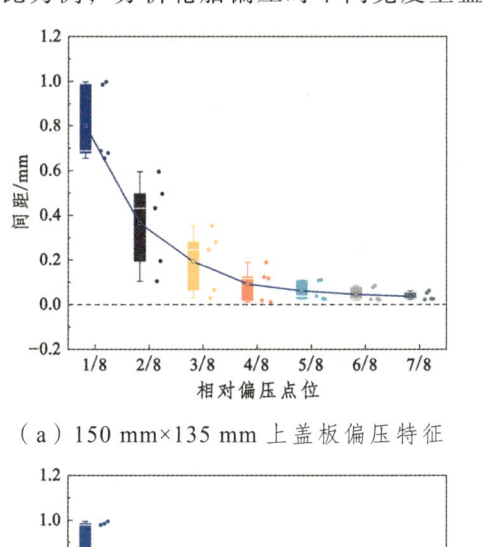
（a）150 mm×135 mm 上盖板偏压特征

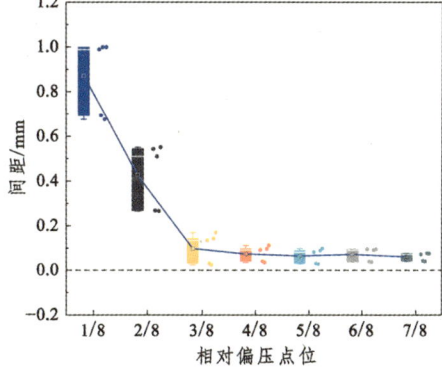
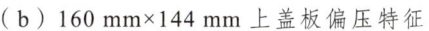
（b）160 mm×144 mm 上盖板偏压特征

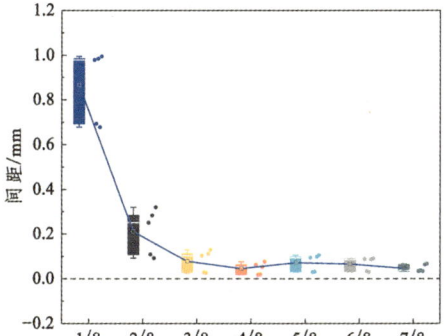

（c）170 mm×153 mm 上盖板偏压特征

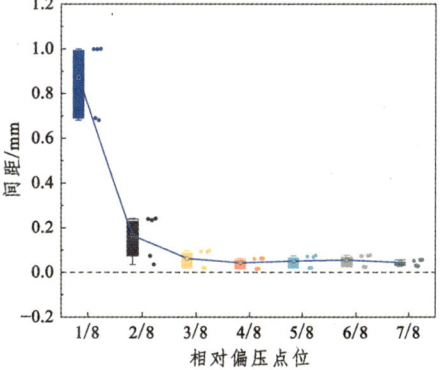
（d）180 mm×162 mm 上盖板偏压特征

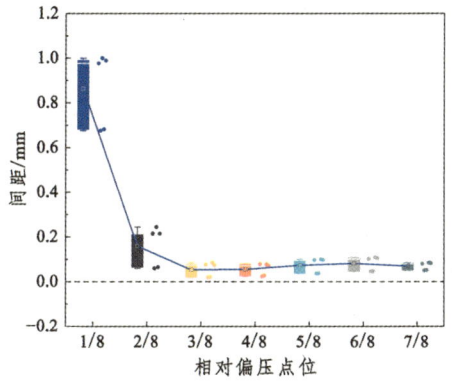
（e）190 mm×171 mm 上盖板偏压特征

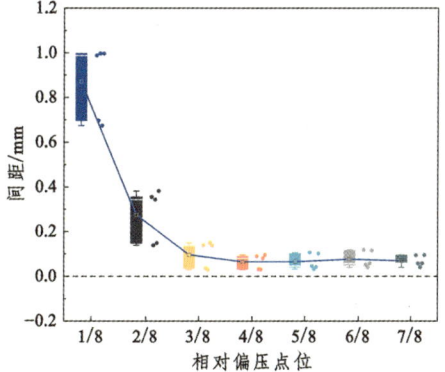
（f）200 mm×180 mm 上盖板偏压特征

图 6.4　不同尺寸上盖板偏压下沉特性

由图 6.4(a)~(f)可知,不同尺寸上盖板在不同偏压工况时的下移情况不同,装置上盖板碾压点位对其下沉特性影响明显。整体而言,随着相对偏压点位增加,不同上盖板与侧板之间的间距均先不同幅度降低后趋于平缓,且间距离散性均随偏压点位增加而降低,意即各点下沉量越接近,下沉越发平稳,当偏压点位大于 3/8 时,装置上盖板已基本完全下沉。

分析不同尺寸上盖板不同偏压点位间距的离散性可知,上盖板横向尺寸增加有利于降低前 4/8 偏压点位间距的离散性,其间距的变异系数降幅依次达 0.636 3、0.716 1、0.699 3、0.694 1、0.690 5、0.678 7,且 160 mm、170 mm、180 mm 三个横向尺寸的间距变异系数降幅更为明显,说明侧边下沉趋于稳定。而从间距数值而言,180 mm 横向尺寸上盖板各偏压点位的间距相对其他尺寸更为接近,且离散性更小,上盖板在偏压时下沉更为平稳。当偏压间距大于 3/8 时,不同尺寸板的间距分布情况类似,离散性接近。说明上盖板偏压间距大于 3/8 时,上盖板基本能够稳定下沉。

同时不难看出,不同尺寸装置上盖板在 1/8、2/8 相对偏压点位受车辆轮胎碾压时,上盖板行车方向的两个侧边下沉量存在差距,这种情况下两侧压电换能模块电能输出一致性差,不利于能量后期存储与应用。因此,为进一步分析装置上盖板偏压时的下沉特性,优选有利于装置上盖板偏压稳定下移的尺寸参数,以偏压对边点位的间距均值代表该侧边的整体下移量,分析上盖板尺寸对 1/8、2/8 相对偏压点位的影响规律,结果如图 6.5 所示。

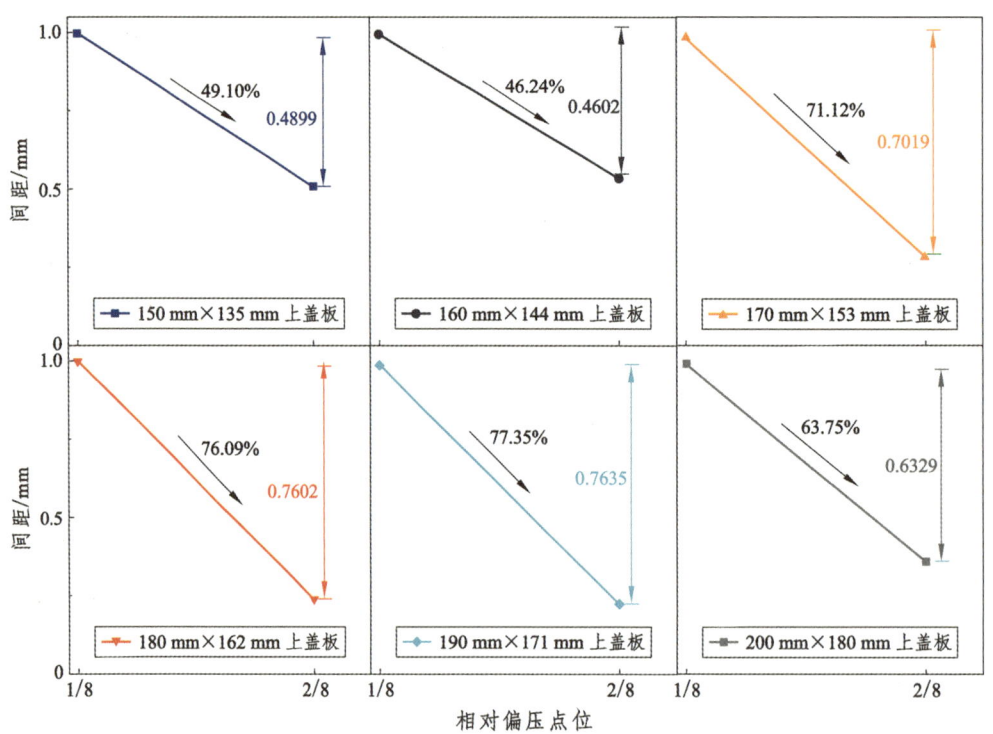

图 6.5 上盖板在 1/8、2/8 相对偏压点位的下沉特性

由图 6.5 可知，不同尺寸装置上盖板在 1/8 相对偏压点位处受小汽车轮胎偏压时的间距基本处于 0.95 mm 附近，装置横向尺寸增加在一定程度降低 1/8 相对偏压点位的间距，但数值上依旧高于 0.9 mm。因此，悬臂梁式压电发电装置应尽可能避免这种不利于装置电学输出的极端偏压工况。当相对偏压点位由 1/8 增加至 2/8 时，不同尺寸装置上盖板子的下移状态得到明显改善，其中 170 mm、180 mm、190 mm 横向尺寸上盖板间距降幅最为显著，幅值依次为 0.701 9 mm、0.760 2 mm、0.763 5 mm。此外，装置横向尺寸增加整体上有利于提升间距的降低速率，180 mm、190 mm 横向尺寸上盖板间距降速分别为 76.09%、77.35%，是其他横向尺寸上盖板间距降速的 1.19~1.65 倍。出现这种现象的原因可能是横向尺寸的增加增大了偏压承力面积，上盖板的刚体效应更明显，偏压对边点位的力学条件更好，故间距降速更高。需要指出的是，采用的模拟荷载是道路交通条件中的小型荷载，实际应用工况中的车辆荷载高于模拟荷载，届时上盖板偏压下沉稳定性更高。

综上所述，装置上盖板横向尺寸增加在一定程度有助于提升上盖板在车轮偏压时的下沉稳定性，其中 180 mm 横向尺寸的上盖板在偏压时的间距更为接近，偏压下沉稳定性更高。因此，推荐 180 mm 为悬臂梁式压电发电装置横向尺寸。

2. 基于板体屈曲稳定的装置纵向尺寸设计

实际工况中交通车辆足以为压电发电装置提供位移激励条件，即盖板在道路应用时可完全正压下移，而上盖板完全下移后与侧板为四边自由支撑的接触状态，四边简支盖板在轮胎冲击下存在屈曲失稳现象，而薄板的结构屈曲失稳与纵向尺寸密切相关。因此，以不同纵向尺寸盖板的结构屈服力及轴向变形量为指标，借助有限元模型优选全压状态结构力学性能更优的装置上盖板纵向尺寸。

1）四边自由支撑板有限元分析模型建立

为最大程度贴近压电发电装置在全压时的受力状态，将有限元模型简化为"侧边自由矩形薄板+支承"的结构组合，结构材料参数如表 6.4 所示。支承结构之间及四周侧壁采用固定几何体完全约束，上盖板与支承结构之间设置接触。鉴于侧边自由矩形薄板及支承结构外形规整，不存在曲面几何体，但考虑到装置上盖板尖端处最小化网格过渡，网格器选择品质为高的标准网格，分析模型如图 6.6 所示。

2）全压装置上盖板力学分布特性

根据弹性力学薄板理论可知，侧边自由、底部支承工况下板体的屈服应力及位移分布与板体长宽比相关，不同长宽比下板体的最大屈服应力及最大变形量差异明显。根据研究可知，车辆轮胎纵向接地尺寸大小约为横向接地尺寸的 0.7~0.85 倍，考虑到装置上盖板支承均匀及匹配道路交通，装置纵宽比下限也不宜小于 0.7。因此，横向宽度为 180 mm，以模拟结果偏安全的养护车辆实际单轮重量 20 kN 为模拟荷载，分析装置上盖板纵横比对其力学性能的影响规律，相关代表性模拟云图如图 6.7 所示。

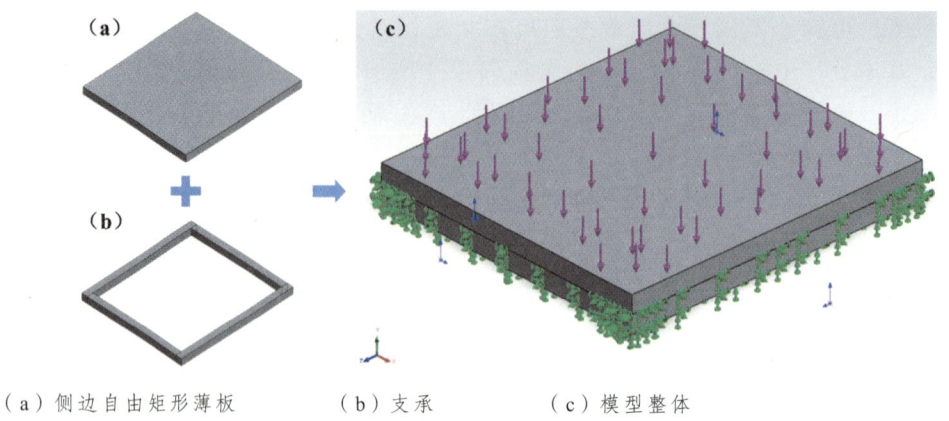

(a)侧边自由矩形薄板　　　(b)支承　　　(c)模型整体

图 6.6　有限元分析模型

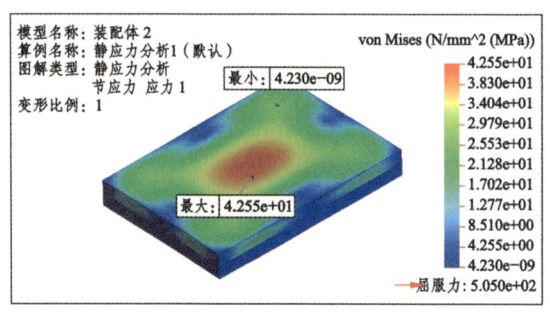
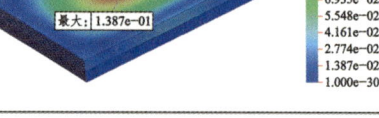

(a)等效应力分布特性　　　　　　　　(b)变形量分布特性

图 6.7　承压上盖板力学特性(变形缩放比例均为 1)

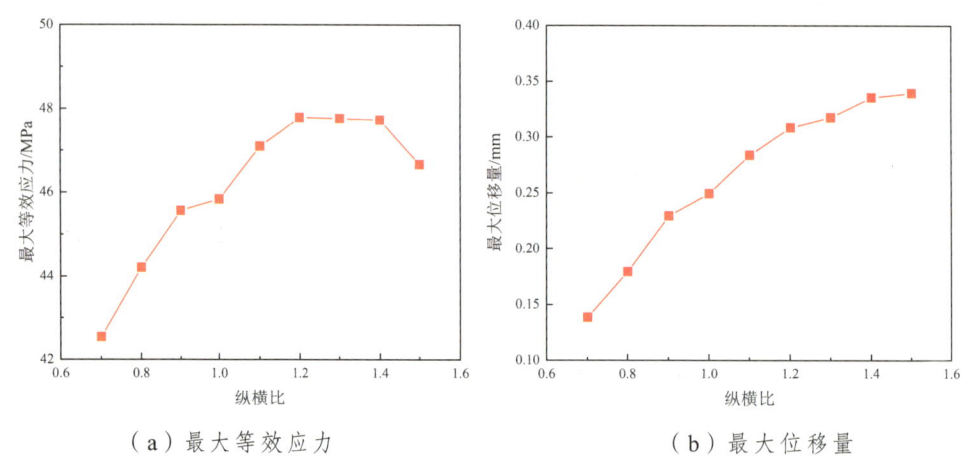

(a)最大等效应力　　　　　　　　(b)最大位移量

图 6.8　不同纵横比上盖板力学性能

由图 6.8(a)可知,装置上盖板纵横比显著影响其承压工况下的力学性能,不同纵横比装置上盖板应力值及位移量差异较大。随着纵横比增加,装置上盖板最大等效应力先以线性比例逐渐增加,待结构形状趋向方形(装置纵横比为 1)时增势减小，之后又以近似线性比例增加至一定值后趋于稳定。

由图 6.8（b）可知，装置上盖板位移量随着纵横比增加而逐渐增加，但增加幅度会逐渐降低，由初始的 29.3%降低至 1.14%，且随着纵横比的继续增加，其位移增加幅度仍会持续降低。这种现象与装置上盖板承压有效面有关，纵横比增加，装置上盖板有效承压面亦增加，单位承压面的交通荷载减少，故挠曲增量也会降低。考虑到装置内部压电换能器激励变形及弹性恢复，承压装置上盖板的最大位移量不宜过高，否则附加位移过大亦会增加压电换能器激励位移，换能器结构及压电层极易因变形过大而损伤性能甚至出现结构破坏的情况。整体而言，装置在纵横比 0.9～1 时对应的最大等效应力及最大位移量增幅较低，说明此纵横比下全压上盖板受力较为稳定，有利于压电发电装置电能输出的稳定性。

3）承压装置上盖板翘曲特性分析

道路压电发电装置上盖板在实际应用工况中的最大屈服应力及最大变形量分布于上盖板中部，同时在上盖板的四周侧上部存在应力集中及微型翘曲。因此，为进一步明确不同纵横比装置上盖板在全压工况时的侧边翘曲特性，选取上盖板 8 处应力集中区域的最大翘曲应力及翘曲变形位移来代表板体侧边整体的翘曲情况，代表型纵横比上盖板翘曲变形云图如图 6.9 所示。

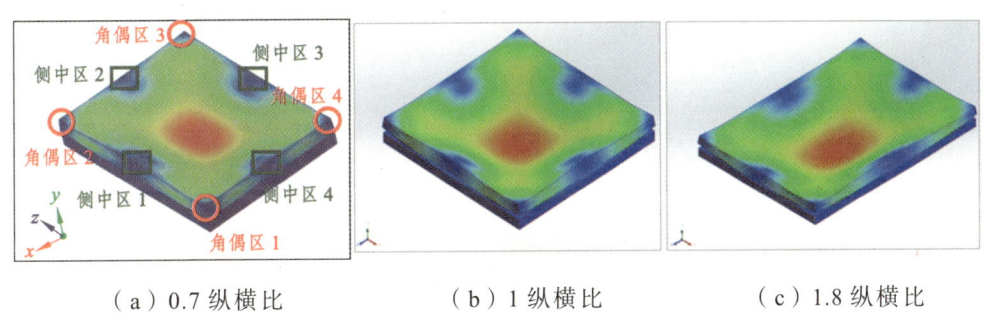

（a）0.7 纵横比　　　　　　（b）1 纵横比　　　　　　（c）1.8 纵横比

图 6.9　承压装置上盖板侧边翘曲示意云图（100 倍变形缩放比例）

为明确全压上盖板翘曲变形规律，将其翘曲区域依位置分组为角偶区域和侧中区域。其中，角偶区域是指板体边角处，对应角偶 1、角偶 2、角偶 3、角偶 4；侧中区域是指两个角偶之间板中侧边区域，对应侧中区 1、侧中区 2、侧中区 3、侧中区 4。

不同纵横比角偶区域及侧中区域的翘曲变形特性如图 6.10 和图 6.11 所示。由图 6.10 可知，全压上盖板角偶处翘曲应力受板体纵横比影响明显，具体而言，装置上盖板角偶区域翘曲应力会随着纵横比增加，趋势为：首先以近似线性比例增加，之后以较低增量幅度增加后急剧增加，最后翘曲应力值趋于稳定。以角偶区域 1 为例，随着装置纵横比增加，其先以 74.1% 比例均匀增加至 13.584 MPa（纵横比为 0.9），之后应力增幅比例锐减，仅为初始增加翘曲应力增加比例的 6%。这种现象可能与承压板板面张力受纵横比有关，当初始纵横比偏小，即装置上盖板尺寸较小时，板面结构刚度大,角偶处应力集中较周围更明显,故随着纵横比增加,其初始应力增量明显;随着纵横比增加,板体承压均匀性增加,角偶处应力分散性更强,板面张力增量降低,故翘曲应力增幅减小,在纵横比 0.9~1.1 的范围内时,翘曲应力平均增幅仅为 7.6%,说明全压上盖板在此区域的力学性能更为稳定,更能适应复杂的道路荷载工况。

由图 6.10(b)可知,全压上盖板不同角偶处翘曲变形量随板体纵横比增加呈现相似的变化规律。整体而言,角偶处翘曲变形量随板体纵横比增加而增加,初始增加比例仍较大,在装置纵横比在 0.9~1.1 的范围内时,角偶处翘曲变形量增量减小,增幅仅为 7.6%,翘曲变形量约为 40.1 μm,变形量整体较小,对道路平度性及交通舒适性影响较小。

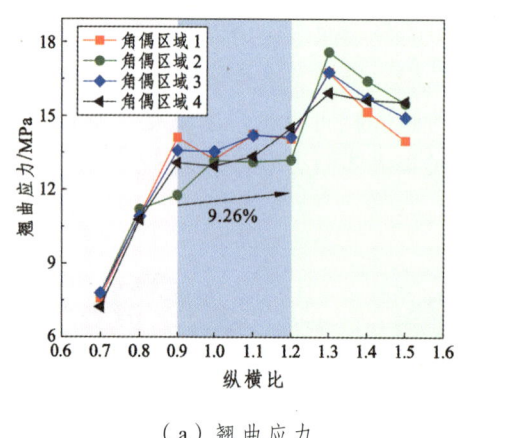

(a)翘曲应力

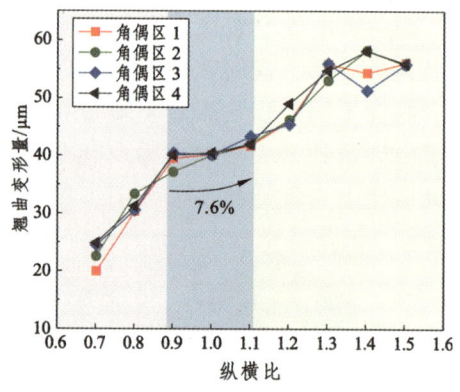

(b)翘曲变形量

图 6.10　角偶区不同纵横比域翘曲变形特性

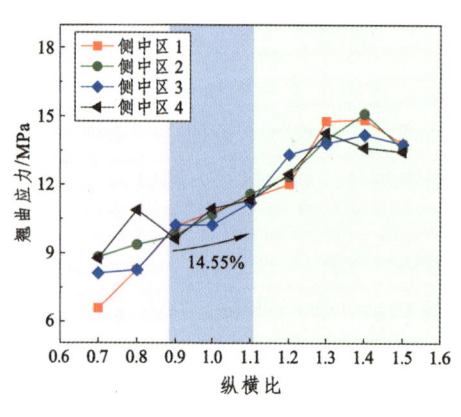

(a)翘曲应力

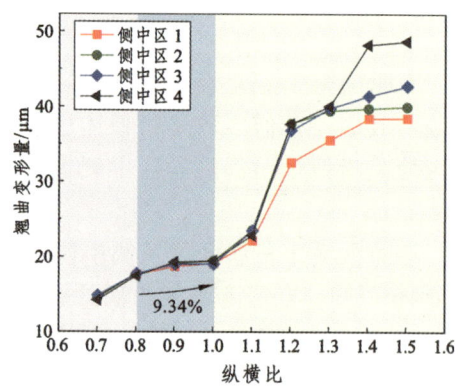

(b)翘曲变形量

图 6.11　侧中区不同纵横比域翘曲变形特性

由图 6.11 可知，随着纵横比增加，装置上盖板侧中区域翘曲应力及翘曲变形量整体呈现增加趋势，与角偶处翘曲分布特性类似的是，侧中区域翘曲应力及翘曲变形量在 1 纵横比附近的增势较小，增加比例更为均匀，说明该纵横比附近侧中区域承压更加均匀，板体稳定性更高，更有利于装置上盖板的长期服役性能。

综上所述，装置上盖板在 0.9~1.1 的纵横比附近具备良好的承压稳定性，且 1 纵横比处角偶及侧中区域翘曲应力较为均匀，板体屈曲稳定性更优。鉴于道路交通轮胎接地范围较广，为兼顾小型车辆及中重型轮胎接地，同时，综合考虑路面结构层完整性、装置内部传力、压电换能器布设、装置成本等因素，装置选择 180 mm 横向尺寸、1 纵横比，即推荐悬臂梁式压电发电装置尺寸为 180 mm×180 mm。

6.2 道路压电发电装置结构密封与内部优化设计

道路压电发电装置应用于道路结构中需满足密封防水要求，同时为最大化发挥内部压电换能器在路面变形条件下的发电能力，本节在结构密封设计的基础上，提出压电发电装置内部行程放大方法，以提高其发电水平。

6.2.1 压电发电装置结构密封设计方案

压电发电装置应用于实际道路中，路域环境雨水或者水汽易从压电发电装置预留缝隙及紧固螺栓孔等薄弱环节进入装置内部，导致内部结构出现生锈腐蚀、压电换能器电学短路等潜在问题，沥青混合料小粒径碎石或路表污物也可能嵌挤至作动缝内，致使装置上盖板受压下沉受限，影响压电发电装置发电性能及工作耐久性。因此，有必要基于压电发电装置作动特征设计密封结构，以防止水或细石等外物影响装置长期工作性能。

1. 预留作动缝密封设计

压电发电装置预留作动缝是装置结构无法完全密闭的主要因素，即便预留作动缝间隙很小，道路雨水被道路车辆高速碾压后，或水汽受热蒸发时依旧能够充斥或弥漫至装置内部，由此可知，悬臂梁式压电发电装置作动缝密封设计十分必要。传统静密封方式要求结合面相对静止，而应用工况下压电发电装置上盖板与侧板之间存在持久半正弦式相对运动，故静密封方式不宜应用在悬臂梁式压电发电装置作动缝。相比之下，动密封途径能够适应悬臂梁式压电发电装置反复作动工况，更适用于其作动缝结构密封。因此，基于动密封状态及装置作动特征设计如下作动缝密封结构，如图 6.12 所示。

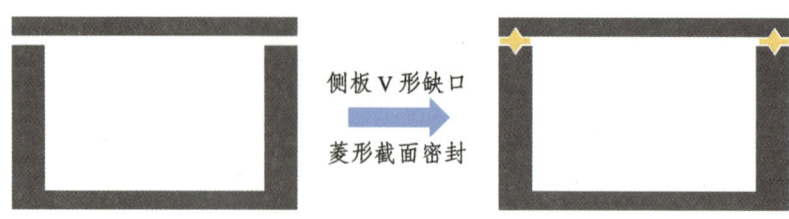

图 6.12　装置防水保护设计方案示意图

由图 6.12 可知，设计的作动缝密封结构包含两部分：侧板"V"形缺口及菱形截面密封结构。其中，侧板"V"形缺口是在侧板复位弹簧外侧开设缺口，以便保护复位弹簧免受水汽锈蚀。菱形截面密封结构尖端与侧板"V"形缺口嵌套，采用易涂刷、密封性高的环氧树脂灌封胶黏贴金属与密封结构尖端，实现装置作动缝密封。菱形截面防水橡胶两平直端与上盖板、侧板接触，防止混合料硬石嵌入或者承压水溅入。

菱形截面密封结构材质影响其密封效果，考虑到装置上盖板和侧板存在长期反复相对运动，这就要求密封结构材料具备优良的压缩变形性能及抗疲劳性能。上盖板受压后将道路行车荷载传递至侧板触，这就要求密封材料还需具备一定的力学承载能力。同时，路域环境温度会随时节、时段变动较大，意味着弹性密封材料还应具备较宽的工作温度范围。借鉴航空领域、机械领域采用的动密封材料，推荐选择 FKM 氟橡胶作为菱形截面密封结构材质，其材料力学参数如表 6.7 所示。

表 6.7　FKM 氟橡胶材料力学参数

材质	工作温度/℃	密度/（kg/m³）	模量/MPa
FKM 氟橡胶	-40～250	1 850	10

2. 紧固螺栓密封设计

压电发电装置侧板和底板通过紧固螺丝配合，由于机械零件加工及装配误差，螺帽平面做不到与侧板完全平整贴合，螺柱与导孔间隙配合亦存在微小缝隙，这部分缝隙不密封仍有道路环境水分侵入装置内部的风险，故有必要对螺栓配合处做密封。考虑到装置外侧螺栓配合处与环境接触，密封还需具备防潮防脱性能。因此，可选用粘附性能、防水性能良好的环氧树脂密封胶封闭螺栓配合处，以增加压电发电装置密封性能。

6.2.2　压电发电装置内部优化分析

1. 压电发电装置内部优化途径分析

道路交通荷载作用于路面后产生的激励位移通过压电发电装置传力结构传递至压电换能模块，触发压电效应进而俘获道路振动机械能。然而现有典型悬臂梁式压电发电装置多采用圆形或矩形截面的刚体传力结构，路面结构激励位移通过此结构近似等量化转化为装置内部压电换能器结构挠度。鉴于交通条件典型路面结构挠曲变形量微小(小于0.7 mm)，与最大化发挥压电换能器发电能力所需的激励位移(压电换能器最佳激励位移为1.4 mm)存在较大差距，若采用外部位移补偿的方式提升整体激励位移，可能会对道路运行车辆安全性及舒适性造成不良影响。因此，应从装置内部着手优化装置传力结构，集成具有位移放大功能的机械构件，满足压电换能器所需的最佳激励位移条件。

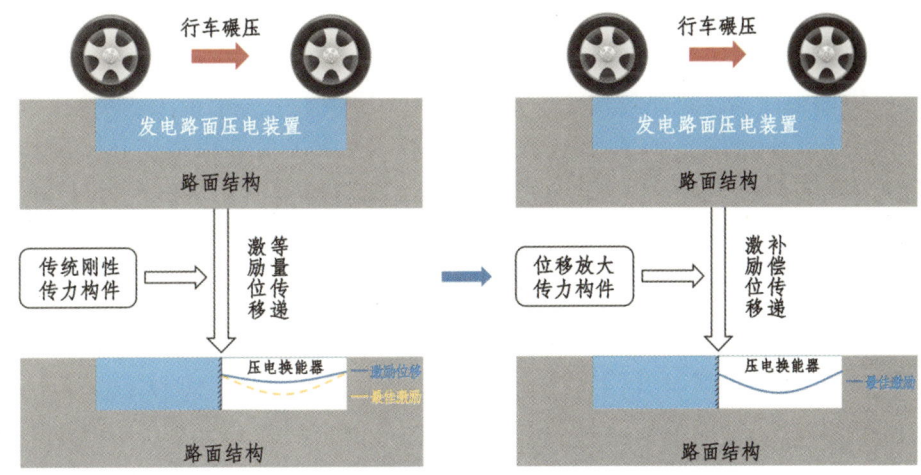

图 6.13　装置内部优化途径分析示意图

2. 道路用行程放大机构技术要求

道路用行程放大机构作为一种位移放大补偿型传力机构，其结构特征和位移放大传递特性应与道路应用环境相吻合，以保障压电发电装置发电能力及工作耐久性。因此，综合考虑道路结构变形特征及压电发电装置作动要求，提出如下道路用行程放大机构设计的技术要求。

1) 激励位移与机构输出位移同向性

道路交通荷载在路面结构中传递时衍化成水平荷载和垂直荷载，水平荷载传递至道路压电发电装置时由装置侧板直接承受，垂直荷载传递至上盖板转化为激励位移，激励位移经过行程放大机构放大后传递至压电换能器激励结构。鉴于压电换能器采用d_{31}压电换能模式，综合考虑压电换能器约束型式、装置空间等因素限制，垂直激励位移经行程放大机构仍应垂直输出，最大限度减少诸如水平附加位移等其它自由度方向的附加输出位移产生。

2) 行程放大机构高振动响应性

道路结构内部传递的垂直激励位移经过行程放大机构方能传递至压电换能器激励结构，行程放大机构在位移激励下的结构响应灵敏程度关乎激励位移传递效果。行程放大机构的结构响应灵敏度与放大结构阻尼相关，为减小放大机构激励位移损失，提升道路压电发电装置换能效率，道路用行程放大机构应选择结构阻尼低、激励响应灵敏的机械结构型式。

3）行程放大机构低结构变形性

行程放大机构位移输出端与压电换能器激励结构相连，放大机构自身在外部激励条件下存在较大结构内力，不可避免地发生自身弹塑性变形，导致一部分激励位移以结构势能的形式被机械结构内耗，不利于压电换能器俘获机械能。因此，道路用行程放大机构宜优选刚性结构及大刚度材料制造。

4）行程放大机构易装配、便维修

行程放大机构属于精密构件，加之道路压电发电装置内部布局繁杂，导线众多，安装过程中冲击碰撞、磨损等均会使其结构放大性能产生一定损失。因此，道路用行程放大机构宜以整体非交互形式装配至道路压电发电装置内部。在实际使用过程中，行程放大机构需反复作动，不可避免地产生机构劳损甚至结构失效，在道路翻修时需要维修替换。因此具备易装配、便维修特性可提升其在道路领域的应用经济性。

6.3 道路用行程放大机构设计与布设方式优选

为设计匹配路面变形和悬臂梁式压电换能器应用参数的压电发电装置内部形成方法机构，本节在调查现有行程放大结构的基础上，发展匹配道路应用工况的道路用行程放大结构，并推导相应的行程放大理论，优选道路用行程放大机构参数，为其后续装配提供依据。

6.3.1 行程放大机构技术调查与评价

行程放大结构是应用于精密工程、医疗工程、航空等领域的重要关键构件，不同领域应用的行程放大机构在结构型式及位移放大特性等方面存在较大区别。为优选符合道路工程领域应用的行程放大机构型式，系统调查梳理了国内外典型行程放大机构并分析其放大特征及结构特性。

1. 柔性杠杆式行程放大机构

柔性杠杆式行程放大机构为柔性机械结构，基于杠杆原理实现输入行程放大，其输出位移和输入位移具有显著线性放大关系，但输入和输出力值之间的线性关系与行程放大相反。该行程放大机构单级放大倍数有限，需多级机构联动方能实现更高行程放大倍数，但机构尺寸亦相应增加。

2. 桥式行程放大机构

桥式行程放大机构是基于材料力学压杆失稳原理发展而来的柔性放大机构,一般采用矩形柔性铰链或圆形柔性铰链来实现大范围的运动放大,其结构紧凑,放大倍数高,且加工及装配便捷,高频共振性能良好。但其输出位移量级多在微米级别,常应用于高精密驱动系统。

3. 菱形式行程放大机构

菱形式行程放大机构是基于三角行程放大原理衍生的对称型放大机构,结构纵向位移耦合误差小,附加应力低,放大倍数及结构灵敏度较高,机构行程放大倍数与初始角度相关。但该类型行程放大机构输入位移与输出位移正交,即输入位移按垂直方向压缩,输出位移以水平方向扩展,与道路变形特征有所区别。

4. 蜂窝连杆式行程放大机构

蜂窝连杆式行程放大机构是菱形放大机构的衍生物,是具备负泊松比的对称型放大结构。其结构横向变形时将引起纵向变形,二者变形方向均朝向外部,但输入位移与输出位移正交且方向均朝向外部,该变形特征亦与道路变形不同。

5. 反向桥式行程放大机构

反向桥式行程放大机构是依托轴向能量向弯曲能量传递机制,进而放大输出行程,是与桥式放大机构结构对称、反向的放大机构。该机构需对结构施加初始弯曲,其输入位移和放大输出位移正交且均朝外。

6. 齿轮式行程放大机构

齿轮式行程放大基于齿轮差速原理实现位移收缩或放大输出,机构一般由两组直径成一定倍数的凸轮齿组构成,配合传动齿条实现往复运动。该类型行程放大结构的传动齿承受全部外部荷载,高频大荷载冲击下的齿轮结构承载能力有限。同时,行程放大倍率与齿轮齿距相关,长期循环往复作动下结构磨损导致的齿距增加会降低行程放大率,甚至在动态荷载冲击作用时,齿轮式行程放大机构易存在低响应甚至零响应的现象。

7. 行程放大平台机构

行程放大平台机构是内部配套或串并联多种类型放大机构(如菱形、杠杆式)等发展来的位移微定位平台,能够较好地解决输出与输出位移相互干涉的问题,多用于精密加工、光学工程、智能制造等领域。

8. 连杆式行程放大机构

连杆式行程放大机构是基于三角放大原理衍变出来的刚性行程放大机构,结构通过刚性杆件及销轴组成，行程放大倍率与杆件长度及初始角度相关，多级连杆结构串联、并联能够实现超高的行程放大倍率。连杆式行程放大机构结构紧凑，行程放大响应灵敏，附加位移小，装配便捷且装配精度容易满足工程应用要求。但结构实现行程放大的同时牺牲了力学输出刚度，约束失效时结构将产生多个自由度方向的位移。同时，结构在受力状态下连杆自身产生的弹性形变会导致部分输出位移损失，选择适合刚度的连杆材料及初始结构参数可较好地弱化输出位移损失。

9. Scott-Russell（SR）式行程放大机构

SR 行程放大机构由柔性铰链及约束结构组成，是综合三角行程放大原理及力学行程放大原理的新型机构。SR 行程放大机构可将竖直输入行程放大后，输出为水平输出位移，位移分辨率大，响应速度快，当输入端位移更小时，SR 输出端可提供更为精准的直线位移输出。

10. 复合型行程放大机构

复合型行程放大机构是两个以上不同类型行程放大机构串联或并联而形成的位移放大平台，如桥式行程放大机构与连杆机构、Scott-Russell 机构、杠杆机构等并联。复合型行程放大机构往往具备极高行程的放大倍率，但抗干扰能力低，常用于超高精密工程、智能建造等领域。

为进一步明确各类型行程放大技术机构结构特征，设计了符合道路碾压工况的道路用行程放大机构，系统梳理典型放大技术机构技术特点，评价其应用于道路工程的适用性，结果如表 6.8 所示。

表 6.8　典型行程放大技术机构特征分析

放大机构类型	结构图示	优点	技术难题	道路应用适用性
杠杆式		结构简单，容易设计及装配	需克服多级机构联动导致的装配空间过大问题	适用性高
桥式		结构紧凑、放大倍数高，高频谐振性好	需解决输入输出位移正交的技术难题	适用性低
菱形式		放大倍数高，结构受压灵敏度较高	需提升菱形面加工工艺、解决结构不易装配的难题	适用性低

续表

放大机构类型	结构图示	优点	技术难题	道路应用适用性
蜂窝连杆式		输入输出均由内部向外部扩展	需解决承载力低、与压电换能器适配性的技术难题	适用性低
齿轮式		放大倍数高,结构简单易加工装配	需解决齿轮应力集中及工作耐久性差的技术难题	适用性低
连杆式		高结构受压灵敏度、高结构承载力	需解决运动副运动自由度多的问题	适用性高

由表 6.8 可知,典型行程放大技术机构各有优势。其中桥式、菱形式、蜂窝连杆式及齿轮式等行程放大机构因其结构不规则、输入位移与放大输出位移正交、难与压电换能模块适配、结构承载力低等不利因素,需进一步优化结构以提升其在道路工程的适用性。杠杆式、连杆式行程放大机构受压响应灵敏且结构简单可控,承载能力强,输入位移与放大输出位移同向,符合道路结构碾压变形特征,与道路工程行程放大技术要求匹配度高。同时需要说明的是,尽管杠杆式位移放大机构易于设计及装配,但一级机构放大倍数有限,需要多级联动才能提高位移放大效果,且机构行程放大倍数在运动过程存有波动,行程放大稳定性不易控制。而连杆式行程放大机构在结构不失效的前提下,应力集中小且承载能力高,位移放大功效稳定,适合道路荷载冲击应用工况。因此,以连杆式行程放大机构为基础,综合考虑道路行程放大机构技术要求及与压电换能器适配性,设计符合道路应用特征的道路用行程放大机构。

6.3.2 道路用行程放大机构设计及放大理论推导

1. 道路用行程放大机构结构设计

常规连杆式位移放大机构在平面内具备多项运动自由度,与道路单自由度垂直碾压特征不符,因此,需对连杆式位移放大机构施加平面运动约束。同时,为保证连杆式位移放大机构可随时协同道路垂直荷载连续振动,需设置垂直振动引导机构。鉴于此,引入三幅固定板体来约束两组剪式连杆的平面运动自由度,同时增设两根运动导向杆用于引导剪式连杆竖向连续作动,并消除其寄生运动。设计贯通上固定板及中间固定板的传力杆则用于传递行车荷载。

设计的道路用行程放大机构如图6.14所示，激励位移传递至道路用行程放大机构传力杆后，经传力杆传递至中间固定板体。中间固定板体瞬时响应，向两侧剪式连杆机构加压使其运动副向下展开，此过程中输入位移被剪式连杆放大后传递至下固定板，进而传递至压电换能器，实现道路竖向激励位移放大后竖向传递至压电换能器，以满足压电换能器所需的最佳激励位移。道路用行程放大机构采用机械间隙配合，精度高，结构受压作动响应灵敏，符合道路位移放大的应用要求。

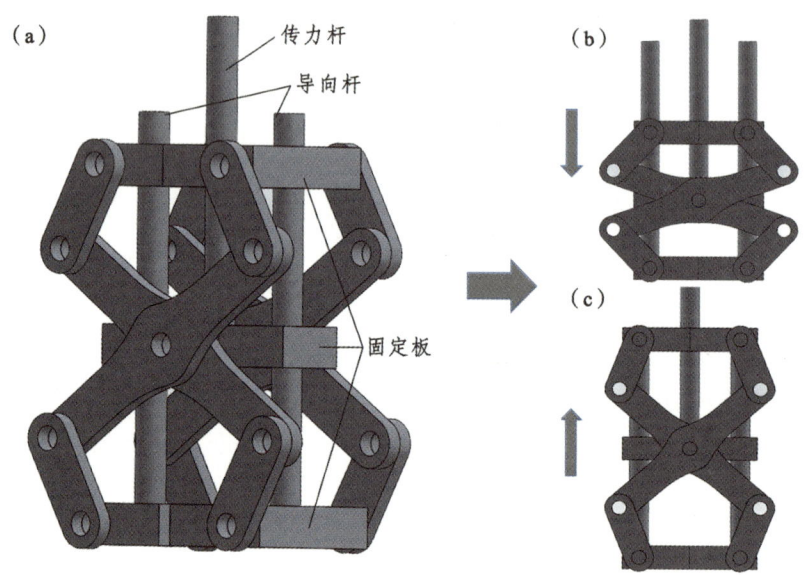

（a）机构等轴测图示　（b）机构压缩变形　（c）机构变形恢复

图6.14　道路用行程放大机构

2. 道路用行程放大机构行程放大理论推导

行程放大机构放大倍率是评价机构行程放大功效的重要指标，道路用行程放大机构理论放大倍率推导如下。

根据图6.15几何关系可得：

$$\Delta H_1 = L_1(\sin\alpha' - \sin\alpha) = \Delta x - L_2(\sin\beta' - \sin\beta) \tag{6.1}$$

则输入位移与连杆结构的几何关系为：

$$\Delta x = L_1(\sin\alpha' - \sin\alpha) + L_2(\sin\beta' - \sin\beta) \tag{6.2}$$

结构激励前 ΔH_2 为：

$$\Delta H_2 = L_3\sin\beta + \sqrt{L_4^2 - (L_3\cos\beta - L_5)^2} \tag{6.3}$$

结构激励后 ΔH_3 为：

$$\Delta H_3 = \Delta x + L_3 \sin \beta' + \sqrt{L_4^2 - (L_3 \cos \beta' - L_5)^2} \tag{6.4}$$

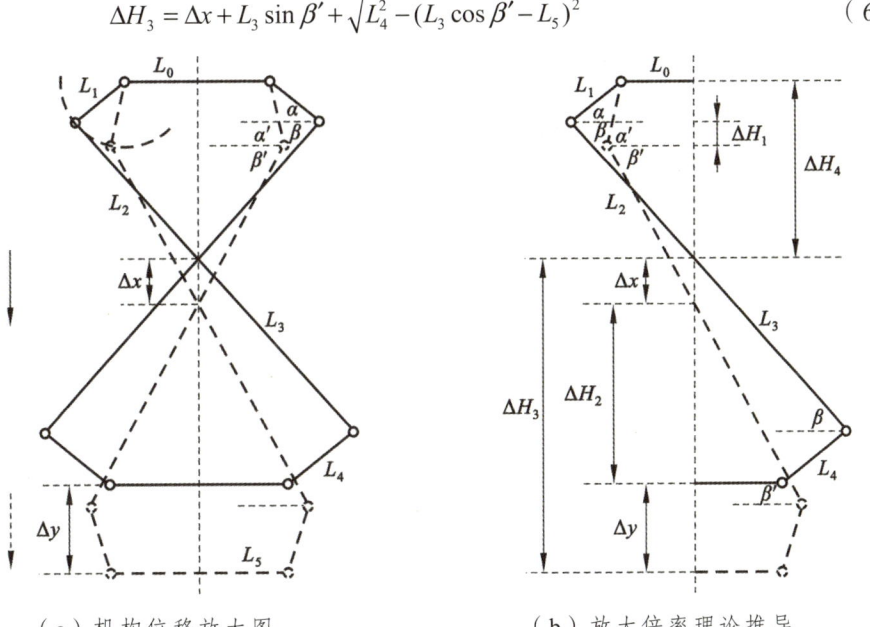

（a）机构位移放大图　　　　（b）放大倍率理论推导

图 6.15　道路用行程放大机构分析图

输出位移为：

$$\Delta y = \Delta H_3 - \Delta H_2 \tag{6.5}$$

即输出位移为：

$$\Delta y = \Delta x + L_3(\sin \beta' - \sin \beta) + \sqrt{L_4^2 - (L_3 \cos \beta' - L_5)^2} - \sqrt{L_4^2 - (L_3 \cos \beta - L_5)^2} \tag{6.6}$$

行程放大倍率为：

$$f_E = \frac{\Delta y}{\Delta x} = 1 + \frac{L_3(\sin \beta' - \sin \beta) + \sqrt{L_4^2 - (L_3 \cos \beta' - L_5)^2} - \sqrt{L_4^2 - (L_3 \cos \beta - L_5)^2}}{L_1(\sin \alpha' - \sin \alpha) + L_2(\sin \beta' - \sin \beta)} \tag{6.7}$$

其中，机构初始角度与连杆机构的关系为：

$$L_2 \cos \beta = L_1 \cos \alpha + L_0 \tag{6.8}$$

$$\Delta H_4 = L_1 \sin \alpha + L_2 \sin \beta \tag{6.9}$$

由激励位移引起的角度变化关系如下：

$$L_0 = L_2 \cos \beta' - L_1 \cos \alpha' \tag{6.10}$$

$$\Delta x = L_1(\sin \alpha' - \sin \alpha) + L_2(\sin \beta' - \sin \beta) \tag{6.11}$$

由式（6.7）~（6.11）可知，道路用行程放大机构空载行程放大倍率与机构各连杆长度及初始设计高度（即连杆初始夹角角度）有关，且结构行程放大倍率大于1，即当结构服役不失效状态下，道路用行程放大机构始终具备行程放大能力。

3. 对称型道路用行程放大机构

道路用行程放大机构非上下对称结构虽具备更高的放大倍数，但对剪式连杆销轴承力要求更高，不利于反复车辆荷载作用下的结构耐久性，应用经济效益低。因此，道路用行程放大机构宜采用完全对称结构，对称型道路用行程放大机构空载放大倍率及结构初始几何关系如下：

对称型道路用行程放大机构空载行程放大倍率为：

$$f_E = \frac{\Delta y}{\Delta x} = 1 + \frac{L_2(\sin\beta' - \sin\beta) + \sqrt{L_1^2 - (L_2\cos\beta' - L_0)^2} - \sqrt{L_1^2 - (L_2\cos\beta - L_0)^2}}{L_1(\sin\alpha' - \sin\alpha) + L_2(\sin\beta' - \sin\beta)}$$

（6.12）

机构初始角度与连杆机构的关系为：

$$L_2\cos\beta = L_1\cos\alpha + L_0 \tag{6.13}$$

$$\Delta H_4 = L_1\sin\alpha + L_2\sin\beta \tag{6.14}$$

激励位移引起的角度变化关系如下：

$$L_0 = L_2\cos\beta' - L_1\cos\alpha' \tag{6.15}$$

$$\Delta x = L_1(\sin\alpha' - \sin\alpha) + L_2(\sin\beta' - \sin\beta) \tag{6.16}$$

由式（6.12）可知，对称型道路用行程放大机构行程放大倍率与 L_0、L_1、L_2 长度及初始设计高度（即连杆初始夹角角度）有关，结构的完全对称赋予了其良好的承载均匀性，承载能力更高，更有利于提升道路行程和放大长期工作性能。且使加工及装配难度降低，工程应用经济性高。

6.3.3 基于响应面分析的行程放大机构参数优选

道路用行程放大机构行程放大性能与剪式连杆长度及初始角度相关，不同连杆长度及初始角度下行程放大机构行程放大性能不同，以行程放大倍率为评价指标，综合考虑装置内部空间及各连杆长度对放大性能的交互影响，优选符合道路应用要求的道路用行程放大机构参数。考虑到装置高度及各部件装配，道路用行程放大结构的初始高度不可高于 40 mm；剪式连杆固定销轴国标件直径不低于 3 mm，故连杆宽度亦不低于 3 mm，设计连杆宽度为 5 mm，设计连杆厚度为 2.5 mm，具体连杆结构参数范围如表 6.9 所示。

目前多采用理论分析、正交试验、响应面等寻求结构最佳参数,与前面两种方法相比,响应面分析方法能通过分析试验因素对评价指标的非线性影响来确定最佳或近似最佳参数,且具有试验次数少、试验区间可不连续等优点,适合各连杆长度参数的确定。因此基于响应面方法设计试验,采用 Design Expert 软件分析拟合响应面方差,响应面方差分析结果如表 6.10 所示。

表 6.9 连杆结构参数

结构参数	参数范围/mm	结构参数	参数范围/mm
L_0	10~15	L_2	15~25
L_1	10~15	ΔH_4	18~20

表 6.10 响应面方差分析

Source	Sum of square	df	Mean squares	F-value	P-value	significant
model	0.004 8	10	0.000 5	2.84	0.001 2	Significant
A-L0	0.000 3	1	0.000 3	1.48	0.238 1	—
B-L1	0.000 4	1	0.000 4	2.42	0.135 9	—
C-L2	0.000 6	1	0.000 6	3.54	0.075 3	—
D-H4	0.000 4	1	0.000 4	2.51	0.129 5	—
AB	0.000 7	1	0.000 7	3.52	0.064 4	—
AC	0.000 4	1	0.000 4	2.26	0.149 5	—
AD	0.000 5	1	0.000 5	3.20	0.089 7	—
BC	0.000 6	1	0.000 6	3.86	0.076 0	—
BD	0.000 4	1	0.000 4	2.47	0.132 5	—
CD	0.000 5	1	0.000 5	2.82	0.109 5	—
Residual	0.003 2	19	0.000 2	—	—	—
Lack of fit	0.002 9	14	0.000 2	3.57	0.083 5	Not significant
Pure error	0.000 3	5	0.000 1	—	—	—
Cor total	0.008 0	29	—	—	—	—

由表 6.10 可知,模型整体 P-value 与 0.001 接近,表示模型显著性良好,且矢拟项 P-value 大于 0.05,表明模型矢拟项不显著,试验误差小,可基于模型选取最佳连杆结构参数。模型 F-value 表明连杆各参数对机构放大倍数的影响程度,F-value 越大,表明该参数对机构放大倍数影响更大,即影响机构放大倍数的主次因素依次为:L_2、ΔH_4、L_1、L_0,因此,道路用行程放大机构参数设计时应重点考虑交叉连杆

长度 L_2 和连杆展开高度 ΔH_4。为进一步分析不同因素对机构放大倍数的综合影响，通过 Design Expert 11 绘制双因素交叉影响 2D 等高线和 3D 响应曲面，如图 6.16～图 6.21 所示。

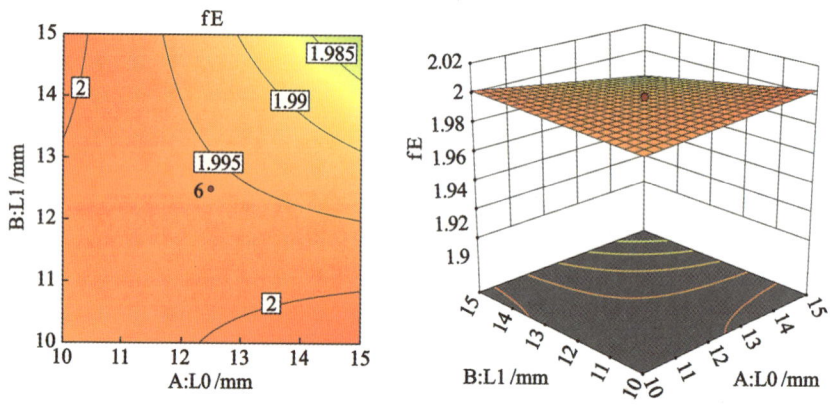

图 6.16　L_0/L_1 交叉影响 2D 等高线和 3D 相应曲面

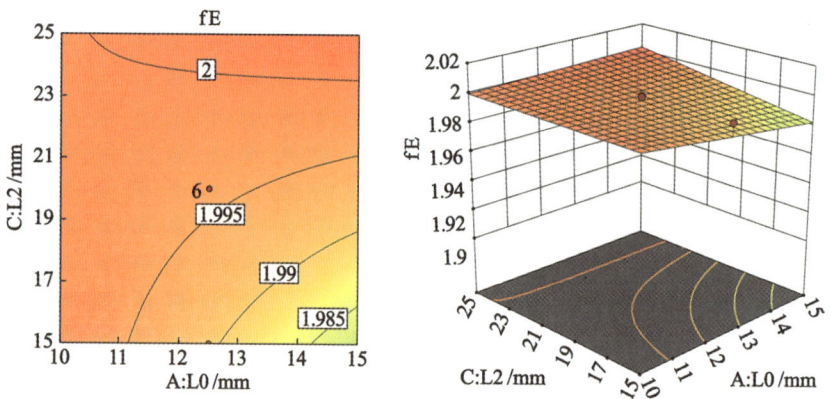

图 6.17　L_0/L_2 交叉影响 2D 等高线和 3D 相应曲面

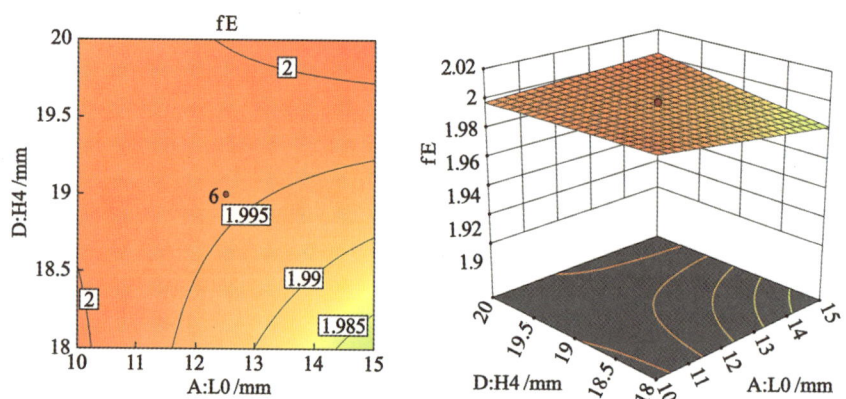

图 6.18　$L_0/\Delta H_4$ 交叉影响 2D 等高线和 3D 相应曲面

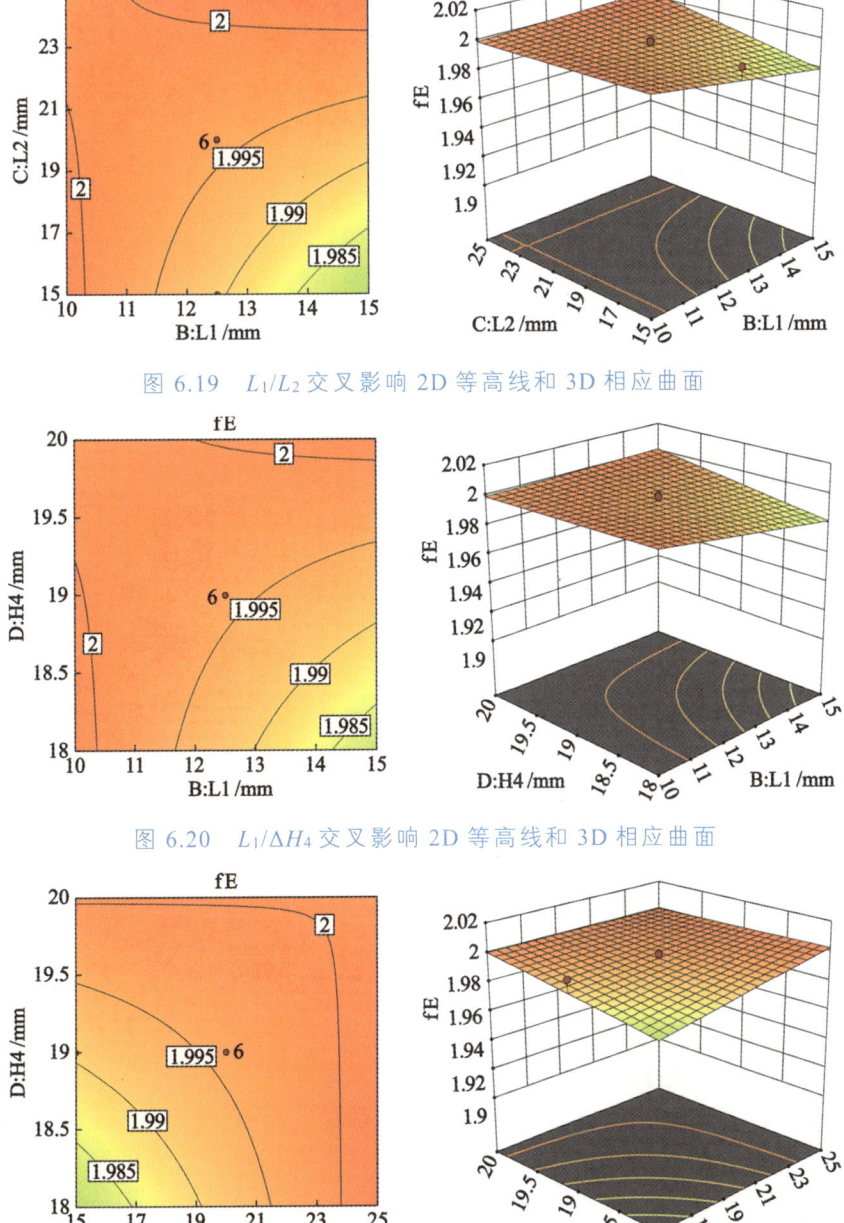

图 6.19 L_1/L_2 交叉影响 2D 等高线和 3D 相应曲面

图 6.20 $L_1/\Delta H_4$ 交叉影响 2D 等高线和 3D 相应曲面

图 6.21 $L_2/\Delta H_4$ 交叉影响 2D 等高线和 3D 相应曲面

响应面 2D 等高线表示两两因素对机构放大倍数的综合影响程度，曲线曲度越大、越接近椭圆形，表明两因素交互影响较大，越接近圆形，则表明两因素交互影响程度较弱。3D 响应面则立体化表示两因素对机构放大倍数的综合影响，面越陡峭，表明两因素交互影响更强，否则较弱。由图 6.16~图 6.21 的 2D 响应面可知，

L_0、L_1、L_2、ΔH_4两两之间均对机构放大倍数存在不同程度的交互影响,相比之下,$L_2/\Delta H_4$的 2D 等高曲面相对更曲,表明 $L_2/\Delta H_4$ 对机构放大倍数的综合交互影响更明显,这与表 6.10 方差分析结果保持一致。

根据 6.2 节压电发电装置内部优化分析可知,道路用行程放大机构行程放大倍数不宜低于 2,结合图 6.16~图 6.21 结果,为使机构放大数值更大、更加贴近曲面中心,L_0 数值宜偏小、L_1 数值宜偏小、L_2 数值宜偏大、ΔH_4 数值宜偏大,综合考虑装配空间最终优选连杆参数为:L_0=10.5 mm、L_1=11.5 mm、L_2=19.5 mm、ΔH_4=19 mm。需要指出的是,上述尺寸均为连杆中心距离,道路用行程放大机构加工参数如表 6.11 所示。

表 6.11 道路用行程放大机构参数

加工参数							结构图示
$2L_0$/mm	$2L_1$/mm	$2L_2$/mm	宽度/mm	厚度/mm	机构高度/mm	行程放大设计倍数	
28(中心线间距为21)	17.5(中心线间距为11.5)	45(中心线间距为19.5)	6	2.5	40	2	

6.3.4 道路用行程放大机构空间布设方式比选

道路用行程放大机构激励位移放大功效与机构空间布设方式密切相关,故有必要对比优选最佳空间布设方式。综合考虑装置内部空间限制、压电换能器协同振动、装配经济性等因素提出如下两种行程放大机构空间布设方案。

1. 与激励结构一体式空间布设

压电发电装置内部装设有两组压电换能器激励结构,每组激励结构横跨两个压电换能模块。与激励结构一体式布设方案是将道路用行程放大机构集成至每个激励结构正上方,如图 6.22 所示。该布设方案无须多余紧固机械结构便可实现放大机构的装置内部装配,且机构均匀布设至装置四周,能够充分将上盖板传递的激励位移放大后传递至激励结构,协同振动性能及承力均匀性能更优。此外,道路用行程放大机构在道路荷载反复作用下中会不可避免地产生结构劳损甚至机构失效,需要同道路压电发电装置一起定期检测维修及更换。该空间布设方案能及时拆卸损坏的机械结构,维修工期短,维修成本低。另一方面,为使行程放大机构具备一致变形放大效果及放大响应灵敏度,压电发电装置上盖板需具备优良的结构平整度,若上盖板表面不平,会导致输出位移不一致进而影响压电换能器发电效果;同时,与激励结构一体式空间布设要求压电换能器激励结构上空预留一定的装配高度,即装置高度需略高于常规压电发电装置高度，实际铺设时路面开挖深度略高于典型装置开槽深度，不利于路面的长期服役。

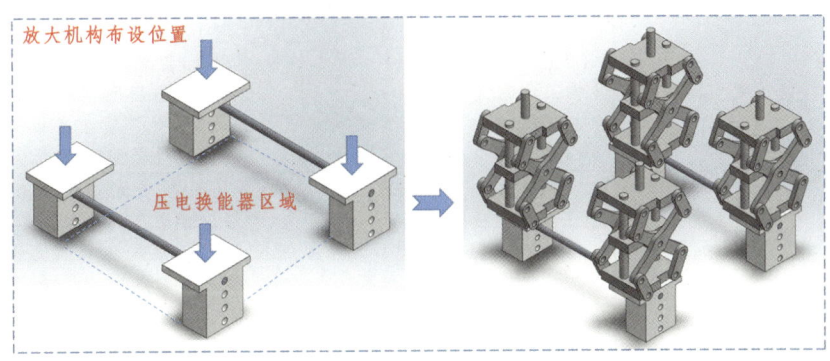

图 6.22　与激励结构一体式空间布设示意效果图

2. 与激励结构同侧跨中式空间布设

与激励结构同侧跨中式空间布设方案是将道路用行程放大机构依托机械结构装设至同侧压电换能器激励结构中部，即在装置内部布设两只行程放大机构，布设方案示意图如图 6.23 所示。该方案需要增设紧固机械机构将道路用行程放大机构装设至同侧激励结构中间，在一定程度上能够降低压电发电装置整体高度，减小装置路面埋设所需的开挖深度，有利于路面结构层长期工作耐久性；同时，装置内部所需行程放大机构仅为两个，装置装配较为便捷，维修替换经济性较高。另一方面，行程放大结构装设至侧边中部时，机构结构宽度受限于中部夹持构件与侧板之间的间距。行程放大机构宽度的增加有利于其自身结构的加工装配，但要求中部夹持构件与侧板预留间距加大，即压电发电装置平面尺寸将高于常规；且该方案需带动同侧两个激励结构协同振动，放大机构承力更大，对连杆力学性能要求也更为严苛。

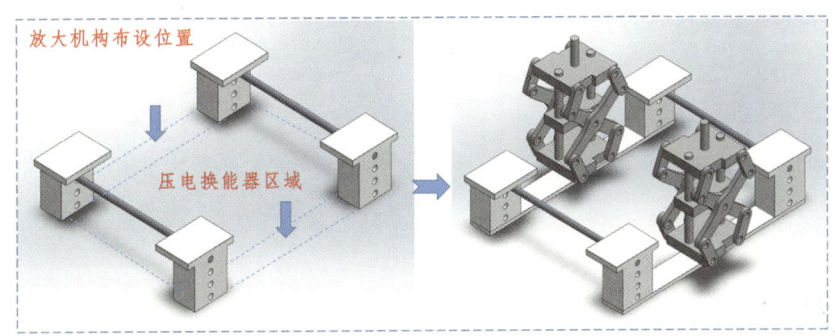

图 6.23　与激励结构跨中式空间布设示意效果图

3. 空间布设方式优选

为了进一步明确道路用行程放大机构最佳装置内部空间布设方式，全面对比上述两种布设方案优缺点，结果如表 6.12 所示。

表 6.12 道路用行程放大机构空间布设方式优选

空间布设方式	优点	缺点
与激励结构一体式空间布设	（1）优良协同振动性 （2）单个机构受力小、承力均匀，结构工作耐久更优 （3）机构响应灵敏度高 （4）装配简单、维修方便	（1）装配数量多 （2）装置高度略高于常规，路面结构损伤程度相对较高 （3）对装置上盖板平整性及作动稳定性要求更高
与激励结构跨中式空间布设	（1）装设经济性高 （2）装置高度低、现场开槽深度较小，路面结构损伤相对较小 （3）与激励结构协同振动性更好	（1）机构受力水平更高，结构长期工作耐久性不足 （2）激励位移放大传递效果不稳定，影响发电效果 （3）行程放大机构结构宽度受限，装配精度要求严苛

分析表 6.12 可知，与激励结构一体式空间布设方案结构承力高且传力均匀，机构响应灵敏度更高，更适宜于道路交通反复碾压应用工况。且机构无须第三方紧固机械结构便可装配至装置，装配优势明显。该方式虽在一定程度上增加了装置高度，不利于道路结构完整性，但这种影响在一定程度上可通过及时养护道路结构予以缓解。综合装置发电稳定性及工作耐久性，优选与激励结构一体式空间布设方案为道路用行程放大机构空间布设方案，装置整体装配图如图 6.24 所示。

（a）装置正视图

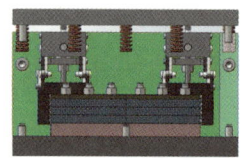

（b）装置侧视图

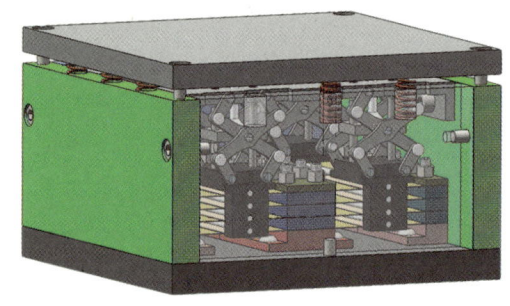

（c）装置等轴测图

图 6.24 压电发电装置装配图

6.4 道路压电发电装置结构加工及装配设计

压电发电装置高效的电学输出需要封装结构、夹持部件及行程放大机构等结构紧密装配，本节基于各部件功能选择合理的装配方法，通过良好的结构精度保障增程型压电发电装置整体的发电优势。

6.4.1 压电发电装置结构加工

1. 封装板及夹持件

压电发电装置外部封装板及内部换能器夹持件精确加工是保证装置高效工作的前提，为确保其加工尺寸及精度符合设计要求，封装板及夹持件均采用 VMC860 数控 CNC 加工中心均匀夹持后精确加工，铣削精度为 0.01 mm。同时，为避免毛料在铣削过程中受温度及应力影响而损失结构平整度，封装板及夹持件均采用 8 mm 铣刀以 0.05 mm 吃刀深度精密铣削，铣削过程均喷洒水溶性冷却液。

图 6.25 数控 CNC 加工中心

图 6.26 上盖板精密雕刻防滑槽

2. 行程放大机构

道路交通循环荷载传递至装置内部行程放大机构后将转变为连杆结构压缩、拉伸及弯曲等交变应力，不仅要求连杆加工材料轻质高强、大刚度、高韧性，各连杆加工精度应更高，以保证机构反复作动的精度及稳定性。在明确行程放大机构应用工况的前提下对其材料和加工工艺分析如下。

1）行程放大机构材料

为保证行程放大机构反复作动精度及稳定性，降低行程放大机构自身变形导致的激励位移损失，提升结构输出刚度，道路用行程放大机构宜采用大刚度材料，现阶段国内外各研究单位及市面上采用的典型连杆加工材料如表 6.13 所示。

表 6.13 连杆加工材料参数

序号	材料类型	密度/（kg/m³）	屈服强度/MPa	冲击韧性/（J/cm²）	价格/（元/吨）
1	40Cr	7 460	785	56	5 600
2	35CrMo	7 850	835	63	6 000
3	C70S6	7 850	543	7.7	7 000
4	40Mn	7 900	355	59	6 500
5	42CrMo	7 900	930	78	6 900

由表 6.13 可知，现阶段连杆机构多采用合金钢材铸造，鉴于道路用行程放大机构在实际应用工况下需要反复承受车辆荷载冲击作用，机构加工材料的屈服强度及冲击韧性越高，越有利于结构在车辆高频大荷载冲击时的工作稳定性。道路用行程放大机构依托一定承载结构装配于压电发电装置内部，承载结构需同时承受机构自重及激励荷载综合作用，优选轻质材料加工机构有利于机构装配及缓解承载结构应力集中。同时，道路用行程放大机构在车辆荷载循环作用后结构磨损将不可避免地降低机构放大性能，优选成本较低的加工材料将提升道路用行程放大机构应用的经济性。综上所述，采用 40Cr 合金钢为道路用行程放大机构加工材料最佳，其材料力学参数如表 6.14 所示。

表 6.14　40Cr 合金钢力学参数

材料名称	弹性模量/GPa	泊松比	疲劳强度/MPa
40Cr	200	0.3	443

2）行程放大机构加工

行程放大机构是装置内部极为精密的位移放大传递部件，结构尺寸误差不得高于 0.005 mm。同时，考虑到行程放大机构各部件外形材质硬且部分部件带有弧曲面，故先通过 GZ4233 数控锯床切割毛料至规定形状，后采用便于装夹、加工高效、精密度更高的 XF450 数控中走丝线切割机床（精度不低于 0.005 mm）加工机构各部件，最大程度地降低结构加工误差导致的激励位移传递损失，保障放大机构位移放大功效。

图 6.27　数控中走丝线切割机床　　图 6.28　连杆加工　　图 6.29　结构钻孔

6.4.2　压电发电装置装配方案

1. 装配要点

压电发电装置各部件均采用符合设计精度要求的加工方式，但加工误差的客观存在致使不同零件的精密尺寸并非完全一致，各部件存在 ±0.005 mm 的加工误差。

而压电发电装置高效发电的前提在于内部压电换能模块中间部位同时受位移激励结构作用后协同作动,若各换能器激励点位不一致,则难以最大化发挥换能器发电能力,不利于装置整体发电效果。因此,压电发电装置在装配过程中应重视两个关键要点:① 装配前应采用一段时间静力轻压压电换能器金属基板,确保结构平整;② 精准装设压电换能器,按照预留卡位及夹持固定孔分层对齐安装,通过平直条对齐非固定边轻拧螺母固定;③ 装设完位移激励结构后,通过正视面方向垂直观察位移激励结构侧面与压电换能器陶瓷面的对齐情况,反复调整压电换能器夹持位置直至所有激励点位处于压电换能器中部。

2. 装配流程

① 夹持件与压电换能器装配:装置内部设有五层夹持件,依托双头螺柱将四层压电换能器装卡在压电发电装置底板上,装配时从下至上依次按照夹持件-压电换能器-夹持件的步骤装设,装设过程中压电换能器两固定端须与夹持件预留卡槽对齐贴紧,待一组压电换能模块(四只压电换能器)装设完成后,采用平直条对齐压电换能器非夹持端面;② 底板与左右侧板装配:待四组压电换能模块安装至底板后,将左右侧板通过沉头螺柱紧密安装于底板,安装过程确保侧板外侧面端部与底板平齐;③ 行程放大机构装配:行程放大机构活动灵敏,装配时需将左右侧板正视面垂直放置后安装行程放大机构,将行程放大机构横梁与左右侧板内部预留安装孔对齐后旋紧固定螺柱。两组行程放大机构装设完后水平放置整体结构,在行程放大机构底部放置平直条保证激励结构高度一致,之后从下至上依次穿插压电换能器激励杆;④ 前后侧板及上盖板装配:行程放大机构装设后装置内部作动部件装配完成,之后将前后侧板放置至相应缺口处拧紧固定螺栓,在侧板顶部预留孔安装复位弹簧后对其上盖板弹簧夹持预留孔,安装上盖板紧固螺栓和行程放大机构传力杆后即完成装置装配。

图 6.30 压电发电装置装配

6.5 本章小结

本章设计了兼顾高效电学输出及道路耦合的压电发电装置结构及尺寸,引入了行程放大理念,设计了道路用行程放大机构结构,确定了行程放大机构参数,开发了符合道路变形激励、具备高效行程放大功效的悬臂梁式道路压电发电装置。

（1）基于刚性约束悬臂梁式压电换能器作动特征设计了兼顾高效电学输出及道路耦合的压电发电装置总体结构，基于道路行车特征及偏压工况盖板下沉特性确定了横向尺寸为 180 mm，基于全压工况盖板屈曲稳定性确定了纵向尺寸为 180 mm。

（2）分析确定了压电发电装置内部优化途径，设计了匹配道路激励特征和压电换能模块协同作动的道路行程放大机构结构，基于推导的行程放大理论和响应面方法确定了装置内部与激励结构一体式最佳空间布设方式，设计放大倍数为 2.0。

（3）确定了符合设计及精度要求的压电发电装置各部件加工工艺，明确了压电发电装置装配要点及流程，开发了符合道路变形激励、具备高效行程放大功效的悬臂梁式压电发电装置。

第 7 章　从动式悬臂梁压电发电装置电学输出特性研究

道路压电发电装置良好的发电能力是道路压电发电技术实际应用的重要前提,实际工况中道路压电发电装置面临的道路交通条件和应用环境复杂,表现出的电学输出性能及工作耐久性存有差异,与之对应的应用场景和用途亦有区别。为验证提出的道路压电发电装置增程方法在不同工况下的性能优势,本章借助试验测试平台系统探明道路压电发电装置在不同工况中的电学输出特性,评价其电学耐久性和力学耐久性,为道路压电发电技术的实际应用提供参考。

7.1 道路压电发电装置电学性能研究

为验证基于行程放大机构设计的增程型道路压电发电装置电学优势,本节系统测试压电发电装置在不同交通条件下的端值电压、输出功率和输出能量,并观察其外接发光板后的实际供能效果。

7.1.1 压电发电装置试验测试方案

1. 试验测试参数

压电发电装置电学输出性能外部影响因素为激励位移和作动频率,激励位移需与应用工况中的路面变形相协调,而作动频率则与运行车辆的行驶速度、轴距等因素相关。为使测评结果更能反映压电发电装置在实际道路应用中的电学输出特性,全面调查典型路面变形特征如表 7.1 所示,优选实际工况压电发电装置试验参数。

表 7.1　交通条件下典型路面结构变形

序号	道路碾压荷载/kN	路面结构	变形量/mm
1	30	4 cm SMA13 - 6 cm AC16C - 8 cm ATB25	0.461
2	50	4 cm SMA13 - 6 cm AC20 - 8 cm AC25	0.251
3	50	4 cm SMA13 - 5 cm AC20 - 6 cm AC25	0.169
4	82.5	4 cm AK13 - 11 cm AC20 - 25	0.642
5	50	2.5 cm UTAC10 - 5 cm SAC25	0.491
6	50	4 cm AC - 6 cm AC - 6 cm AC	0.331

由表7.1可知，车辆荷载作用下典型路面结构变形量集中在0.2~0.7mm，故设置0.2 mm、0.4 mm、0.6 mm、0.7 mm为压电发电装置位移激励条件以代表不同工况路面变形情况。常规道路车辆碾压频率因车型差异略有不同，其中小型车辆碾压频率集中在3~12 Hz之间，而载货车辆及道路养护车辆主要集中在3~9 Hz之间。为使压电发电装置测试频率兼顾不同车辆车型碾压频率，设置3 Hz、5 Hz、8 Hz、10 Hz、12 Hz为位移激励频率，测评压电换能器电学输出性能。需要指出的是，道路压电发电装置嵌入路面结构应用时，车辆轮胎靠近-碾压-离开装置区域过程中，路面结构振动及装置作动为半正弦振动过程，即上述激励位移和作动频率均为半波正弦过程。

2. 试验测试系统

采用落地式 MTS 伺服液压测试系统为压电发电装置施加半正弦道路激励位移和作动频率，通过数字示波器实时捕获读取装置在不同负载阻值下的电信号，压电发电装置电学试验测试系统如图 7.1 所示。

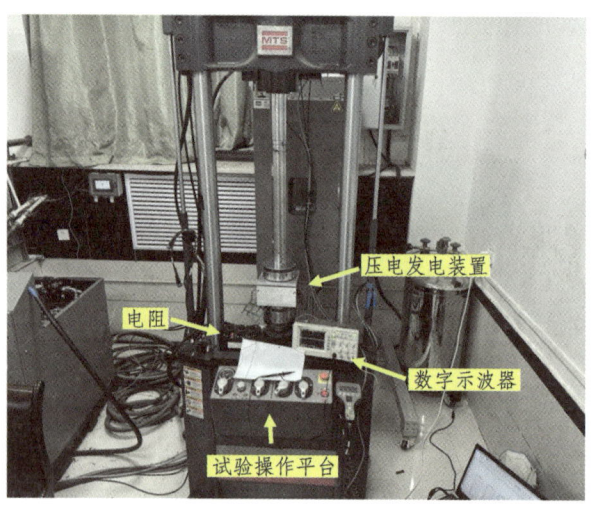

图 7.1　压电发电装置电学试验测试系统

7.1.2　压电发电装置电压输出特性研究

1. 端值电压

端值电压是反映压电发电装置对外供电能力的重要指标，其物理含义为外接道路设施用电设备的分压值。由电学相关理论可知，压电发电装置一般简化为"电压源-内阻-电容"串联的电学模型，道路设施用电设备串联接入后分压内阻电压值，用电设施阻值越大则分压越大。当用电设施阻值远超压电发电装置内阻时，闭合回路将变为电学开路，端值电压也无限接近压电发电装置电压源电压（开路电压）。为明确压电发电装置在不同作动条件下的电学输出变化规律，以不同阻值电阻代替道路设施用电设备与压电发电装置电学串联相接，测试压电发电装置在不同负载阻值的端值电压，测试结果如图 7.2 所示。

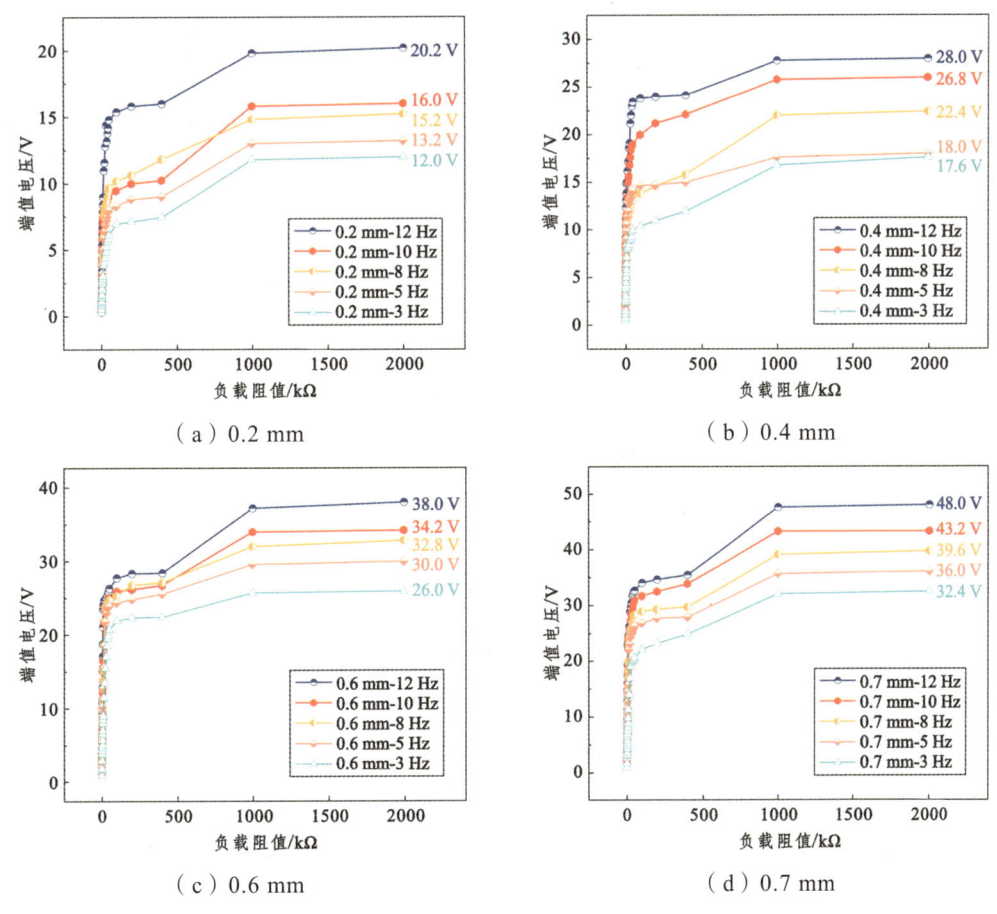

图 7.2 不同加载条件下压电发电装置端值电压

由图 7.2 可知，压电发电装置在不同测试条件下的端值电压不同，整体上端值电压随着负载阻值增加呈现出先急剧增加后趋于平缓的变化规律，最终接近压电发电装置开路电压，说明不同测试条件下压电发电装置电学的输出特性类似。

压电发电装置在不同激励位移和作动频率下的电学输出效果不同。在同一激励位移条件下，压电发电装置端值电压随作动频率增加而增加，如装置在 0.7 mm 激励位移，3 Hz、5 Hz、8 Hz、10 Hz、12 Hz 作动频率在 2 000 kΩ 的端值电压依次为 32.4 V、36 V、39.6 V、43.2 V、48 V，分别提升 11.11%、9.09%、10%、12%，说明压电发电装置在道路高频应用环境的电学性能更优，能量采集规划应用时应重点考虑高速车道铺设。

同一作动频率下，压电发电装置电学输出随位移激励水平增加而增加，如装置在 12 Hz 作动频率，0.2 mm、0.4 mm、0.6 mm、0.7 mm 在 2 000 kΩ 的端值电压依次为

20.2 V、28 V、38 V、48 V，依次提升 38.61%、35.71%、26.32%，表明压电发电装置在较高位移激励条件下可发挥更优的电学输出效果。同时可看出，增加激励位移所获得的压电发电装置电学性能提升幅度较增加作动频率更高，约是其 2~3.5 倍，原因可能为增加激励位移较大幅度改变压电材料应力水平，提升压电材料面电荷密度，进而较大幅度提升发电效果。而提升作动频率虽使得内部换能器振动频率与压电基材谐振频率差距降低，但提升后的作动频率仍为低频振动范畴，对压电材料受力状态的影响较增加位移时产生的效果更小，故电学提升幅度较低。

综上所述，压电发电装置激励位移及作动频率不同程度地影响了其电学输出性能，在保证压电发电装置工作耐久性的前提下，较大激励位移、高频作动环境能使装置获得更好的发电效果。

2. 匹配电压

匹配电压是指压电发电装置在某一测试条件下最大输出功率对应电阻的端值电压，对应的电阻阻值称为匹配阻值。鉴于压电发电装置在测试条件下存在唯一最大输出功率，而道路设施用电设备额定电压和阻值多不相同，当用电设备端值电压或内阻处于匹配电压或电阻附近时压电发电装置可更加高效地对外输出电能，因此探明不同条件下压电发电装置匹配阻值、匹配电压对于选择应用环境中的道路设施用电设备具有重要指导作用，是交通能源产储配用一体化的重要一环。压电发电装置在不同测试条件下的匹配阻值和匹配电压如图 7.3 和图 7.4 所示。

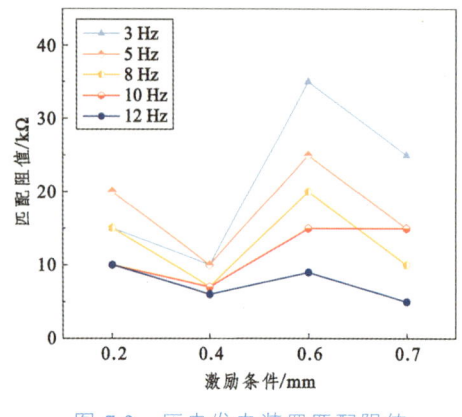

图 7.3 压电发电装置匹配阻值

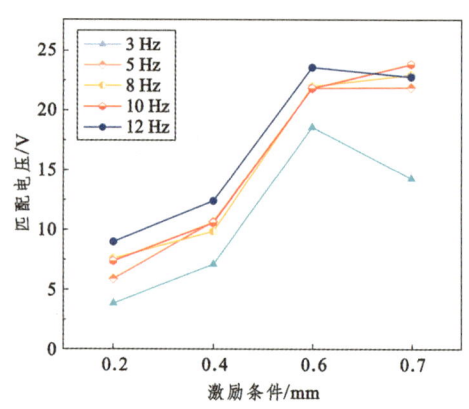

图 7.4 压电发电装置匹配电压

由图 7.3 可知，压电发电装置匹配阻值跟测试条件相关，同一激励位移下，作动频率越高，装置匹配阻值整体上越低。同一作动频率下，不同激励位移对应装置的匹配阻值存有波动，但此波动幅度随作动频率增加有所减缓，如 12 Hz 作动频率对应装置匹配阻值处于 5~10 kΩ 范围内，波动幅度为 5 kΩ，仅为 3 Hz 匹配阻值波动幅度的 1/5，说明高频作动环境下负载阻值更加稳定，压电发电装置应用于高速车道更有利于压电发电装置电学稳定输出。

由图 7.4 可知,压电发电装置匹配电压同样受测试条件影响,在同一激励位移下,压电发电装置匹配电压随作动频率增加而升高,而在同一作动频率下,激励位移增大同样使得压电发电装置匹配电压增加,且频率越高,匹配电压也更高,12 Hz 振动频率匹配电压达 23.6 V。说明压电发电装置在道路高频环境中应用可以匹配较高额定电压的道路设施用电设备。

综上所述,压电发电装置匹配阻值、匹配电压与测试条件(应用环境)密切相关,装置在道路高频应用环境匹配阻值范围更加集中,匹配电压较高,可以保障较高额定电压道路设施用电设备的用电需求。

7.1.3　压电发电装置功率输出特性研究

1. 输出功率

输出功率是表征压电发电装置向道路设施用电设备电能供给量的指标,其物理含义为单位时间供给电能的数量。鉴于压电发电装置电学试验测试过程中,数字示波器仅能够捕获电压信号值,因此根据电学理论公式 $P=U^2/R$ 将电压信号值转化为不同测试条件下负载阻值的输出功率,以探明压电发电装置功率输出特性。压电发电装置在不同测试条件下的输出功率如图 7.5 所示。

由图 7.5 可知,压电发电装置在不同测试条件下的输出功率变化规律一致,即随着负载阻值增加,输出功率先急剧增加后平稳减小,在某一负载阻值处达到最大值,该负载阻值称为最佳负载阻值(匹配阻值)。观察任一测试条件压电发电装置输出功率可知,在同一作动频率下,装置输出功率随激励位移的增加而增加,如 12 Hz 激励频率下,0.2 mm、0.4 mm、0.6 mm、0.7 mm 激励位移对应装置的最大输出功率依次为 8.10 mW、25.71 mW、61.88 mW、103.96 mW,输出功率随激励位移增加依次提升 17.61 mW(217.41%)、36.17 mW(140.68%)、42.08 mW(68%),功率提升效果明显。

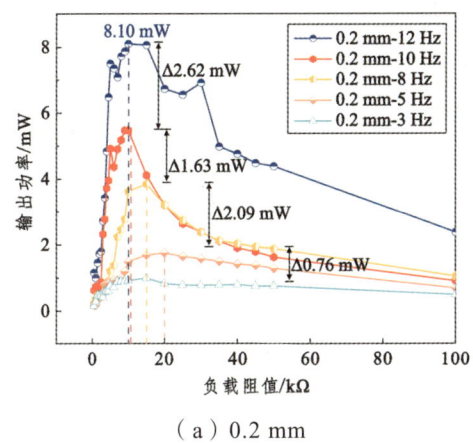

(a) 0.2 mm

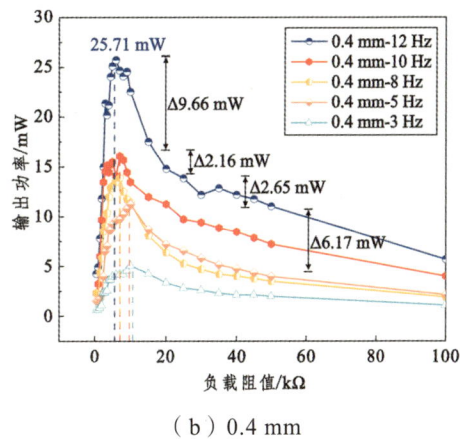

(b) 0.4 mm

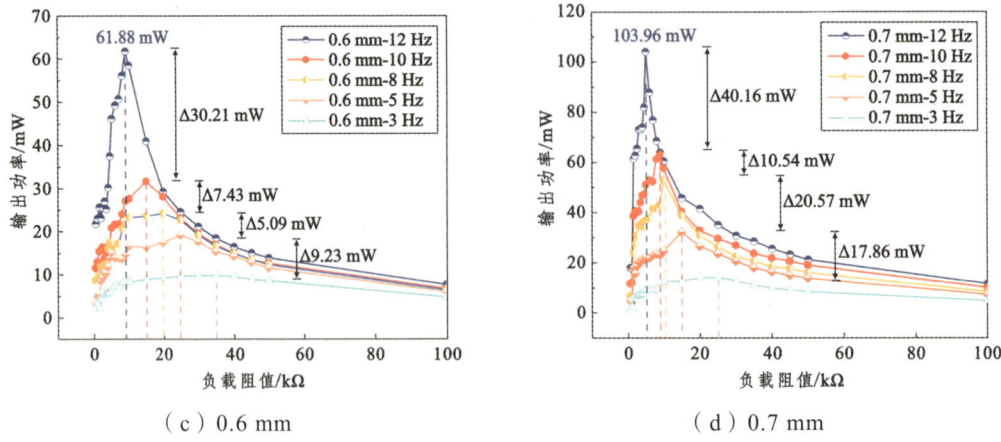

（c）0.6 mm

（d）0.7 mm

图 7.5　不同加载条件下压电发电装置输出功率

而在同一激励位移下，压电发电装置输出功率随作动频率的增加而增加，且作动频率越高，压电发电装置最佳负载阻值越低，如在 0.7 mm 激励位移下，3 Hz、5 Hz、8 Hz、10 Hz、12 Hz 作动频率对应装置的最大输出功率依次为 14.29 mW（25 kΩ）、32.15 mW（15 kΩ）、52.72 mW（10 kΩ）、63.26 mW（9 kΩ）、103.96 mW（5 kΩ），提升幅度依次为 17.86 mW（124.98%）、20.57 mW（63.98%）、10.54 mW（19.99%）、40.16 mW（64.35%）。同时不难看出，增加作动频率产生的输出功率提升效果劣于激励位移提升产生的输出功率提升效果，故压电发电装置应用时应在保证激励位移的基础上，选择道路高频作动环境应用。

2. 功率密度

功率密度是指压电发电装置单位面积（或体积）的输出功率，是反映其工作效能的重要指标，在一定程度上也代表内部压电陶瓷材料利用率，较高功率密度意味着压电发电装置具备更高材料利用率及电学工作效能。因此，计算压电发电装置在不同测试条件下的功率密度，以评价其电学输出性能，结果如图 7.6 所示。

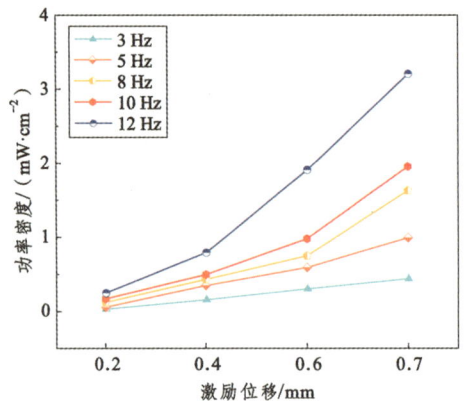

图 7.6　压电发电装置功率密度

由图 7.6 可知，在同一作动频率下，压电发电装置功率密度随激励位移增加而增加，且频率越高，功率密度提升效果更明显，如 3 Hz 作动频率下，压电发电装置在 0.2~0.7 mm 激励位移对应的功率密度为 0.03~0.44 mW/cm^2，增幅为 0.41 mW/cm^2（1 338%）。而在 12 Hz 作动频率下，装置功率密度为 0.25~3.21 mW/cm^2，提升达 2.96 mW/cm^2（1 184%），是前者功率密度增幅的 7.2 倍，说明压电发电装置应用于较高激励位移、高频作动道路工况可更大程度提升压电材料利用率，更加高效输出电能。在同一激励位移下，压电发电装置功率密度随作动频率增加而增加，但低于增加激励位移产生的功率密度提升效果，这一结论与输出功率特性分析保持一致。

7.1.4 压电发电装置能量输出特性研究

1. 输出能量

电压、功率和功率密度等电学指标在一定程度上体现压电发电装置电学输出性能，但难以直观反映外部道路设施用电设备的耗散能量。因此，可基于前期试验结果计算压电发电装置的输出能量，以进一步分析评价其电学输出性能。

目前，道路压电换能器或压电发电装置基于"功率-时间"曲线积分法计算，即将波形图转化为"功率-时间"波形后积分获得时间区域输出能量。选择不同条件下压电发电装置供给于最佳负载的能量，积分时间统一选择 1.2 s。输出能量计算结果如图 7.7 所示。

由图 7.7 可知，压电发电装置在不同测试条件输出能量呈现一致的变化规律。在同一激励位移下，输出能量均随压电发电装置作动频率升高而增加，0.7 mm 激励位移对应的能量输出效果较其他条件更高，3~12 Hz 作动频率对应的装置输出能量依次为 17.68~99.95 mJ。同一作动频率下，输出能量随压电发电装置激励位移增加而增大，且频率越高，能量输出效果越显著，如装置在 12 Hz 作动频率下各激励位移对应装置输出能量依次为 7.2~99.95 mJ，产生的能量可供一只典型 LED 指示灯珠持续发光 0.18 s、1.2 s、1.99 s、2.5 s，能量输出效果良好，在道路特殊路段照明、警示或道路线型方向诱导等方面具备显著应用前景。

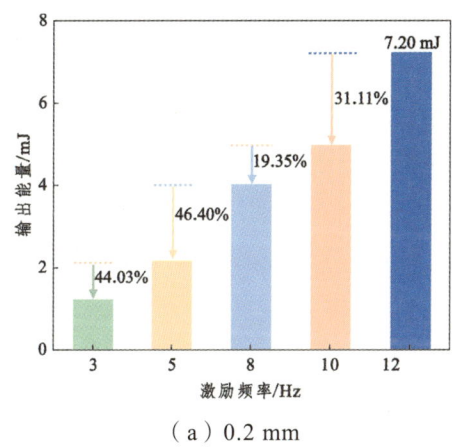

（a）0.2 mm

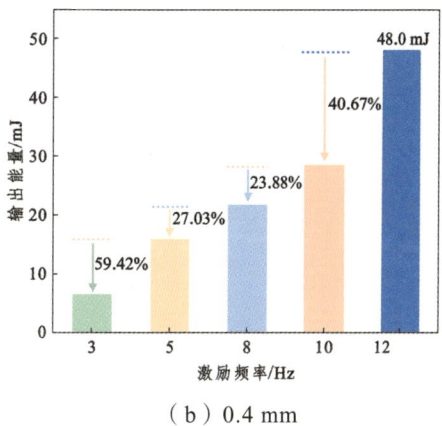

（b）0.4 mm

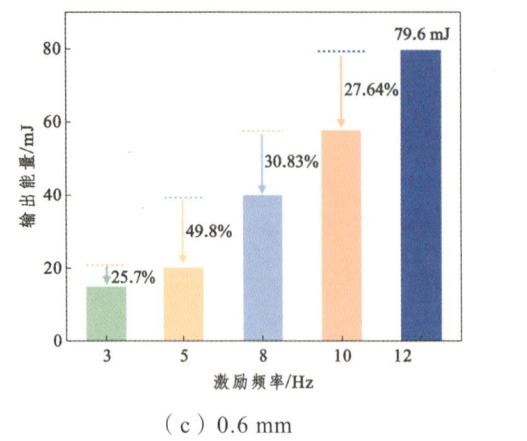
（c）0.6 mm

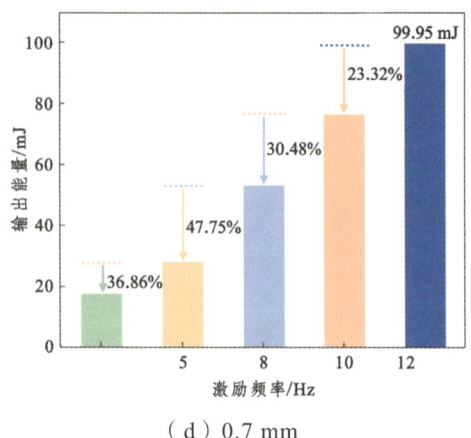
（d）0.7 mm

图 7.7　不同加载条件下压电发电装置输出能量

2. 供能效果

为进一步探明压电发电装置能量输出特性，直观反映其供能效果，将发光灯牌与压电发电装置串联，观测其发光效果，验证压电发电装置供能效果。供能效果试验测试及发光板点亮效果如图 7.8 所示。

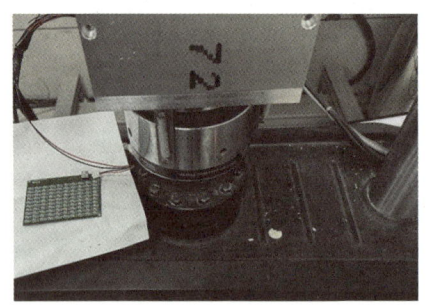
（a）供能效果试验

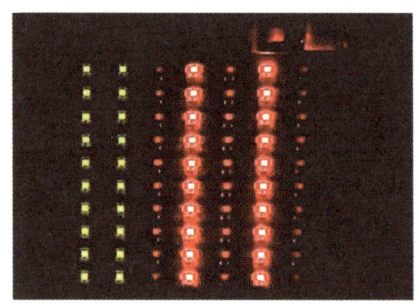
（b）发光板点亮效果

图 7.8　压电发电装置供能效果测试

图 7.8（a）所连接的发电板焊有白蓝黄红四种不同压降 LED 指示灯，压电发电装置可轻松点亮共计 40 只的黄红色 LED 灯，灯珠发光稳定，亮度充足，且实际道路铺设时采用多个装置并联应用，可点亮更多数量的指示灯牌或灯珠，在道路特殊路段照明、车辆预警或道路线型方向诱导等场景的应用潜力巨大。

7.2　道路压电发电装置工作耐久性评价

压电发电装置埋于路面中需承受车辆反复碾压，其工作耐久性影响实际应用工况的换能效果。本节通过 MTS 伺服液压测试系统施加循环作动位移，测试其电学和力学变化情况，评价压电发电装置的工作耐久性。为使得试验结果更加反映压电发电装置在实际道路碾压工况中的工作耐久性，在充分考虑道路最不利碾压情形及电学性能试验的基础上，选取 0.7 mm-12 Hz 作为测试条件，参照 7.1.3 节电学试验结果连接 5 kΩ 外接负载阻值，测试评价压电发电装置在 100 000 次最不利作动条件的工作耐久性，包括电学耐久和力学耐久。

7.2.1 压电发电装置电学耐久性

压电发电装置的开路电压及端值电压作为电学指标，测试每 10 000 次循环作动次数对应开路电压及端值电压值，并存取相应电压波形并按照 7.1.4 节所述方法计算输出能量，测试计算结果如图 7.9 所示。

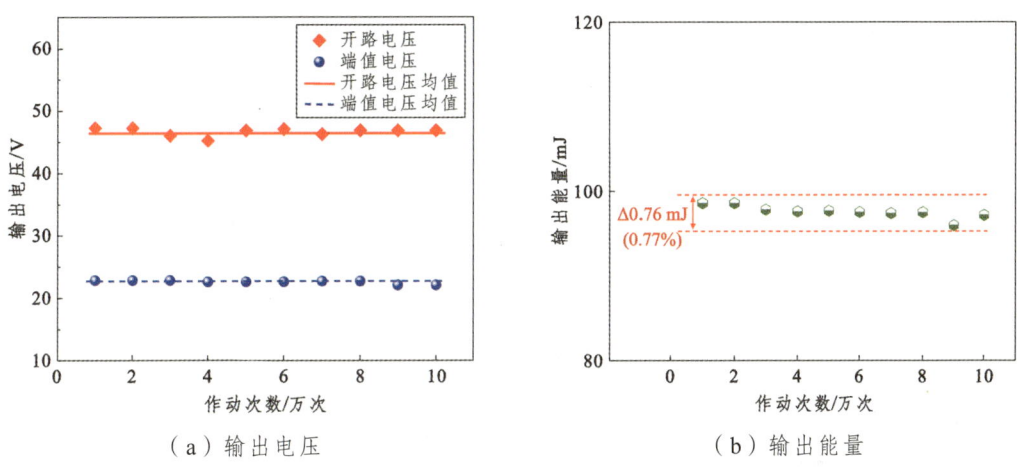

（a）输出电压　　　　　　　　　（b）输出能量

图 7.9　压电发电装置电学耐久性测试

由图 7.9 可知，压电发电装置在最不利循环作动作用下的电学输出指标稳定，其开路电压及端值电压在 100 000 次循环作动后的变化幅度为 2 V、0.76 V，变化率仅为 4.23%和 3.33%。而压电发电装置在 100 000 次循环作动后的输出能量变化幅度仅为 0.76 mJ，变化率不及 1%，说明压电发电装置长期工作状态下的供能稳定性高，应用工况中的电学耐久性良好。需要指出的是，压电发电装置在测试过程中电学指标出现的微小波动现象，可能是与装置放置位置存在偏差、数字示波器捕获波形误差等原因导致，为正常试验误差。

7.2.2 压电发电装置力学耐久性

压电发电装置力学耐久性包含受压作动耐久性和行程放大耐久性两个方面。其中，受压作动耐久性是指压电发电装置在循环振动过程的作动稳定性，道路激励位移主要通过装置作动将其平稳传递至内部压电换能器，具备长期循环作动稳定性是保障压电发电装置稳定高效发电的前提。行程放大耐久性是指装置内部行程放大机构在反复行程放大过程中具备稳定的行程放大倍率，装置初始激励位移经道路用行程放大机构放大后传递至压电换能器表面，行程放大机构在作动过程中是否具备稳定放大倍率将直接影响装置的实际应用效果。

因此，可借助 MTS 精密位移感知系统测绘压电发电装置在循环作动中的作动变形量，通过MTS 行程微控系统配合数显游标卡尺测算行程放大机构在 0.7 mm 激励位移时的放大倍率，以评价装置得力学耐久性，结果如图 7.10 和图 7.11 所示。

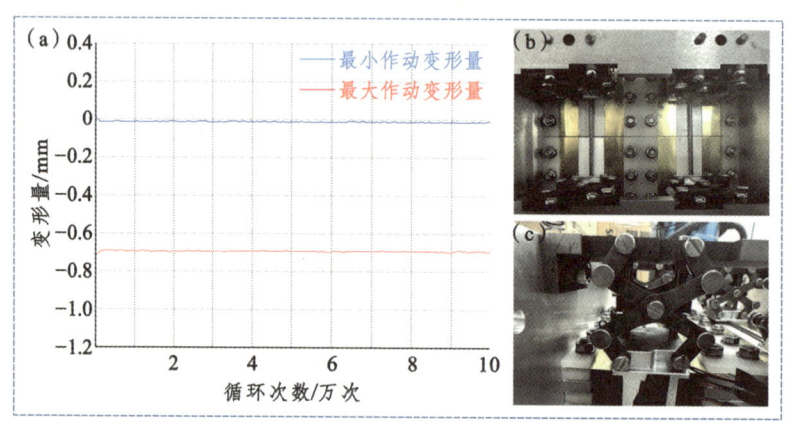

（a）作动变形量　（b）压电换能器表面状态　（c）行程放大机构表面状态

图 7.10　压电发电装置受压作动耐久性测试

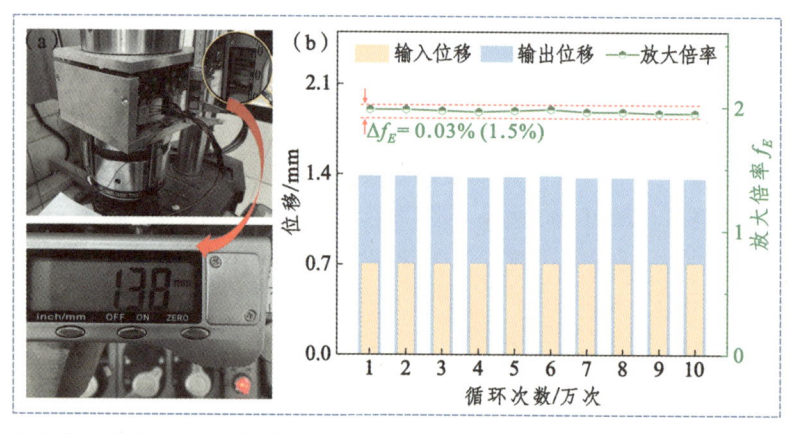

（a）行程放大机构放大倍率测试　　　　　（b）行程放大倍率

图 7.11　压电发电装置行程放大耐久性测试

由图 7.10 可知，压电发电装置在十万次循环作动过程中振动稳定，装置作动变形量在 0.7 mm 附近仅轻微波动，说明压电发电装置能够在实际应用环境中平稳受压及复位。同时，观察图 7.10（b）和图 7.10（c）可知，装置内部压电换能器在十万次循环作动后表面平整，压电陶瓷未出现微裂纹或者崩裂破坏。装置行程放大机构结构完整，运动副未出现明显磨损破坏，说明压电发电装置具备较好的长期受压作动耐久性。由图 7.11 可知，压电发电装置内部行程放大机构在十万次循环作动过程中的行程放大倍率存有小范围波动，但基本保持在 2 左右，最大波动幅度仅为 0.03（1.5%），说明行程放大机构行程放大性能稳定，压电发电装置行程放大耐久性良好。

综合所述，压电发电装置在长期循环作动下表现出优良的电学耐久性及力学耐久性，且试验过程为加速破坏过程，相比于间断不连续、有恢复期的实际应用情况更为恶劣。因此可以认为压电发电装置工作耐久性良好，能够应用于复杂道路交通条件。

7.3 本章小结

本章全面分析了压电发电装置在不同作动条件的电学输出特性，观测了压电发电装置外接发光板的供能效果，评价了压电发电装置的工作耐久性，为压电发电装置在道路场景应用提供参考和依据。

（1）探明了压电发电装置在不同激励位移及作动频率的输出电压、输出功率和输出能量变化规律，0.7 mm-12 Hz 对应端值电压达 48 V、输出功率达 103.96 mW、输出能量达 99.95 mJ，可供典型交通 LED 指示灯珠发光 2.5 s。

（2）10 万次循环作动的电学和力学指标稳定，开路电压和端值电压变化率为 4.23% 和 3.33%，输出能量变化低于 1%，行程放大机构放大倍数最大波动幅度为 1.5%。

下册

道路堆叠式压电能量采集：从技术探索到铺设实践

第 8 章 道路堆叠式压电换能器制备与性能研究

道路堆叠式压电能量采集技术也以压电换能器作为换能核心，也通过多个压电换能器阵列组合置于压电发电装置内部实现车辆荷载作用下的能量转换。堆叠式压电换能器的力学强度直接决定其工作耐久性，发电性能则限制道路压电发电技术的能量输出效果，此两种性能与压电换能器的结构型式、制备工艺及其电极结构有关。因此，本章基于发电理论确定影响堆叠式压电换能器电学性能的结构参数，优化设计了堆叠式压电换能器制备工艺和电极结构，自主开发模拟试验测试夹具并搭建发电性能测试系统，测试不同规格压电换能器在不同工作条件下的发电效果，并明确其在道路交通条件作用下的力学性能，为道路堆叠式能量采集技术研究奠定了基础。

8.1 道路堆叠式压电换能器发电理论与结构参数设计

堆叠式压电换能器作为道路结构内部的能量转换构件，压电材料类型及其结构尺寸均会对能量转换效率产生较大影响。因此有必要明确堆叠式压电换能器的发电性能理论，结合道路特点优化堆叠式压电换能器结构参数，在保证自身力学性能、发电性能满足要求的同时，实现堆叠式压电发电技术与道路的工程有效结合。

8.1.1 道路堆叠式压电换能器力电换能理论分析

正压电效应下压电陶瓷的发电特性等效为电流源等效模型和电压源等效模型两种工作模式。电流源等效模型中将压电换能器等效为一个正弦电流源 i_p、静态夹持电容 C_p 与电阻 R_p 并联的结构，如图 8.1 所示；电压源等效模型中将压电换能器等效为一个正弦电压源 U_p、静态夹持电容 C_p 与电阻 R_p 串联的结构，如图 8.2 所示。而电流源等效模型无法辨明压电振子在开路状态下的能量输出状况，故采用电压源等效模型进行理论分析。

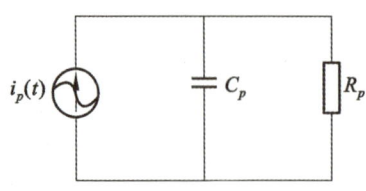
图 8.1 电流源等效模型
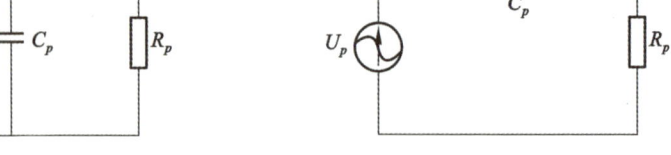
图 8.2 电压源等效模型

堆叠式压电换能器表面受道路传递荷载作用将产生一定应变，其力学边界条件近似处地于机械自由状态，而电学边界条件则处于电学开路状态，因此采用以应力 T 和电位移 D 为自变量，以电场强度 E 和应变 S 为因变量的第三类压电方程组用于压电换能器能量输出性能分析，d_{33} 模式下的压电方程为：

$$S_3(t) = s_{33}^D T_3(t) + \boldsymbol{g}^t D_3(t) \tag{8.1}$$

$$E_3(t) = -\boldsymbol{g}_{33} T_3(t) + \boldsymbol{\beta}_{33}^T D_3(t) \tag{8.2}$$

式中：S_3——应变张量；

T_3——应力张量；

D_3——电位移张量；

E_3——电场强度张量；

s_{33}^D——开路弹性柔顺常数矩阵；

$\boldsymbol{\beta}_{33}^T$——自由介电隔离率矩阵；

$\boldsymbol{g}_{33}$——压电电压常数矩阵；

$\boldsymbol{g}^t$——$\boldsymbol{g}_{33}$ 的转置矩阵。

假设压电陶瓷受到竖向激振力 $F = F_{\max}\sin(\omega t)$ 作用，则 D_3，T_3，E_3 和 S_3 同样属于时间 t 的正弦函数且频率相同。则单层压电陶瓷竖向荷载作用的应力值为：

$$T_3(t) = F/A_3 = \frac{F_{\max}\sin(\omega t)}{\pi r^2} \tag{8.3}$$

式中：r——半径；

A_3——压电陶瓷面积。

由于 $Q = D_3(t) \cdot A_3$，$u_0 = i_0 R_p$，$i_0 = dQ/dt$，可得：

$$D_3(t) = \int \frac{u_0}{R_p} dt / \pi r^2 \tag{8.4}$$

单层压电陶瓷输出电压为：

$$u_0 = E_3(t) \cdot h = \frac{1}{\pi r^2}\left[-\boldsymbol{g}_{33} h F_{\max}\sin(\omega t) + \boldsymbol{\beta}_{33}^T h \int \frac{u_0}{R_p} dt \right] \tag{8.5}$$

变换为向量形式求解得到 $\dot{U}_0$ 为：

$$\dot{U}_0 = \frac{\dfrac{g_{33}h\dot{F}}{\pi r^2}}{\dfrac{\beta_{33}^{\;T}h}{\pi r^2 R_p} \cdot \dfrac{1}{j\omega} - 1} \tag{8.6}$$

取模可得输出电压 U_0 为：

$$U_0 = |\dot{U}_0| = \frac{F_{\max}g_{33}h\omega R_p}{\sqrt{(\pi r^2 \omega R_p)^2 + (\beta_{33}^{\;T}h)^2}} \tag{8.7}$$

由于 $g_{33} = d_{33}/\varepsilon_{33}^{\;T}$，$\beta_{33}^{\;T} = 1/\varepsilon_{33}^{\;T}$，其中，$d_{33}$——压电应变常数，$\varepsilon_{33}^{\;T}$——自由介电常数，可得输出电压 U_0：

$$U_0 = \frac{d_{33}F_{\max}h\omega R_p}{\sqrt{(\pi r^2 \omega R_p \varepsilon_{33}^{\;T})^2 + h^2}} \tag{8.8}$$

因此单层压电陶瓷输出功率 P_0 为：

$$P_0 = \frac{U_0^{\;2}}{R_p} = \frac{(d_{33}F_{\max}\omega h)^2 R_p}{h^2 + (\pi r^2 \omega \varepsilon_{33}^{\;T} R_p)^2} \tag{8.9}$$

单层压电陶瓷串联而成的压电换能器输出电压较大，多适用于以电压为输出信号的场合；单层压电陶瓷并联而成的压电换能器输出电流较大，较小负载阻值下对应输出功率较大。由于压电陶瓷本身的技术特点为相对高电压、相对低电流，因此用于压电时常采用并联堆叠的方式，以提高其电学输出量级。

并联堆叠式压电换能器要求各压电片均沿厚度方向极化且相邻压电陶瓷片极化方向相反，其正负电极间距 $h_p = h$，总电极面积 $A_p = NA_3$，则其输出电压和输出功率推导如下：

并联堆叠式压电换能器的总输出电荷为各单片压电陶瓷输出之和，即：

$$Q = Q_1 + Q_2 + \ldots + Q_n \tag{8.10}$$

堆叠式压电换能器的总电容为：

$$C_p = NC_p = \frac{NA_3 \varepsilon_{33}^{\;T}}{h} \tag{8.11}$$

则竖向荷载作用的应力为：

$$T_3(t) = F/A_3 = \frac{F_{\max}\sin(\omega t)}{A_3} \tag{8.12}$$

则由式（8.10）可得：

$$D_3(t) = Q/A_p = \int \frac{u_p}{R_p} dt / NA_3 \tag{8.13}$$

堆叠式压电换能器的输出电压计算公式为：

$$u_{op} = \frac{1}{A_3}\left[-\boldsymbol{g}_{33}hF_{\max}\sin(\omega t) + \boldsymbol{\beta}_{33}^{\mathrm{T}}h\int\frac{u_{op}}{nR_p}dt\right] \quad (8.14)$$

变换为向量形式求解得到 $\dot{U}_{op}$ 为：

$$\dot{U}_{op} = \frac{\dfrac{\boldsymbol{g}_{33}h\dot{F}}{A_3}}{\dfrac{\boldsymbol{\beta}_{33}^{\mathrm{T}}h}{NA_3R_Pj\omega}-1} \quad (8.15)$$

取模可得输出电压 U_{op} 为：

$$U_{op} = |\dot{U}_{op}| = \frac{F_{\max}\boldsymbol{g}_{33}Nh\omega R_P}{\sqrt{(NA_3\omega R_P)^2 + (\boldsymbol{\beta}_{33}^{\mathrm{T}}h)^2}} \quad (8.16)$$

代入 $\boldsymbol{g}_{33} = \dfrac{d_{33}}{\boldsymbol{\varepsilon}_{33}^{\mathrm{T}}}$，$\boldsymbol{\beta}_{33}^{\mathrm{T}} = \dfrac{1}{\boldsymbol{\varepsilon}_{33}^{\mathrm{T}}}$ 可得：

$$U_{op} = \frac{d_{33}F_{\max}Nh\omega R_P}{\sqrt{(NA_3\omega R_P\boldsymbol{\varepsilon}_{33}^{\mathrm{T}})^2 + h^2}} \quad (8.17)$$

堆叠式压电换能器的输出功率 P_{op} 为：

$$P_{op} = \frac{U_{op}^2}{R_p} = \frac{(d_{33}F_{\max}\omega Nh)^2 R_P}{h^2 + (N\omega A\boldsymbol{\varepsilon}_{33}^{\mathrm{T}}R_P)^2} \quad (8.18)$$

为了求得并联叠堆的最大输出功率和最大输出电流的表达式，继续对 R 进行求导，令 $\dfrac{dP_{op}}{dR_P} = 0$，求得理想负载阻值为：

$$R_{opt} = \frac{h}{N\omega A_3\boldsymbol{\varepsilon}_{33}^{\mathrm{T}}} \quad (8.19)$$

进而得到堆叠式压电换能器的最大输出功率为：

$$P_{opm} = \frac{d_{33}^2 F_{\max}^2 \omega Nh}{2A_3\boldsymbol{\varepsilon}_{33}^{\mathrm{T}}} = \frac{Nd_{33}\boldsymbol{g}_{33}F_{\max}^2\omega h}{2A_3} \quad (8.20)$$

同时得到堆叠式压电换能器的最大输出电流为：

$$I = NF_{\max}\omega\sqrt{\frac{d_{33}g_{33}\boldsymbol{\varepsilon}_{33}^{\mathrm{T}}}{2}} \quad (8.21)$$

由式（8.20）与式（8.21）可知，压电应变常数 d_{33} 和压电电压常数 g_{33} 直接影响堆叠式压电换能器输出功率和输出电流，即 d33 模式下堆叠式换能器的输出功率和输出电流与 d33×g33 成正比，因此堆叠式压电换能器的 d33×g33 材料参数越大越好。

8.1.2 堆叠式压电换能器结构参数设计与优化

压电换能器承受车辆荷载作用，需具有良好的发电能力和结构完整性，本节从力-电转换效率、结构刚度、工作耐久性及与道路结构的耦合性等方面，优化道路堆叠式压电换能器的结构参数。

1. 压电陶瓷材料

式（8.20）可知，压电应变常数 d33 和压电电压常数 g33 是直接影响压电陶瓷输出功率的材料参数，具体而言 33 模式下压电陶瓷的输出功率与 d33×g33 成正比，故进行压电陶瓷选型时 d33×g33 越大越好。同时，压电陶瓷的机电耦合系数 Kp 表征通过正压电效应可转换得到的电能占输入机械能的百分比，其值越大则压电陶瓷的力-电转换效率越高。因此，以 d33×g33 和 Kp 作为压电陶瓷材料选型的依据，调查常用压电陶瓷材料，优选常用压电陶瓷材料参数如表 8.1 所示。由

表 8.1 常用压电陶瓷的材料参数

压电陶瓷类型	d_{33}/（10^{-12} C/N）	g_{33}/（10^{-3} V·m/N）	$d_{33} \times g_{33}$	K_p
PZT-2	152	38.1	5 791.2	0.47
PZT-4	289	26.1	7 542.9	0.58
PZT-5A	374	24.8	9 275.2	0.60
PZT-5H	593	19.7	11 682.1	0.65
PZT-8	218	25.4	5 537.2	0.50

由表 8.1 可知，PZT-5H 具有最大的 d33×g33 值和机电耦合系数 Kp，相比于其他型号具备更优良的发电性能，故选择以 PZT-5H 作为压电材料基材开展研究，其具体材料参数如表 8.2 所示。

表 8.2 PZT-5H 压电陶瓷材料技术指标

材料型号	机电耦合系数 K_p	介电常数 ε_r	压电常数 d_{33}/（10^{-12} C/N）	机械品质因数 Q_m	体积密度 ρ	居里温度 T_C/℃	泊松比 σ_E
PZT-5H	0.68	3 200	780	70	7.5	200	0.36

2. 压电换能器结构厚度

具备良好结构承载力的压电换能器可采用一定厚度的封装材料作为保护层，其厚度组成包括保护层厚度和压电陶瓷片厚度。结构整体厚度应由周边介质所决定，考虑

路面结构的完整性，堆叠式压电换能器的厚度应尽可能小，忽略粘结剂的影响，压电换能器的总厚度 h 为：

$$h = 2h_1 + nh_2 \tag{8.22}$$

式中：h_1 为保护基板厚度，可在 0.2~0.5 mm 范围内取值，选用的厚度为 0.2 mm；h_2 为压电陶瓷厚度；n 为压电陶瓷片的层数。

若允许压电叠堆的最大安装高度为 L（综合考虑压电换能器厚度对路面结构完整性的影响，取 $L=10$ mm），则 $h \leqslant L$，由上式可得：

$$n \leqslant \frac{L - 2h_1}{h_2} \tag{8.23}$$

由式（8.13）可知，压电陶瓷极面电量随厚度与其横截面面积比值的增加而减少，即面积一定时压电陶瓷的厚度越小储能越多，可认为压电换能器存储的电荷量与压电陶瓷层数成正比，故压电陶瓷片厚度 h_2 应取较小值，以使 n 取较大值，同时根据公式（8.21）可知，输出电流越大要求匹配阻值越小，对应的压电陶瓷单片厚度越小；但 h_2 值过小时，压电陶瓷输出电压较弱且结构强度小，制作及应用过程中易破坏，且 h_2 值过小导致一定厚度的堆叠式压电换能器经济成本过大。故综合目前陶瓷片的制造设备、技术水平、经济性及强度性能，制作用于道路发电的堆叠式压电换能器时，压电片厚度 h_2 可在 0.5~1 mm 取值。

3. 压电换能器直径

圆形压电陶瓷片的输出电压随压电晶片半径的增大而减小，而其电容量则与压电陶瓷片的面积呈正比关系，囿于路面结构完整性对直径尺寸的限制，总体呈现出矛盾关系，目前尚无可参考的设计原则。因此，调查了现有道路压电换能器材料、尺寸及其相应的电能输出效果，为压电换能器结构设计提供参考，汇总如表 8.3 所示。

表 8.3 现有道路压电换能器发电性能调查

研究单位	材料类型	直径/mm	V_{max}/V	P_{max}/mW	埋深/cm
Moure A	PZT-5	29	12	0.16	2
Papagiannakis A	PZT-5A	44.5	—	1.9	—
Sun C	PZT-4	35	115	—	5
Kim S	—	15.2	66	—	5
长安大学	PZT-5H	30	—	0.67	4
	—	35	14	0.44	2
清华大学	PZT-5H	20（方形、边长）	23	0.106	4
哈尔滨工业大学	PZT-5X	28	378.5	8.4	1~5
上海交通大学	PZT-5H	32	97.3	1.2	4
苏州市职业大学	PZT-5	30	139.9	0.42	4
武汉理工大学	PZT-4	33	37.25	—	4

由表 8.3 可知，目前应用于路面发电的压电陶瓷发电片直径多在 30 mm 左右，不过由于采用的材料类型、俘能结构及试验条件不同，能量输出效果差异较大，但大多在 1 mW 以下，为压电换能器的输出效果提供了参考。同时根据相关知识可得，压电材料极面上产生电量随着压电块厚度与其横截面面积比值的增加而减少，即压电陶瓷极面面积越大，电量越大。而考虑路面结构的完整性，压电陶瓷面积应越小越好，而电极面积受加工工艺等的限制不可能无限制减小，同时应保证压电陶瓷片在路面结构内部承受的应力值不能超过材料的极限强度，以提高其工作耐久性，结合上述调查结果，选定压电陶瓷片的直径为 30 mm，确定压电换能器的具体结构组成如图 8.3 所示。

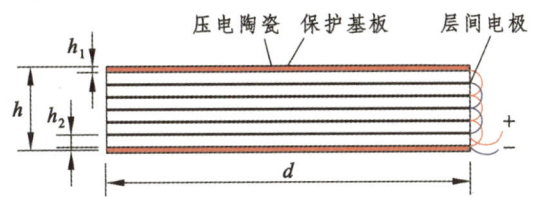

图 8.3 圆柱形压电堆叠平面结构尺寸

图中，h_1——保护基板厚度，取 0.2 mm；h_2——压电陶瓷发电片单片厚度，取 0.5 mm 和 1 mm 两种规格；h——压电叠堆结构总厚度；d——保护基板及压电陶瓷发电片直径，取 30 mm。

8.2 道路堆叠式压电换能器制备工艺与电极结构设计

不同工艺制备的堆叠式压电换能器在力电转换性能和结构性质方面存在明显差异，有必要优选契合道路条件压电发电应用要求的压电换能器制备工艺，实现压电发电技术与道路工程的有效结合。

8.2.1 道路堆叠式压电换能器制备工艺

堆叠式压电换能器通常可采用粘结法或烧结法两种工艺进行制备，粘结法是通过制作已涂电极层的成品压电陶瓷片，继而在其表面粘贴电极层，焊接并引出导线，按照所需层数叠加粘结而成，技术要求和制作成本较低，一般用于实验室探索研究；烧结法是将压电陶瓷粉体与电极层叠加后一次烧结成型，整体结构性能优异，但加工技术苛刻且成本高昂，适合工业化大规模生产。下面介绍两种制备不同规格的压电换能器的方法，以期为堆叠式压电换能器的合理制备与应用提供参考。

1. 电极粘结法制备压电换能器

1）电极板制作及表面处理

压电换能器的堆叠层间金属电极采用紫铜箔并根据压电陶瓷尺寸裁剪而成，具体直径要略小于压电陶瓷的直径，从而防止层间的电荷击穿或短路。上下表面绝缘保护层则使用与压电陶瓷片相同大小的普通陶瓷片，用镊子夹取适量脱脂棉花，蘸取丙酮溶液，反复擦拭紫铜电极板、绝缘板和压电陶瓷电极表面，注意不能损伤压电陶瓷表面镀银电极。

2）层间丝网印胶

压电陶瓷表面及电极表面的上胶质量对压电堆叠的性能有着重要影响，而传统涂胶方式的上胶不均匀、胶粘质量差等问题易导致压电换能器输出位移迟滞，荷载作用下易产生应力集中，影响压电换能器能量输出效率。针对上述现象，引进丝网印刷技术，用于电极胶粘，选用 300 目丝网用于制作印版。印刷时应保持陶瓷片表面干净，将压电陶瓷或电极与印孔对齐后，将粘结剂倒入丝网印版进行涂胶。印胶前后压电陶瓷片表面无明显变化，印胶效果理想。

3）粘结、固结及排胶

粘结按照"正极接正极、负极接负极"的原则，将金属电极与压电陶瓷上下对齐贴合，均匀按压排出层间粘结气泡后，将压电堆叠放置于圆柱固定外壳中并将其置于烘箱，以 90 ℃浸胶 20 min，然后以 125 ℃保温 60 min，最后升温至 150 ℃加热 1.5 h 使其完全固化后缓慢冷却。

4）焊接导线

固结排胶完成压电陶瓷堆叠，应将其层间导通电极分别进行正负极搭接，在多层对齐的凹口内部焊接一条带焊锡的导线。然后从正负极总输出端分别焊接细导线，焊接过程中应注意控制焊丝温度及焊点大小，制备完成的堆叠式压电换能器如图 8.4 所示。

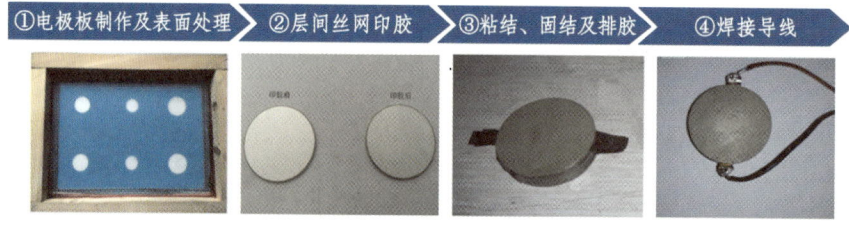

图 8.4 电极粘结压电换能器制备

2. 独石共烧法制备压电换能器

1）制浆流延

将煅烧并球磨过的 PZT-5H 陶瓷粉体与溶剂分散剂等成分混合并进行湿法球磨，再加入粘结剂等二次混磨形成浆体，借助流延机成型制成压电陶瓷膜片。

2）网版印刷与叠层

采用网版印刷机在膜片表面印刷银浆作为内电极，但每片陶瓷膜片末端的一小部分不印刷电极，将印刷后的陶瓷膜片叠放于特制模具中，得到一个含有内电极的、多层片状式陶瓷坯体。

3）等静压与切割

将压电陶瓷坯体真空封装后置于等静压设备中，沿厚度方向施加 30 MPa 均匀压力，然后使用切割机将陶瓷坯体切割成单个压电换能器生坯。

4）排胶烧结

压电陶瓷堆叠过程中添加了大量粘合剂和溶剂等有机物，为避免排胶过程中产生气孔、变形等破坏，需在 200～400 ℃ 条件下缓慢排胶 20 h 以上，冷却后再在 900～1 050 ℃ 下密封烧结 4 h，得到具有内电极的堆叠式压电陶瓷。

5）柔性外电极制备与极化

采用高精度研磨机对堆叠式压电陶瓷的端面进行研磨，清洗并烘干后在其侧面印刷柔性电极网版并高温烧渗银极，此工艺不会造成由于导线运动而导致的电极片耳朵断裂。然后将其置于 140 ℃ 的硅油中预热后并开始极化，稳定后取出，于空气中放置 24 h 后进行性能检测。

如图 8.5 所示，制作多种规格的压电换能器，以满足不同应用环境的使用要求，不同规格尺寸堆叠式压电换能器采用以下命名方法命名：Φ-h-n，其中，Φ 代表陶瓷片直径，h 代表单层厚度，n 代表堆叠层数，示例：30-1.0-2 即表示由 2 片厚 1 mm、直径为 30 mm 的压电陶瓷片堆叠而成的换能器。确定的压电换能器规格如表 8.4 所示，其中 30-1.0-6 型压电换能器通过两种方法制作而成。

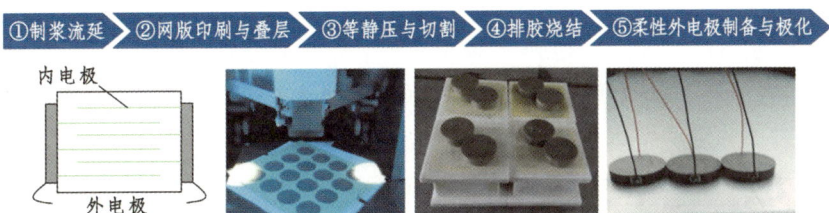

图 8.5　独石共烧压电换能器制备

表 8.4　堆叠式压电换能器的规格尺寸表

序号	1	2	3	4	5	6	7	8	9
规格	30-0.5-2	30-0.5-4	30-0.5-6	30-0.5-8	30-1.0-1	30-1.0-2	30-1.0-4	30-1.0-6	30-1.0-8
厚度/mm	3	4	5	6	3	4	6	8	10

8.2.2　道路堆叠式压电换能器制备工艺优选

两种工艺制备的堆叠式压电换能器虽在表观结构形态、介电常数以及介电损耗方面存在一定差异，但均可适用于道路压电发电研究。因此，综合考虑堆叠式压电换能器力电转换性能与道路结构特性两方面因素，从力电转换性能、结构强度两个角度对两种工艺制备的换能器进行路用适用性分析与结构优选。

1. 力电转换性能

良好的力电转换性能是压电换能器能量稳定输出的必要保证，由于压电换能器的能量输出有量级微小、高压低流的特点，故结合端值电压与输出功率两方面综合评判压电换能器的力电转换效果，借助 MTS 伺服液压测试系统作为模拟压应力作动加载环境，如图 8.6。

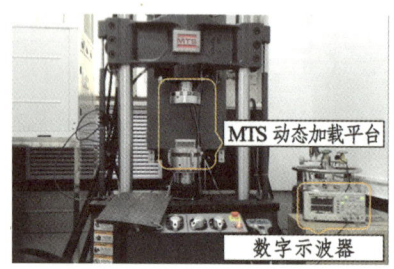
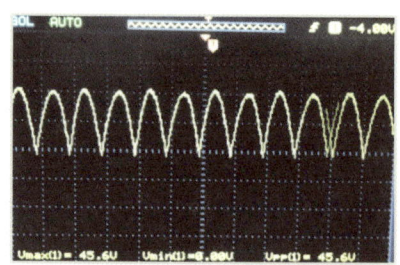

图 8.6　MTS 伺服液压测试系统

对于道路压应力，忽略车身振动和路面不平整等因素的影响，以车辆静态荷载进行计算，普通沥青路面轮载为 25 kN，接触压应力为 0.7 MPa；对于行车荷载作用频率，以双轴、轴距 2.5 m 的标准小汽车进行计算，行车速度为 80 km/h 条件下，由式（2.1）计算出车辆前后轴对压电换能器的作用频率为 8.89 Hz，故取 10 Hz 作为 MTS 伺服液压测试系统模拟作动加载频率。

两种工艺制备的堆叠式压电换能器 4 支电学并联后分别以平铺形式置于模具中，借助 MTS 伺服液压测试系统测试轮载压力 0.7 MPa、频率 10 Hz 荷载工况环境下两种道路压电换能器的电学输出性能，记录并绘制测试结果对比图如图 8.7 所示。

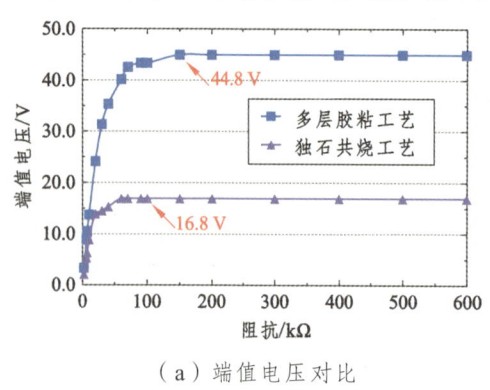
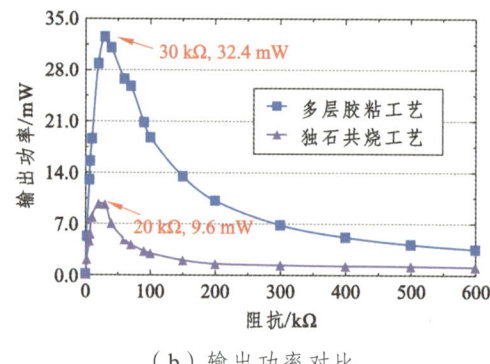

（a）端值电压对比　　　　　　（b）输出功率对比

图 8.7　两种工艺制备的压电换能器（4 只并联）电性能输出

由图 8.7（a）可知，两种工艺制备的堆叠式压电换能器端值电压均随着负载阻值的增大而呈现出增大趋势，前期变化幅度明显，后期较为平缓，最终趋于稳定并无限接近于压电换能器的输出开路电压，多层胶粘工艺制备的压电换能器电压最大输出值为 44.8 V、独石共烧工艺制备的压电换能器电压最大输出值为 16.8 V；根据图 8.7（b）的输出功率曲线可看出，两种工艺制备的压电换能器输出功率均随着负载阻值的增大呈现峰值，多层胶粘工艺制备的压电换能器最佳负载阻值为 30 kΩ，输出功率可达 32.4 mW；独石共烧工艺制备的压电换能器最佳负载阻值为 20 kΩ，输出功率可达 9.6 mW。故基于多层胶粘工艺制备的压电换能器电学输出性能更佳。

2. 结构强度

在承受荷载应力过程中，堆叠式压电换能器首先产生弹性变形，此时可正常工作，而当应力超过一定限值时，将产生塑性变形导致工作状态失效。道路压电换能器埋设于道路中将面临复杂的荷载作用条件，特别是施工过程中需承受施工机械的高压高频荷载冲击，若仍能保持结构完整，则可满足压电发电道路施工及服役过程中的绝大部分强度考验，故结构强度可靠是满足压电换能器实际应用的重要前提。

借助 MTS 伺服液压测试系统模拟施工机械的作业工况，设置加载力为 20 kN、加载频率 40 Hz，测试两种工艺制备的压电换能器结构强度是否满足道路内部工作环境要求。加载过程中发现部分独石共烧工艺制备的压电换能器微裂纹发展程度较大，导致在受压过程中压电换能器陶瓷绝缘层表面裂纹、陶瓷体与电极结构脱节断裂甚至造成压电换能器整体破损失效等问题，如图 8.8（a）和图 8.8（b）所示，结合上述分析，可理解为该工艺下制备的陶瓷因致密性较差、结构整体脆性较强所致，严重影响压电换能器工作耐久性与电学性能；而多层胶粘工艺制备的压电换能器在该工况下性能正常，整体微裂纹较少，结构强度可靠，如图 8.8（c）所示。进一步，对该工艺制备的压电换能器进行介电常数测量，结果如图 8.9 所示，经历加载后的五个结构相对完整的压电换能器介电性能仍保持良好，单支压电换能器相对介电常数最大仅衰减 4%，平均仅衰减 2.3%，进一步说明了多层胶粘工艺制备的压电换能器能够在高频荷载冲击环境下正常工作。

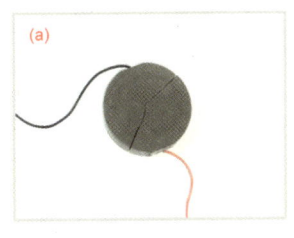 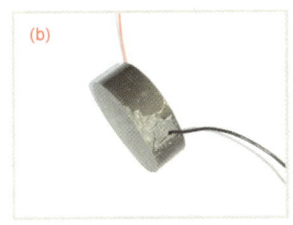 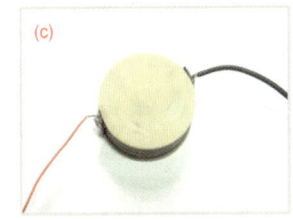

（a）表面纹裂　　　　　　（b）电极断裂　　　　　　（c）结构完整

图 8.8　压电换能器抗压屈服强度测试

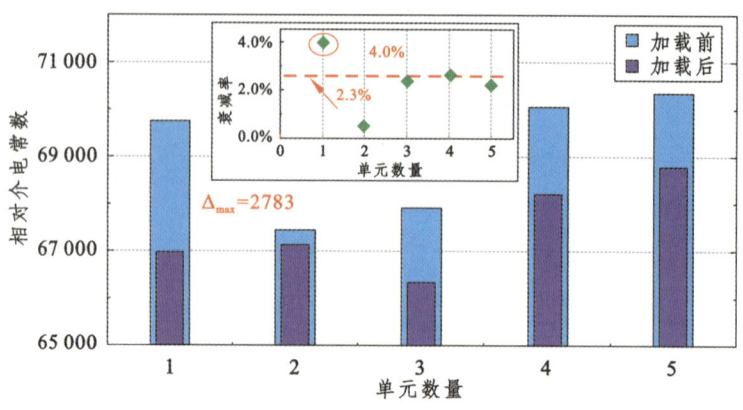

图 8.9　压电换能器介电常数测试

综合上述分析结果,基于多层胶粘工艺制备的堆叠式压电换能器综合性能优异,具有优秀的电性能输出与可靠的结构强度,能够更好地在大荷载、低频、复杂工况的道路环境下工作,适宜作为压电发电路面的换能核心部件进行进一步的测试研究。

8.2.3　道路堆叠式压电换能器电极结构设计与制备

通过 8.2.2 节比选可知,多层胶粘法更适宜作为道路堆叠式压电换能器的制备工艺。压电换能器电极结构对压电换能器工作耐久性与电学性能存在影响,堆叠式压电换能器的结构特征要求对电极设计时应考虑电极连接牢固程度、粘接面厚度与平整度以及聚合物填充情况等因素,一般多采用层间铜电极结构。为有效避免层间的电荷击穿或短路现象出现,同时提高导线焊接质量与效率,方便量产,提出"U"型层间铜箔电极结构设计方案,如图 8.10(a)所示。

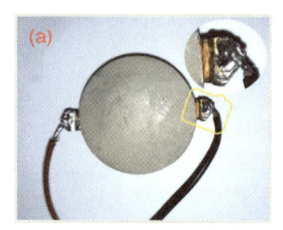  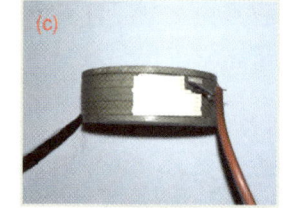

(a)层间铜箔电极　　　　(b)U型层间铜箔电极　　　　(c)侧向引电极

图 8.10　堆叠式压电换能器电极处置方式

在各压电陶瓷单片间设置铜箔片,通过导电银漆胶与压电陶瓷上下银电极导通,且每个铜箔片的一端带有"U"形引脚作为层间铜箔外电极与导线焊接,制备工艺流程如图 8.11 所示。

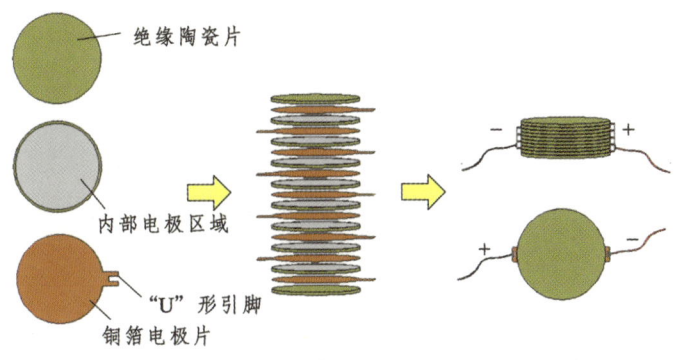

图 8.11 层间铜箔电极结构制备流程

层间铜箔电极结构适用于压电陶瓷层数相对较少的压电叠堆,若需堆叠较多层数,相应数量的铜箔电极片会降低整个压电叠堆的有效厚度,与道路结构耦合性变差。因此,针对上述问题提出侧向引电极结构设计方案,如图 8.10(c)所示,将各压电陶瓷单片银电极区延伸并引出至侧端面后,直接将导线与侧端面电极区进行焊接,提高结构整体的有效高度,如图 8.12 所示。具体制备工艺流程如下:

① 采用异丙醇试剂清理压电陶瓷单片表面,避免其表面污渍造成导电性能下降;

② 每个压电陶瓷单片的上下两个表面的相对端设有隔断区,隔断区的端部贯通电极粘结端面;每个压电陶瓷单片的两个表面上除隔断区以外的位置设置为导电区;

③ 采用丝网印刷机在导电区印刷导电银浆作为内电极,采用手工笔在电极粘结端面涂刷导电银浆作为侧向引出电极,在 150 ℃条件下烘干 1~1.5 h 后缓慢冷却;

④ 按压电陶瓷片所需堆叠的层数重复上述步骤,对步骤③制得的陶瓷片的电极隔断区涂刷绝缘环氧树脂胶,导电区采用丝网印刷机涂刷导电银漆胶,根据电学连接方式(串联或并联)将各压电陶瓷片加压堆叠;

⑤ 在常温下静置 24 h,待环氧树脂胶、导电银漆胶风干后将导线焊接在侧向电极区的位置上,即完成制备。

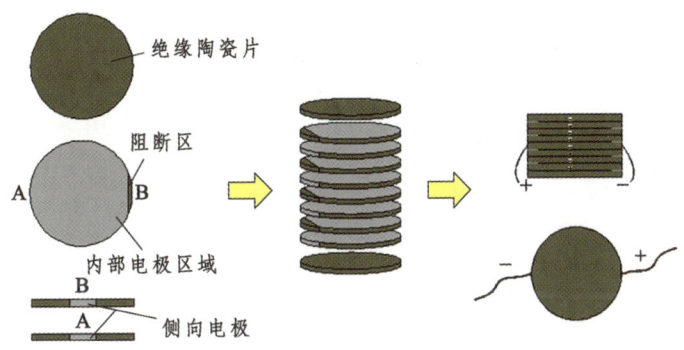

图 8.12 侧向引电极结构制备流程

8.2.4 道路堆叠式压电换能器电极结构优选

8.2.3 节提出了"U"型层间铜箔电极与侧向引电极两种堆叠式压电换能器内部电极结构设计方案，两种电极结构虽在电极材料与制备工艺上差异明显，但均可适用于压电发电路面的研究。因此，从电学输出性能、工作耐久性、材料属性三个角度对比分析两种电极结构的压电换能器应用效果，据此优选电极结构最佳设计方案。

1. 电学输出性能

将"U"型层间铜箔电极与侧向引电极两种电极结构的压电换能器以 3 支电学并联的形式分别平铺置于模具中，借助 MTS 伺服液压测试系统模拟测试轮载压力 0.7 MPa、加载频率 10 Hz 工况下压电换能器的电学输出性能。如图 8.13 所示，两种电极结构的压电换能器输出功率均随着负载阻值的增大呈现峰值，最佳负载阻值均为 20 kΩ，在最佳负载下，输出功率分别为 86.53 mW，89.89 mW，输出电流分别为 2.08 mA，2.12 mA，两者结果基本一致。故两种电极结构对压电换能器电性能的输出效果影响较小，故有必要从工作耐久性、材料属性等角度入手做进一步对比优选。

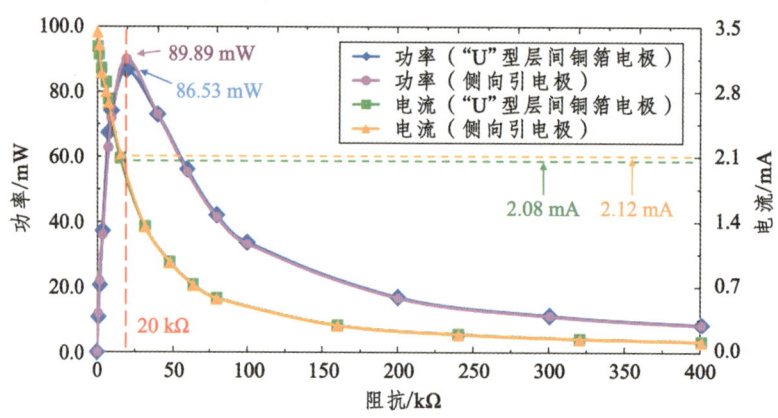

图 8.13 压电换能器电学性能输出

2. 工作耐久性

在相同测试条件与加载环境下，以 5 000 次加载为单位，记录 3 支电学并联堆叠式压电换能器的开路电压、最大输出功率以及加载前后单支压电换能器的电容，评价两种电极结构的压电换能器的工作耐久性。

分析图 8.14（a）和图 8.14（b）可知，相同测试环境下，两种电极结构的压电换能器开路电压、最大输出功率均随着加载次数的增加出现衰减的现象，其中侧向引电极的压电换能器的开路电压衰减 6.4 V，最大输出功率衰减 9.89 mW；而"U"型层间铜箔电极的压电换能器的衰减程度相对较小，开路电压衰减 4.4 V，输出功率仅衰减 3.30 mW。根据图 8.14（c）、图 8.14（d）可知，经过 50 000 次加载作用后，两种电极结构的压电换能器电容值均出现衰减现象，其中侧向引电极的压电换能器电容值平均衰减 12.1 nF，单支最大衰减 17 nF，而层间铜箔电极的压电换能器电容值相对稳定，平均仅衰减 3.4 nF，单支最大仅衰减 5.8 nF。

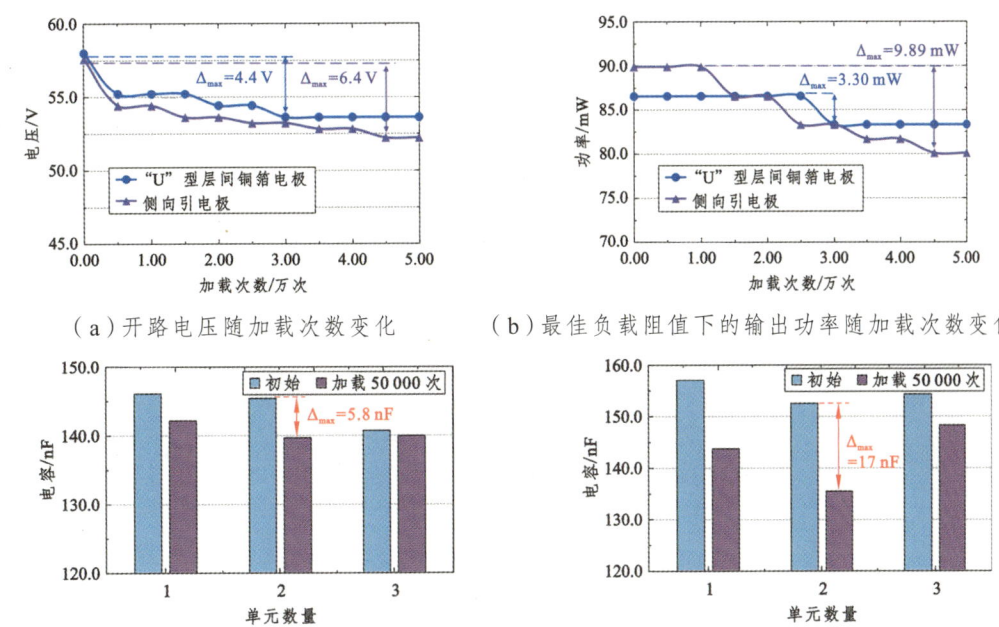

(a) 开路电压随加载次数变化　　　　(b) 最佳负载阻值下的输出功率随加载次数变化

(c) 加载前后层间铜箔电极压电换能器电容　　(d) 加载前后侧向引电极压电换能器电容

图 8.14　压电换能器工作耐久性测试

此外，加载作用后采用侧向引电极结构的压电换能器出现了破损、电极剥离、导线脱落等不同程度的损坏，如图 8.15（a）和图 8.15（b）。而层间铜箔电极的压电换能器结构完好，没有出现任何破坏的痕迹。究其原因，多层胶粘工艺制备的堆叠式换能器承受竖向应力后会产生横向可恢复性回弹变形，这种变形在每层陶瓷单片上存在变形衰减现象，易造成侧边银电极脱落，而铜箔电极是物理电极并非导电银浆一样的液体固化电极，即使压电换能器发生破碎，也会因铜箔电极的存在而将其夹紧，只要保证压电陶瓷内电极与铜箔相连就不会影响其力电转换的性能，此外 U 型铜箔外电极可

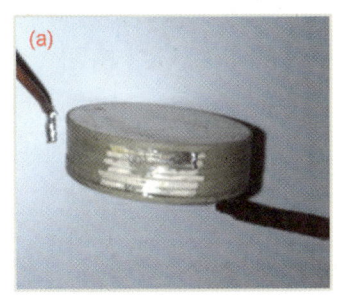

（a）压电换能器破损　　　　　　（b）电极脱落、银漆剥离

图 8.15　侧向引电极压电换能器破坏情况

紧扣导线，提高焊接质量与效率，有效避免导线脱落的现象出现。以上分析可知，层间铜箔电极结构对压电换能器起到了较好的保护，可有效降低持续荷载作用对压电换能器电学输出性能及整体结构的影响，工作耐久性更好。

3. 材料属性

电极材料的属性以及相应的制作工艺也是影响压电换能器电极结构设计方案选择的重要因素，两种压电换能器电极结构的材料属性与制作工艺评价如表 8.5 所示。

表 8.5 堆叠式压电换能器电极结构评价

电极处置方式	电极材料				制作工艺评价
	种类	电阻率（常温）/ ($\Omega \cdot mm^2/m$)	造价	应用率	
层间铜箔电极	紫铜箔电极	0.018	较低	高	简单
	黄铜电极	0.071	较低	低	
侧向引电极	银电极	0.016	高	低	复杂
	银铅合金电极	0.055	较高	低	

由表 8.5 可知，层间铜箔电极常以紫铜箔作为电极材料，导电性能优异，且造价低、应用率高，制作工艺简单。而侧向引电极以银浆或者银铅合金作为电极材料，常温下虽具有较低的电阻率，但造价高、应用率偏低。在制作工艺上，结合 8.2.3 节可知，制备侧向引电极过程中由于陶瓷片水平表面与侧端面间有棱角，在侧向电极区人工涂刷电极浆液时棱角处会存在电极层与陶瓷单片贴合性差、漏瓷等问题，难以保证涂刷的对称性与均匀性，堆叠后易出现各层侧向电极区分散难以集中，给焊接导线带来不便等问题。此外，在应用时需在外电极区加设保护结构，增加结构整体强度。

综合上述分析结果，无论从两种电极结构的压电换能器的电性能、工作耐久性角度还是从电极材料与制作工艺角度，"U"形层间铜箔电极结构是多层胶粘工艺制备堆叠式压电换能器的内部电极结构的最佳设计方案，为其应用、推广提供有价值的技术参考。

8.3 道路堆叠式压电换能器发电性能研究

不同规格压电换能器在不同荷载工况下的发电性能必然存在差异，故本节搭建堆叠式压电换能器发电性能模拟测试系统，测试并明确压电换能器在不同荷载环境下的发电性能，以为压电发电路面的实际应用及不同应用环境下压电换能器规格选择提供依据。

8.3.1 试验参数确定与模拟测试系统搭建

1. 试验参数确定

压电换能器通常借助面层分层铺筑植入路面结构一定深度处，深度过浅时在频繁车辆荷载作用下易导致路面结构损毁，而深度过深时则难以受到车辆荷载应力的显著激励作用，参考表 8.3 可知埋置深度多在 2~5 cm 范围内。而路面车辙试件内部竖向应力值随深度增加逐渐减小，在该深度范围内竖向应力值多在 0.3~0.7 MPa 范围内变化，选定 0.3 MPa 和 0.5 MPa 两个测试强度，而依据压电换能器的尺寸大小换算可得对应的竖向力值则分别为 212 N 和 353 N。路面在设计使用期内将承受上百万次乃至上亿次的标准轴载作用，而由于车速的不同行车荷载表现出一定的频率特性，以两轴、轴距 2.5 m、行驶速度 80 km/h 行车特性计算，车辆前后轮作用频率约为 10 Hz。而路面结构在车辆荷载作用下也表现出一定的振动频率，约在 15 Hz 左右。因此，选定 212 N、353 N、10 Hz、15 Hz 作为荷载控制参数，排列组合出四种典型荷载工况（212 N-10 Hz、212 N-15 Hz、353 N-10 Hz、353 N-15 Hz），搭建测试系统测试在不同力值及振动频率下压电换能器的能量输出效果，评估其发电能力。

2. 模拟测试系统搭建

根据确定的模拟测定试验参数，搭建堆叠压电换能器发电能力测试系统，该系统主要由以下仪器组成：信号发生器、功率放大器、高能激振器、数字存储示波器及测试夹具，其中由信号发生器产生简谐信号，借助功率放大器进行放大，从而驱动激振器工作，为压电堆叠提供正弦变化的激振力，由数字存储示波器对输出的电信号进行数值采集和存储，测试原理图及系统组成分别如图 8.16 和图 8.17 所示。

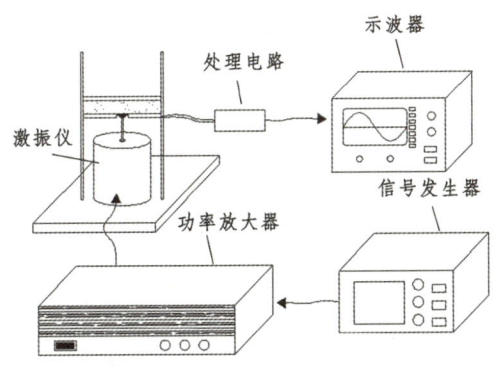

图 8.16 试验原理图

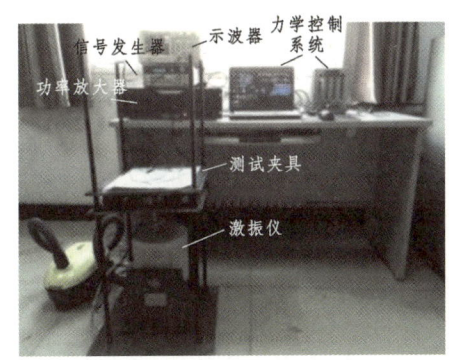

图 8.17 试验模拟测试系统

为实现加载激振力的精确控制，在测试装置中添加了一套力学控制系统，在激振杆顶部连接了一个应变式力学传感器，并借助数据采集仪实时监控激振力的大小，保证了测试过程的精确化，提高了试验测试结果的准确度，力学传感器主要技术指标见表 8.6。

表 8.6 BBTG 应变式力学传感器技术指标

指标	量程/N	输出灵敏度/(mV/V)	零点输出/(%F·S)	综合误差/(%F·S)	绝缘电阻/MΩ	输出阻抗/Ω
数值	500	1.965	±1	0.02	5 000	350±3

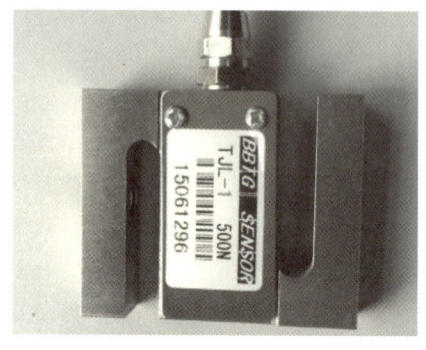 

图 8.18 BBTG 应变式力学传感器

图 8.19 Catman®AP – EasyOptics 数据采集仪

测试过程中数据采集仪的记录结果可借助与之对应的控制软件实现窗口化读取,便于及时调整。

3. 模拟测试夹具开发

该项试验中堆叠式压电换能器夹持装置是极为重要的组成,决定着试验是否可真实有效的模拟压电换能器在路面内部的工作状态。针对此,自主设计开发了路用堆叠式压电换能器测试夹具,如图 8.20 所示,该装置由四条竖直的固定撑杆和上下两块刚性固定夹板构成整体结构,通过固定螺母的调节作用可以实现固定夹板的上下移动,其中在下固定夹板中央部位预留有压电换能器夹持装置安装孔,激振仪则放置于整体夹具的底座之上。

压电换能器固定装置可借助外侧波纹管的螺纹固定到下刚性夹板的预留孔洞中。并将其整体安装于下刚性夹板的预留孔洞中,上下夹板之间固定有车辙板试件,调整内层螺纹管使压电换能器上表面与车辙板试件表面紧密接触,模拟其在路面结构中的真实受力面，同时通过激振杆上部安装的定制加力压头施加于压电换能器表面均匀的荷载作用，实现压电换能器真实受力状态模拟。

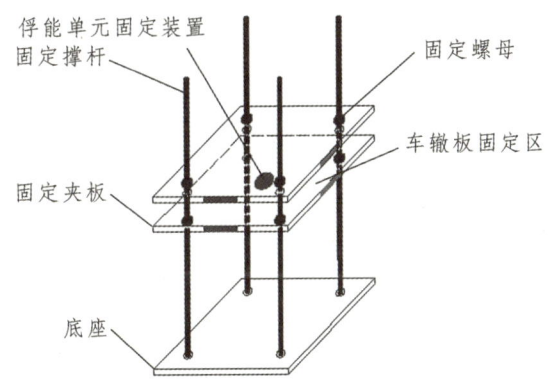

图 8.20　测试夹具立体视图

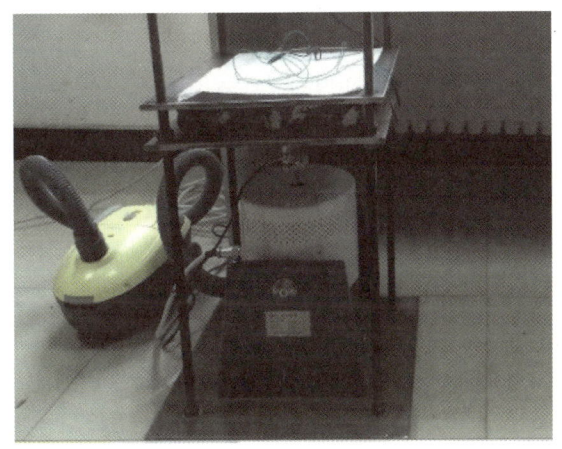

图 8.21　道路堆叠式压电换能器模拟测试夹具实物

8.3.2　道路堆叠式压电换能器电学输出特性

1. 压电换能器输出开路电压

理论上压电陶瓷材料参数及尺寸相同，同一荷载条件下压电换能器的开路电压仅与压电陶瓷片的厚度成正比关系，而与堆叠层数无直接联系，由两种不同厚度压电陶瓷片制作而成的压电换能器开路电压应互为倍数关系，而由同一厚度压电陶瓷片制作而成的压电换能器输出开路电压应表现出相近的关系。利用搭建的发电性能模拟测试系统，分别测试上文中四种荷载工况下各规格压电换能器的输出开路电压值，记录测试结果如表 8.7 所示。

表 8.7　不同荷载条件下各压电换能器输出开路电压

压电换能器结构		30-0.5-2	30-0.5-4	30-0.5-6	30-0.5-8	30-1.0-1	30-1.0-2	30-1.0-4	30-1.0-6
空载电压/V	212N-10Hz	8.20	8.00	8.20	8.00	14.00	14.20	14.40	14.62
	212N-15Hz	9.20	9.00	8.80	9.00	19.20	19.20	18.60	18.00
	353N-10Hz	17.80	17.20	17.60	17.40	31.60	32.00	31.82	31.80
	353N-15Hz	21.20	20.80	21.00	21.40	37.40	37.80	36.80	37.40

分析表 8.7 可知，不同荷载作用条件下各压电换能器均具有良好的电压输出特性，最大开路电压输出值可达 37.80 V；212 N-15 Hz 荷载条件下单片 1 mm 厚型压电换能器的开路输出电压约在 19 V 左右，而单片 0.5 mm 厚型压电换能器的开路输出电压约在 9 V 左右，二者呈现出较为明显的 2 倍关系，其他荷载条件下多数约为 1.8 倍的关系，符合预期结果；单片厚度相同的不同堆叠层数压电换能器输出电压值基本在一个水平，表明堆叠层数的改变对于输出开路电压无直观影响，但随着堆叠层数的增加，出现了轻微的电压降低现象，分析原因为：随着堆叠层数的增加，荷载应力向下传递的过程中逐渐衰减，导致层数多的压电换能器输出电压出现一定程度降低现象。

2. 不同负载阻值压电换能器输出电压

压电换能器应用于道路发电时，其输出端将连接能量采集存储电路或是不同特点的用电设备，负载特性各不相同，为便于确定不同规格压电换能器能量输出的最佳匹配负载，对不同负载阻值下的压电换能器输出开路电压变化规律进行研究。试验时在压电换能器输出端连接不同阻值电阻，示波器并联于电阻两端，记录不同阻值电阻的端电压，分别测试在不同工作条件下各规格压电换能器的变化曲线，其中 212 N-10 Hz 荷载工况下单片 1 mm 厚型堆叠式压电换能器的输出电压与负载电阻关系如图 8.22 所示。

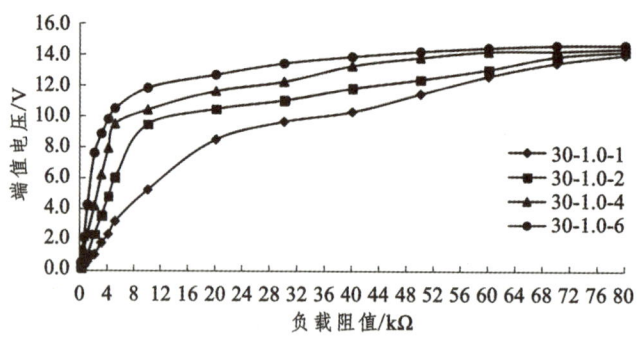

图 8.22　212 N-10 Hz 荷载工况下单片 1 mm 厚型压电换能器输出电压与负载电阻关系曲线

由图 8.22 可知，压电换能器输出电压随负载阻值的增大而呈现出增大趋势，前期变化幅度明显，后期则变得较为平缓，最终趋于稳定并无限接近于压电换能器的输出开路电压。同时,堆叠层数越多的压电换能器,前段电压随阻值的变化趋势越陡,间接表明其输出功率更大。

3. 压电换能器输出功率

由于压电陶瓷能量输出相对高电压、低电流,输出能量级微小,故不能仅以输出电压值大小评判压电换能器的发电效果,为更直观地评价不同规格压电换能器的发电能力,需计算出各规格压电换能器在不同工况下的输出功率,其中 212 N-10 Hz 荷载工况下单片 1 mm 厚型压电换能器的输出功率与负载电阻关系如图 8.23 所示。

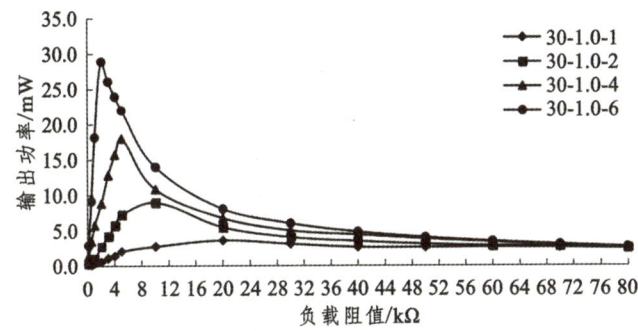

图 8.23　212 N-10 Hz 荷载工况下单片 1 mm 厚型压电换能器输出功率与负载阻值关系曲线

由图 8.23 可知,压电换能器的输出功率与堆叠层数正相关,堆叠层数越多,输出功率越大,212 N-10 Hz 荷载工况下 1 层最大输出功率为 3.6 mW、2 层为 8.95 mW、4 层为 17.97 mW、6 层为 28.88 mW;输出功率随负载阻值的变化过程中存在一个最佳负载阻值,此时压电换能器的输出功率最大,同时随着堆叠层数的增加,输出功率曲线的峰值点逐渐左移,即对应的最佳负载阻值在逐渐减小,表明堆叠层数的增加可有效减小负载电阻的匹配阻值。

试验研究表明其他荷载工况下压电换能器的输出功率情况亦符合上述规律,为更直观地表示各压电换能器的发电能力,汇总不同荷载工况下各压电换能器的最大输出功率并绘制成柱状图,如图 8.24 所示。

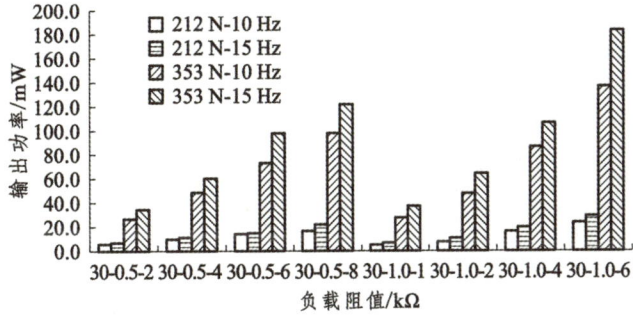

图 8.24　不同荷载工况下各压电换能器最大输出功率

由图 8.24 可知,同一荷载工况、同一堆叠层数下单片 1 mm 厚型压电换能器的输出功率明显大于单片 0.5 mm 厚型压电换能器,表明单片压电陶瓷厚度的提升有助于增大压电换能器的输出功率;随着荷载或频率的增大,同一规格压电换能器的输出功率均有提高,表明在合理限度内高行车速度下发电效果更优,而压电换能器输出功率值随着激振力的增大出现了非线性的明显增大过程,表明该技术应用于重车较多的路段将获得更为明显的能量输出效果;不同规格压电换能器的输出功率多为几十毫瓦,其中 353 N-15 Hz 荷载工况下,30-1.0-6 型压电换能器的输出功率最大可达 183.2 mW,具备了突出的能量输出效果。

然而,压电换能器应用于道路工程中,仍需要满足力学强度,因此下文继续探明所设计的压电换能器在道路工程中应用的力学性能。

8.4 道路堆叠式压电换能器力学性能研究

堆叠式压电换能器作为实现道路机械振动能量到电能转换的核心元件,在发电路面施工及应用过程中承受着复杂的应力作用,可靠的结构强度和优异的极化性能是实现功能效果发挥的重要前提,故有必要验证堆叠式压电换能器在路面内部工作的结构及其极化可靠性,以期为压电发电路面的实际应用提供依据。

1. 抗压性能测试

行车荷载产生的道路压应力是促使堆叠式压电换能器产生电能的直接激励因素,压电换能器在受压过程中首先产生弹性变形,此时压电换能器可正常工作,而当压应力超过一定限值时压电换能器将发生塑性变形,导致工作状态失效,故借助 UTM 微机控制电子万能试验机测试压电换能器抗压屈服强度,以明确堆叠式压电换能器是否可满足道路内部工作环境的要求,试验测试结果如图 8.25 所示。

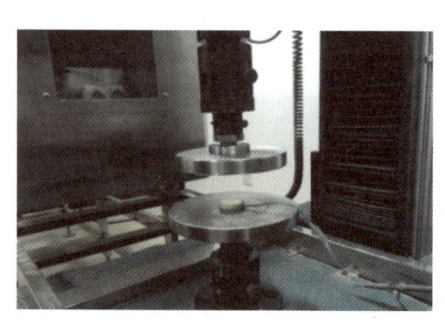
(a)压电换能器抗压性能测试

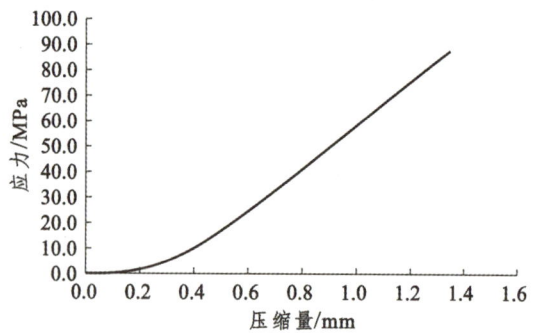
(b)压应力与位移关系曲线

图 8.25 堆叠式压电换能器抗压性能测试

由试验测试结果可知,试验前半段压应力与压电换能器压缩量呈现出非线性变化趋势,分析原因,为层间粘结剂和层间电极的存在改变了整个结构的力学特性,而随着力值的增加，两者呈现出线性变化趋势。在达到仪器可提供的最大加载荷载 80 kN 时，测试结果仍然呈现出非常规律的线性增长趋势，此时依据压电换能器受压面积换算，得压应力的值为 88 MPa，远超路面结构内部可能存在的竖向压应力范围，表明堆叠式压电换能器具备十分优异的结构强度，能够满足道路任意荷载状况下的强度要求。

2. 基于振动加载成型的应用结构强度测试

压电换能器在发电路面实际应用中面临更复杂的荷载作用条件，特别是施工时高荷载压路机的振动碾压作用，若经历该环节后压电换能器仍能保持结构完整，则可满足道路施工、应用中的绝大部分强度考验。因此，参照我国现行沥青路面施工规范，借助振动压实成型设备制作发电路面小尺寸试件以模拟振动压路机的作业状况，设置激振力为 10 kN、激振频率为 40 Hz、振动时间为 200 s，将压电换能器埋置于约 40 mm 深度处分层铺筑成型试件，试验过程如图 8.26（a）所示。将成型完成的试件放置于烘箱中烘至软化松散，剥离混合料并取出压电换能器，观察其结构的完整性，压电换能器状态如图 8.26（b）所示。

（a）振动成型发电路面试件　　　　　　（b）取出后的压电换能器

图 8.26　基于振动加载成型的压电换能器结构强度测试

由图 8.26 可知，经历高频高压振动压实工序的压电换能器结构整体基本完好，仅是封装材料在高温作用下出现一定形变，主体结构无裂纹、错位等破坏迹象，表明堆叠式压电换能器能够出色地经受住高频振动压实过程所施加的高温大荷载作用，并能够满足道路铺筑施工及应用阶段的各项强度要求。

8.5　本章小结

本章设计了电极粘结法和独石共烧法两种堆叠式道路压电换能器制备工艺，提出了"U"型层间铜箔电极与侧向引电极两种电极结构设计方案，测试了其电学输出效果与结构耐久性能。

（1）基于堆叠式压电换能器发电理论，明确了道路压电换能器单片厚度为 0.5~1.0 mm，直径为 30 mm。

（2）设计了电极粘结和独石共烧两种堆叠式压电换能器制备工艺，提出了"U"型层间铜箔电极与侧向引电极两种电极结构设计方案，明确了电极粘结法和"U"型层间铜箔电极结构作为其最佳设计方案。

（3）测试了不同规格压电换能器在不同工作条件下的发电效果，并明确了其在道路交通条件作用下的抗压强度达 88 MPa，且满足道路施工及应用阶段的各项强度要求。

第 9 章　兼顾能量输出与结构耦合的道路堆叠式压电发电装置设计

内部阵列布设堆叠式压电换能器的道路压电发电装置能够提高压电换能器整体电学效果，但需兼顾压电换能器能量输出特性、路面结构特性及交通特性。本章系统分析道路堆叠式压电发电装置的技术要求，提出兼顾能量输出与结构耦合的道路堆叠式压电发电装置设计方案，基于有限元模拟和行车荷载特性调查，优化设计道路堆叠式压电发电装置结构参数，并基于道路适用性的要求优选合适的道路堆叠式压电发电装置细部材料，以实现较高的电学输出、较佳的路面耦合。

9.1　道路堆叠式压电发电装置方案设计

设计的道路堆叠式压电发电装置若要兼顾能量输出与结构耦合，则需符合实际道路交通条件和环境，本节提出合理的道路堆叠式压电发电装置技术要求，并设计与之匹配的道路压电发电装置，满足道路压电发电技术应用要求。

9.1.1　道路堆叠式压电发电装置技术要求

道路压电发电装置其本质上是将一定数量的压电换能器阵列于装置内部，通过将压电发电装置埋设于路面结构内部，以发挥压电换能器的压电效应，获得较高能量输出，故保证道路压电发电装置具有良好的工作环境具有重要意义。基于此综合考虑压电换能器力电转换性能与实际应用环境，提出压电换能器的 4 项最基本技术要求：① 应为压电换能器提供有利的力电转换环境；② 在保障公路使用寿命的同时，兼顾自身工作耐久性；③ 对内置的压电换能器及对应线路有固定和保护作用；④ 应具有便于施工和可回收再利用的特性。

1. 装置应为压电换能器提供有利的力电转换环境

应力扩散现象使得作用于路面的荷载扩散于道路结构内部一定面积内，而压电换能器需在足够大的竖向压应力条件下，才能实现能量输出的最大化，故道路压电发电装置应尽可能地克服应力扩散现象，将一定面积内的压应力进行最大化的集聚利用，同时道路压电发电装置还应保证压电换能器具有一定的振动空间。

堆叠式压电换能器是由单个压电陶瓷片经过高温烧结处理，形成的具有一定厚度的层状式结构，压电陶瓷材料本身具有轴向承载能力强，承受集中荷载、拉应力、剪应力能力弱的特性，压电换能器由压电陶瓷片堆叠而成，因此具有与压电陶瓷材料相同的特性，其轴向承载能力最高可达几十兆帕，可完全适应车辆荷载的作用，但压电换能器在实际应用过程中，不可避免地受到点荷载及剪应力的作用，故在进行道路压电发电装置设计时，应充分考虑堆叠式压电换能器的结构特性，保障压电换能器不被损坏的同时，实现其能量输出的最大化。

2. 在保障公路使用寿命的同时兼顾自身工作耐久性

将压电发电装置铺设于道路结构内部，必然会破坏路面结构的完整性，且压电发电装置材料本身具有粘结性差的缺陷，发电路面的构建必须将一定数目压电发电装置阵列埋设于道路结构内部才能获得较高的能量输出，但由于压电换能器与集料的粘结性较差，极易造成路面的损坏，严重影响公路的使用寿命和服务水平。因此必须强化道路压电发电装置与路面结构的粘结性能，从而延长公路的使用寿命。

压电换能器埋设于路面结构内部时，将面临复杂的施工和应用环境，其工作耐久性难以得到保障，复杂环境具体而言就是水、温度对道路压电发电装置的影响，水会导致道路压电发电装置金属材料的锈蚀，缩短金属材料使用寿命，同时也会使内置电路出现短路和漏电现象，以致压电换能器损坏，失去其发电性能。故道路压电发电装置应具有防水性能。温度对道路压电发电装置的影响主要是指在路面铺筑过程中高温沥青拌合料对压电换能器的影响，由压电陶瓷材料制备而成的压电换能器其耐高温强度为居里温度 200~300 ℃，当环境温度超过压电陶瓷居里温度一半时，压电陶瓷就会出现退极化，从而丧失其力电转换性能，而高温沥青拌合料的铺筑温度可达 150 ℃ 左右，故应对道路压电发电装置进行隔热处理。

3. 装置应对内置的压电换能器及其线路有固定和保护作用

单个压电换能器的功率输出在 2 mW 左右，将其直接应用于发电路面时，无法满足发电路面应用需求，故需将压电换能器进行阵列集成处理以提高压电换能器的能量输出效果，大量压电换能器内置于压电发电装置内部，当受到振动荷载作用时不可避免会造成压电换能器位置的移动，难以实现电压的稳定输出，甚至会造成压电换能器之间的相互摩擦、碰撞损坏，因此道路压电发电装置对压电换能器应有固定和保护的作用。

要使每个压电换能器的电能得以顺利输出，需在其正负两极连接相应的导线，大量压电换能器阵列于道路压电发电装置内部时，随着导线数量的增加，其连接方式也会变得极为复杂，与此同时，导线的外延部分还将面临路面施工时的恶劣环境，施工时的高温、高压环境均会导致线路损坏，故道路压电发电装置需将大量导线井然有序地固定、排列于装置内部,并对其提供一定的保护作用,以实现压电换能器能量的正常输出与使用。

4. 应具有便于施工和可回收再利用的特性

压电发电装置最终将被整体埋设于路面结构内部,具体位于上面层与中面层之间,压电发电装置是由刚性材料组合而成的,本身具有相对较大的质量和体积,与路面结构内其他集料类材料具有显著差异,将其铺筑于道路结构内部,势必会对路面结构原有的铺筑方式造成影响,如何在不影响或最小程度地影响道路正常施工的前提下将其铺设于路面结构内部同样十分关键,与此同时,目前可直接运用的单个压电换能器造价高,而道路压电发电装置内阵列了大量的压电换能器,其价格相对而言较为昂贵,故道路压电发电装置应具有可回收再利用的特性,以提高压电换能器的利用效率,降低发电路面的铺筑成本。

9.1.2 道路堆叠式压电发电装置方案设计

基于上述道路压电发电装置技术要求,以提高能量输出效果及保障公路的使用寿命为目标,同时考虑压电发电装置耐久性、施工与维修便捷性等方面设计出了基于堆叠式压电换能器的道路压电发电装置方案,装置主要由刚性承载板(上盖板和底板)、保护垫块、压电换能器及其限位基板等部分组成,结构如图 9.1 所示。

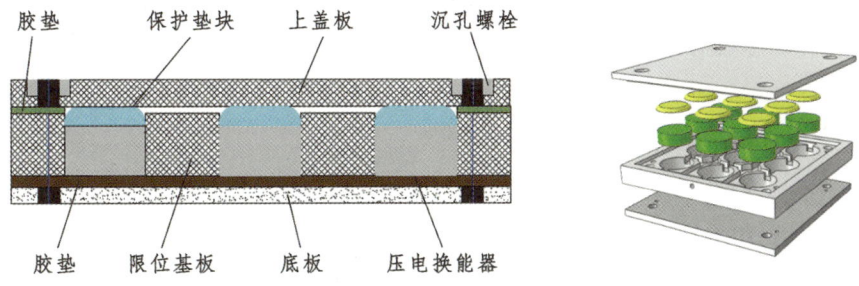

图 9.1 道路压电发电装置结构示意

1. 刚性承载板

刚性承载板主要包括上盖板和底板,刚性材料结构强度大、受力变形小,与基板协同作用可为压电换能器提供一个可稳定输出电能的工作环境,用于保护压电换能器在施工铺设过程中或工作时不致受不均匀荷载(点荷载或冲击荷载)作用而破坏、免受高温和水侵等环境损害,并可克服行车荷载的应力扩散现象,将一定面积内的压应力最大化地集聚利用,进而提升压电换能器能量输出效果与车辆荷载利用率,此外通过对钢性承载板外表面进行粗糙处理,还可有效提高压电发电装置与路面结构的粘结性。

大量压电换能器阵列于压电发电装置内部致使装置的价值相对较高，故压电发电装置应具有良好的维修便捷性和可重复利用性，为使压电发电装置具有这种优良特性，装置整体采用可拆卸式结构，上盖板、底板及基板之间通过螺栓进行连接组装，压电换能器置于基板内部并通过上盖板和底板进行夹持紧固。压电换能器在一定的力学环境下才能实现电能的输出，而行车荷载产生的道路压应力通过上盖板传递于各压电换能器，若要实现装置内部压电换能器电能的稳定输出，则必须使得压电换能器同步联动，这就要求压电换能器与上盖板和底板尽可能形成平面接触，而由电极粘结法制备而成的压电换能器其高度基本一致，高度差可控制在 0.01 mm 级，完全可满足同步振动的要求，因此上盖板和底板的平整度也应满足相应的要求。同时还应对压电发电装置外表面进行打毛、刻槽等粗糙处理，以增强其与沥青混凝土路面结构的粘结性，保障公路的使用寿命与行车的舒适性。

2. 保护垫块

压电陶瓷材料在不均匀荷载作用下极易发生破坏，而堆叠式压电换能器由压电陶瓷片堆叠而成，具有与压电材料相同的属性，在实际应用过程中必须采用一定的防护措施，以保证压电换能器的耐久性，压电发电装置的刚性承载板虽然可缓解沥青路面铺设过程中不规则骨料挤压、搓动压电换能器时产生的破坏，但压电发电装置与行驶车辆刚接触时存在着剪应力，如图 9.2 所示，这种状态下压电换能器极易发生破坏，同时上盖板长时间在行车荷载下不可避免会产生疲劳变形，若上盖板与压电换能器直接接触，则不可避免对压电换能器造成损伤，故有必要在压电换能器顶部设置相匹配的保护垫块，以形成对压电换能器的保护，保障行车荷载沿轴向均匀地传递至压电换能器顶面。

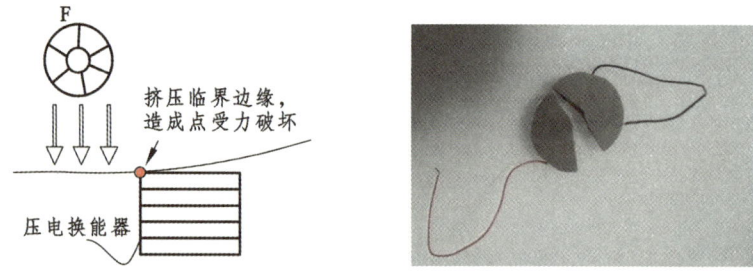

图 9.2　极限条件下压电换能器破坏示意

目前，可用于导向传力的结构主要有球式铰链和柔性铰链两种型式。柔性铰链具有接触性好、灵敏度高的特点，但柔性铰链结构在力传递过程中存在着一定程度的力学衰减，导致力值输出偏小，对压电换能器的能量输出产生了一定的负效应，且与球式铰链相比，柔性铰链制作成本也相对较高，为提高压电换能器的能量输出效果，基于球式铰链结构设计了以下三种保护垫块。

（a）钢球+开有半球洞的圆柱　　（b）切割半球+圆饼垫块　　（c）倒圆圆柱垫块

图 9.3　保护垫块结构

3. 堆叠式压电换能器限位基板

限位基板夹持于上盖板与底板之间，对压电换能器、能量传输线路以及采集电路等部件起到固定和保护作用，通过在其内部设置具有一定阵列方式的贯通式限位圆孔、导线安装槽、处理电路安装槽、导线终端出口以及螺栓孔等，以实现对大量压电换能器、传输线路以及采集电路的有序集成固定，同时可避免行车荷载作用下引起压电换能器的移位、摩擦破坏。此外，内置于限位基板的压电换能器及其传输线路等结构在沥青路面高温铺筑过程中易于发生高温损坏、挤压破坏，从而影响道路压电发电装置的能量输出性能，故限位基板选材时应兼顾材料的高温隔热功能和抗挤压能力。

螺栓孔主要用于限位基板的固定，通过紧固螺栓，使上盖板、底板、基板紧密嵌合，从而保障道路压电发电装置的整体性与密封性。导线终端出口用于引导传输线路的输出，并形成对线路的保护。贯通式限位圆孔的尺寸和位置按堆叠式压电换能器的阵列方式和结构尺寸进行加工，用于固定压电换能器的具体位置，确保其高度始终在同一水平，可有效降低压电换能器的摩擦损坏风险，同时有利于压电换能器与上盖板的平面接触，以实现压电换能器的同步振动，从而提高道路压电发电装置整体能量输出效率。导线安装槽用于整理排布压电换能器传输线路，可使得大量复杂的导线井然有序地排列固定于装置内部，有利于装置内部线路的维修、替换，同时还可形成对传输线路的保护，避免上盖板对导线产生挤压损坏。处理电路安装槽主要用于安置整流单元，每个压电换能器都有相应的整流单元与之对应，而通过处理电路安装槽，可对整流单元进行排列固定，以实现对压电换能器输出电流的预处理。

此外，压电发电装置设计方案通过在限位基板与底板之间加设硅胶类弹性体，为压电换能器提供具有一定振动空间的工作环境，且硅胶类弹性体防水性能优良，可有效防止水从底板与基板接缝处渗入，避免压电换能器及其他压电元件发生水损坏，同时考虑到压电发电装置的螺栓接口、上盖板与基板的接缝处，在复杂的施工及应用过程中易出现高温破坏、水损坏，故对其进行了针对性的防水和耐高温处理。

9.2　道路堆叠式压电发电装置外部参数优化

道路堆叠式压电发电装置的刚度、形状、尺寸等结构参数影响原路面结构的力学响应。为保证原路面结构力学服役性,本节基于全过程轮胎碾压工况,分析匹配不同参数压电发电装置周围路面结构力学响应规律,确定其最佳刚度及形状,并结合行车荷载特性优选其尺寸参数,以最大程度降低压电发电装置埋入影响,保证其路面服役性能的同时,实现行车荷载的高效利用。

9.2.1 压电发电路面模型建立与优化方案

1. 道路压电发电装置模型

压电发电装置置于道路结构中,需满足行车大荷载的道路交通条件要求,同时满足其与道路材料的兼容性要求(见图 9.4 a),其内部配置保护垫块和压电换能器,以满足能量转换的传力需求,其中压电换能器采用并联的 PZT-5H 堆叠式压电陶瓷转换电能。

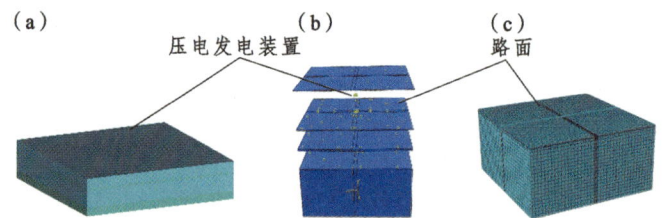

(a)压电发电装置　(b)压电发电路面结构层间 tie 示意　(c)路面仿真模型网格划分

图 9.4　道路压电发电装置与发电路面模型

2. 基于压电发电装置的发电路面模型

压电发电路面以道路结构为载体,以承受车辆荷载碾压的压电发电装置为换能核心。为简洁有效地模拟发电路面力学响应规律,将模型简化为沥青混凝土面层(4 cm 上面层+6 cm 中面层+8 cm 下面层)、埋设于其中的压电发电装置及路面基础三部分,其中面层与基础的材料均匀、连续、各向同性。压电发电装置为 150 mm×150 mm 方形结构或 Φ150 mm 的圆柱结构。面层和路面基础材料参数如表 9.1 所示。

表 9.1　压电发电路面参数

路面结构	厚度范围/cm	模型选取代表值/cm	弹性模量/MPa	模型选取代表值/MPa
沥青混凝土面层	4~30	18	800~2 200	1 200
路面基础	—	—	20~500	400

模拟过程中,将装置与其周围沥青混凝土之间的接触属性视为连续态,将道路面层与面层、面层与路面基础之间的接触视为完全连续,接触属性为 Tie 接触,如图 9.4(b)所示。模型网格划分采用 8 结点等参单元 C3D8R,同时将面层划分较细,路面基础层划分较粗,在轴载作用区域加密网格,如图 9.4(c)所示。

3. 力学优化方案

为模拟实际轮胎碾压过程,根据车辆行进状态将其划分为Ⅰ~Ⅵ六种工况(见图9.5),分别表示轮胎前边缘与装置边缘相接、轮胎前边缘位于装置中心处、轮胎完全碾压装置、轮胎后边缘位于装置中心处、轮胎后边缘与装置边缘相接、轮胎碾压无装置道路六种状态。考虑道路常见车辆轮胎接地面积,将车轮荷载面等效为 186 mm × 192 mm 的矩形,施加垂直荷载 $P=0.7$ MPa、水平荷载 $F=\mu P=0.21$ MPa($\mu=0.3$),以 Mises、S_{23}、S_{33} 应力为力学指标分别评价压电发电装置周围路面材料的屈服应力、侧边路面材料所受的竖向剪应力及底部路面材料所受竖向压应力,以分析车辆荷载作用下匹配不同参数的压电发电装置对路面结构力学响应的影响,确定其最佳参数。

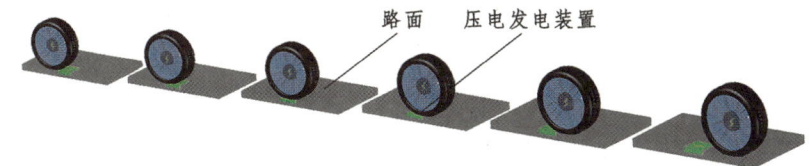

图 9.5 压电发电路面车辆轮载碾压过程

9.2.2 基于有限元模拟的装置材料刚度优化

由于压电发电装置材料与路面材料模量的差异性,车辆荷载作用下,置于路面的压电发电装置将改变原路面结构的力学响应。为分析压电发电装置材料刚度对路面结构力学响应的影响规律,选取具有一定承载力的常见的聚丙烯(PP)、尼龙(Nylon)及合金钢(Q235)材料作为压电发电装置基材,其材料参数如表9.2,压电发电路面代表性力学响应如图9.6(a~c)所示,全过程碾压工况下其周围路面材料的屈服应力、侧边路面材料的剪应力及底部路面材料的压应力如图9.6(d~f)所示。

表 9.2 常见的压电发电装置材料参数

装置材料	弹性模量/MPa	选取代表值/MPa	泊松比	选取代表值/MPa
PP	896~2 000	896	0.3~0.43	0.41
Nylon	1 070~8 300	8 300	0.28~0.34	0.28
Steel (Q235)	196 000~212 000	212 000	0.25~0.33	0.288

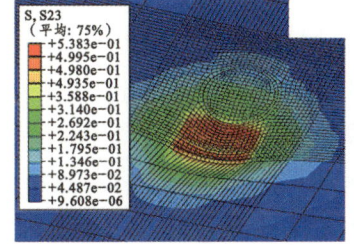 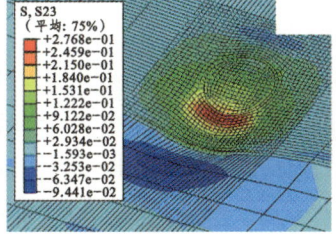 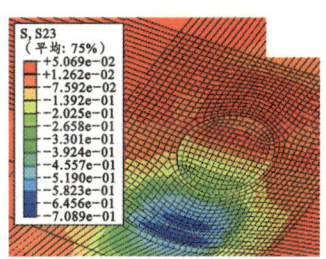

(a)工况Ⅰ-PP:屈服应力　　(b)工况Ⅰ-PP:侧边剪应力　　(c)工况Ⅰ-PP:底部压应力

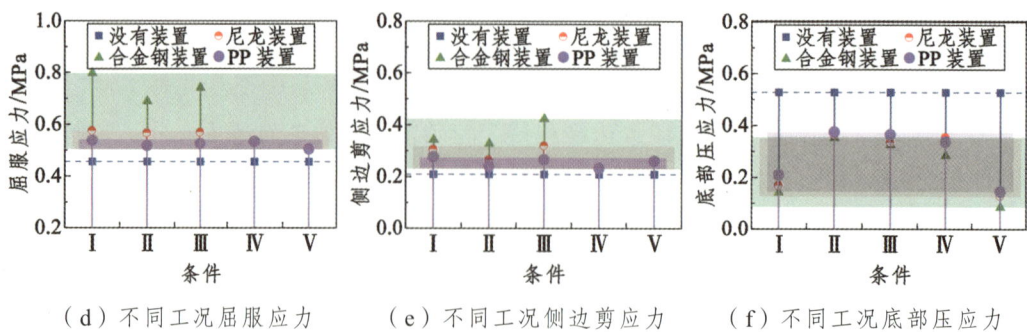

(d)不同工况屈服应力　　(e)不同工况侧边剪应力　　(f)不同工况底部压应力

图 9.6　全过程碾压工况下匹配不同刚度压电发电装置的路面力学响应

由图 9.6（d~f）可知，与无装置埋入的路面结构相比，埋入装置的路面结构中装置侧边路面材料的屈服应力和竖向剪应力明显增大、底部压应力明显减少，验证了压电发电装置的埋入影响了路面结构的力学响应。相同应力指标中，路面材料屈服应力和侧边剪应力均呈现先减少后增加再减少的趋势，底部压应力呈现增加后减少的趋势。相同工况下，路面材料屈服应力和侧边剪应力受装置刚度影响较大，底部压应力的影响较小。其中装置刚度越大，屈服应力和侧边剪应力越大，越不利于路面材料的耐久，而不同刚度装置的底部压应力相近，且低于无装置路面压应力。表明车辆碾压装置全过程中，发电路面的应力主要集中于装置侧边与路面材料接触处，相应位置更容易发生破坏，发电路面现场铺设监测时应重点关注此部分区域。

竖向压应力自上而下传递，装置底部路面材料压应力越大，表明装置承受的压应力越大，越有利于捕获机械振动能。由图 9.6（f）可知，刚度较小的材料装置底部压应力较大，更有利于装置良好力电转换效果的实现。因此，为尽量降低压电发电装置的植入对路面材料力学连续性的影响，最大程度地保证压电发电装置及其周边路面材料在交通荷载下能有较长时间的服役，在选择压电发电装置的封装材料时，应选择刚度相对较小的常见工程材料。

9.2.3　基于有限元模拟的装置形状优化

常见的压电发电装置形状分为方形和圆形两种，为使优化结果具备普适性，随机选用合金钢作为压电发电装置材料，分析全过程碾压工况下匹配方形和圆形两种装置的路面材料力学响应规律，优选道路兼容最大化的压电发电装置形状，路面材料力学响应规律如图 9.7 所示。

由图 9.7 可知，全过程碾压工况下压电发电装置形状对路面材料的力学响应影响不同，圆形装置的屈服应力和侧边剪应力均大于方形装置，其中屈服应力最大增加幅度为 42.5%，侧边剪应力最大增加幅度为 41.4%，表明圆形装置对路面结构力学响应的影响更大，在轮胎开始碾压装置（工况Ⅰ）和完全碾压装置（工况Ⅲ）时尤为明显。此现象形成的原因除压电发电装置材料影响外，主要为装置接触面形态影响，相比方形装置的平面接触面，圆形装置的弧形接触面增加了其侧边与路面材料之间的不耦合度，表现出更大的干扰性。

同时由图 9.7（c）可知，全过程碾压工况下匹配不同形状装置的路面底部压应力均小于原路面结构，且方形和圆形装置对应的底部压应力相差不大，减少幅度在 1.7～11% 范围内，但相对而言，方形装置对应的底部压应力较大，更有利于捕获机械振动能。因此推荐将方形作为压电发电装置形状。

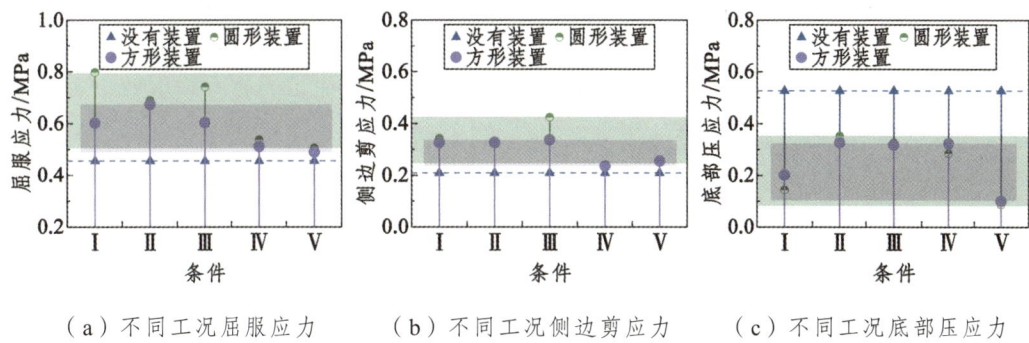

（a）不同工况屈服应力　　（b）不同工况侧边剪应力　　（c）不同工况底部压应力

图 9.7　全过程碾压工况下匹配不同形状压电发电装置的路面力学响应

9.2.4　基于行车荷载特性调查和有限元模拟的装置尺寸优化

1. 基于行车荷载特性的装置水平截面尺寸优化

行车荷载产生的道路压应力是压电发电装置实现力电转化的直接激励因素，压电发电装置的尺寸及铺设位置应能与道路行车荷载特性相匹配，以实现对行车荷载的高效利用和压电能量的优化输出。因此，综合考虑道路轮载分布特性、轮胎接地特性及行车碾压工况等方面后对压电发电装置尺寸进行优化设计，推荐不同交通环境下压电发电装置尺寸设计方案。

道路轮载分布方面，由图 3.2 可知，距道路边缘线 0.5～1.5 m 与 2.25～3.25 m 集中了将近 90% 的轮迹，而大部分轮迹都分布在以路中线对称的两条各 0.5 m 宽的路面上，因此压电发电装置的最大尺寸初步限定为 500 mm。

（1）基于轮胎接地特性的装置水平截面尺寸优化。

路面压电发电装置的设计初衷是将一定行车荷载作用面积内的荷载应力集聚后同步传递给数个乃至数十个压电换能器，理想情况下压电发电装置外形尺寸应与行车荷载下某一路面深度处的应力面积完全契合，以最大化地利用行车荷载产生的道路压应力，但受不同轮胎接地形态、路面结构及应力扩散等因素的影响，路面内部应力分布极不均匀，几乎无法明确计量，而轮胎接地形态作为路面结构应力发展的初始形态，相对可靠且容易确定，故选择基于轮胎接地形态优化压电发电装置尺寸。

（2）压电发电装置横向尺寸优化。

根据表 3.3 和 3.4 轻型交通和重型交通汽车主要参数可知，小汽车轮胎的横向接地宽度基本 110～220 mm，载重汽车轮胎的横向接地宽度基本为 130～260 mm，压电发电装置尺寸应介于此宽度范围内。

（3）压电发电装置纵向尺寸优化。

根据表 3.5 可知，小汽车轮胎的纵向接地长度根据负载不同分布在 104～142 mm，重型货车轮胎接地长度相对较大，根据负载不同多在 200～300 mm，压电发电装置的纵向尺寸选取可参照此范围。

综上对轮胎接地特性的分析，考虑到压电发电装置尺寸应能兼顾到道路中大部分行车荷载，面向轻型交通环境的压电发电装置横向尺寸宜小于或处于 110～165 mm，纵向尺寸宜小于 100 mm 或处于 100～120 mm；面向重载交通环境的压电发电装置横向尺寸宜小于 160 mm 或处于 160～195 mm，纵向尺寸宜小于 200 mm 或处于 200～300 mm 范围内。

2. 基于有限元模拟的装置水平截面尺寸优化

合理的压电发电装置水平截面尺寸有利于提高发电路面行车荷载利用率，实现压电能量输出最大化。基于分析结果选用 3 cm 厚度-PP 材料-方形压电发电装置作为研究对象，加载轮胎完全碾压装置荷载（工况Ⅲ），分析不同水平截面装置对周围路面材料的屈服应力、侧边剪应力和底部压应力影响。常见的轮胎接地宽度为 100～200 mm，为明确压电发电装置水平截面尺寸对路面材料力学响应影响规律，最终确定合理的水平截面尺寸，将其扩大至 30～500 mm。轮胎完全碾压压电发电装置时，不同水平截面尺寸的压电发电装置对周围路面材料的力学响应如图 9.8 所示。

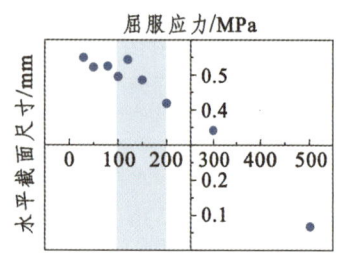
（a）路面材料屈服应力

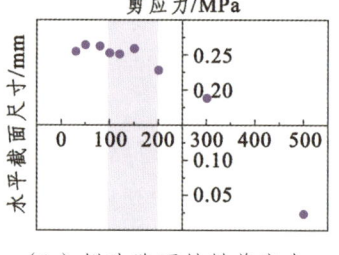
（b）侧边路面材料剪应力

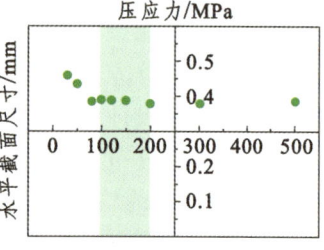
（c）底部路面材料压应力

图 9.8　不同水平截面压电发电装置对其周围路面材料的力学响应

由图 9.8 可知，随压电发电装置水平截面尺寸的增加，其底部路面材料压应力变化相对较小，其中截面尺寸低于 80 mm 时底部压应力降低明显，但其大于 80 mm 时压应力几乎不变，表明装置底部路面材料的压应力与其水平截面尺寸关联性较小。而周边路面材料屈服应力和侧边路面材料剪应力变化规律与其相反，当截面尺寸小于 150～200 mm 区间时，路面材料屈服应力和剪应力变化幅度不大，但当截面尺寸不小于 150～200 mm 区间时其（它们）明显减少。表明水平截面不小于 150～200 mm 的装置有利于减缓行车荷载作用下其对周围路面材料的应力影响,分析原因为轮胎接地面积为 186 mm×192 mm 的矩形荷载碾压低于 150~200 mm 区间截面大小的装置时,轮胎同时与装置和周围路面接触,部分荷载被周围路面承受,装置承受荷载减少,对应其周围路面材料的力学响应影响增大。

若改变假设的轮胎接地面积,此影响将随之改变。然而压电发电装置承受车辆荷载碾压时,其受力范围多处于轮胎与压电发电装置接触区域,为保证压电发电装置车辆荷载利用率,压电发电装置水平截面尺寸需与轮胎接地面积吻合。因此,考虑道路常见车辆轮胎接地面积(l=180 mm)的重复率较大,为最大化利用车辆荷载,参考路面材料力学响应结果,推荐压电发电装置水平截面尺寸为 150~200 mm。

3. 基于有限元模拟的装置厚度优化

压电发电装置埋于路面结构,其厚度亦影响发电路面的力学响应。为明确不同厚度压电发电装置对路面结构力学响应连续性的影响,根据压电发电装置材料刚度和形状优化结果,选择 PP 材料+方形组合的压电发电装置作为研究对象,分析全过程碾压工况下不同厚度压电发电装置对路面力学响应的影响规律,以确定其最佳装置厚度。考虑压电发电装置内部的保护垫块和压电换能器厚度,压电发电装置厚度选用 2 cm、3 cm、4 cm、5 cm、7 cm 和 10 cm。全过程碾压工况下路面力学响应规律如图 9.9 所示。

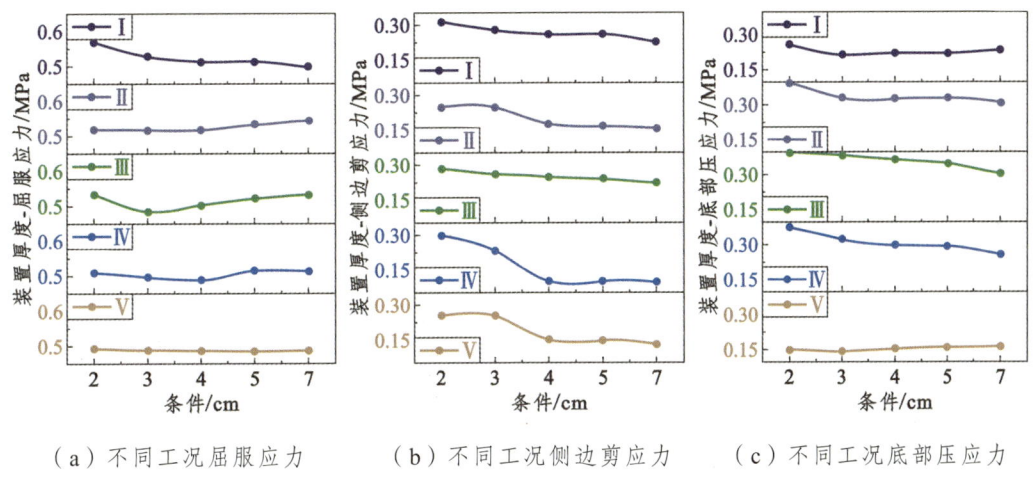

(a)不同工况屈服应力　　(b)不同工况侧边剪应力　　(c)不同工况底部压应力

图 9.9　全过程碾压工况下匹配不同厚度压电发电装置的路面力学响应

图 9.9 验证了不同厚度压电发电装置不同程度地影响了发电路面材料的力学响应。同时,不同工况下压电发电装置侧边剪应力和底部压应力均随装置厚度的增加而呈现下降的趋势,下降拐点基本处于 3~4 cm 厚度的位置,此现象与装置侧边应力传递有关,装置厚度越大,侧边荷载传递应力越分散,侧边剪应力和底部压应力越小,越有利于路面结构力学传递的连续性。而压电发电装置周围路面材料屈服应力随装置厚度的增大呈现先减少后增大的趋势,其中全过程碾压工况下厚度为 3~5 cm 的压电发电

装置周围路面材料的屈服应力最小,表明压电发电装置宜选用合适的封装厚度,以减少压电发电装置周围路面材料的屈服应力。

此外,压电发电装置厚度在选用时还需考虑埋设施工和装置内部传力影响。为减小发电路面开槽埋设施工对路面结构的破坏,压电发电装置宜选用较小的封装厚度。为保证内部压电换能器捕获更多振动能,宜减少保护垫块厚度,对应压电封装整体厚度减少。因此,综合考虑推荐压电发电装置厚度为 3~4 cm,同时装置底部及侧边设置过渡材料,减少装置周围路面材料屈服应力的同时,减小其侧边路面材料剪应力和底部路面材料压应力的影响。

因此,在保证能兼顾到全部行车荷载的基础上,综合考虑了装置内压电换能器布设、施工便利性及制作成本等因素,将面向轻、重交通环境的压电发电装置纵、横向尺寸定为 100 mm×100 mm×30 mm 和 150 mm×150 mm×30 mm 两种规格。

9.3 道路堆叠式压电发电装置内部参数优化

除外部结构参数外,道路压电发电装置内部结构参数也影响其电学输出,具体包括压电换能器保护垫块和装置承载板的形状、刚度、厚度及压电换能器的侧位约束条件等,本节基于有限元模型揭示不同参数影响下道路压电发电装置的力学响应,确定道路压电发电装置最佳内部结构参数。

9.3.1 道路堆叠式压电发电装置有限元模型建立

基于 9.1 节堆叠式压电发电装置设计方案,有限元模型建立时将压电发电装置简化为上盖板、保护垫块、压电换能器、限位基板与底板的组合,如图 9.10 所示。其中压电换能器简化为 $\Phi30×15$ mm 的圆柱体,材质选取为压电陶瓷 PZT-5 系列,上盖板、底板均简化为 60 mm×60 mm×10 mm 的正方形板。为匹配压电换能器的圆柱体形状,保护垫块简化为 $\Phi30×5$ mm 的圆片。部件之间接触条件为摩擦系数 $\mu=0.1$ 的表面接触,荷载条件为垂直于上表面的 0.7 MPa 压强,边界条件为底面完全固定。以压电换能器

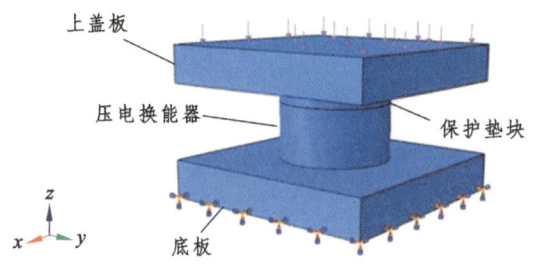

图 9.10 压电发电装置简化模型

顶部 S_{33} 最大压应力及 Mises 屈服应力分布为力学指标分析不同装置结构参数下压电换能器的力学响应，表征不同装置结构参数下装置的能量输出量级与耐久性。压电发电装置各部件具体材料参数见表 9.3。

表 9.3 压电发电装置模型材料参数

材料名称	弹性模量/MPa	泊松比	密度/(kg/m³)
PP Copolymer	896	0.410 3	890
PZT	7 650	0.32	7 500

9.3.2 基于有限元模拟的装置保护垫块优化

保护垫块作为压电发电装置上盖板与压电换能器间的保护层，是压电发电装置传力结构的重要组成部分，同时，保护垫块与压电换能器直接接触，其形状、尺寸、厚度、刚度等参数都会对荷载传递水平产生不同程度的影响，进而影响压电换能器的力-电转换性能与结构耐久性，但影响规律尚不明确。因此，以保护垫块形状、尺寸、厚度和刚度为主要结构参数，利用有限元模拟软件，对比分析不同保护垫块结构参数下压电换能器顶部 S_{33} 最大压应力及 Mises 应力分布情况，研究保护垫块结构参数对压电换能器力学响应的影响规律，据此确定保护垫块最优参数，优化压电换能器力学响应。

1. 形状优化

Mises 屈服应力反映压电换能器屈服应力分布情况，是评价压电换能器工作耐久性、稳定性的首要指标。为研究保护垫块形状对压电换能器应力分布的影响规律，试添加圆柱垫块、圆角垫块（圆角 2 mm、高 5 mm）至压电换能器的上方，以压电换能器 Mises 压应力为力学指标，对比分析压电换能器受力情况。不同形状垫块的装置剖面应力分布模拟结果如图 9.11 所示。

由图 9.11（a）和图 9.11（b）可知，添加圆柱垫块后并没有解决压电换能器边缘应力集中的问题，而由图 9.11（c）可知，添加圆角 2 mm 的圆角垫块后，边缘应力集中程度有所减轻，表明圆角垫块较圆柱垫块可有效改善压电换能器边缘的应力集中现象，究其原因是圆角垫块横断面面积在应力传递方向上的增大促进了边缘应力的有效扩散，从而减轻了应力集中程度。为探明保护垫块圆角大小与压电换能器受力的关系，从而确定圆角的最佳大小，有必要对不同圆角大小下的压电换能器应力分布做进一步的研究。

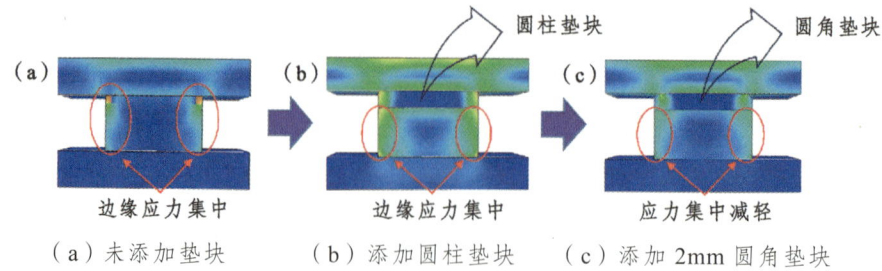

图 9.11　添加垫块及不同形状垫块的装置剖面应力分布

2. 圆角优化

为研究保护垫块圆角大小对堆叠式压电换能器应力分布的影响，借助有限元模拟分析手段对比分析 1～6 mm 圆角大小下压电换能器的 Mises 应力与顶部压应力分布，表征不同圆角大小下装置的耐久性与能量输出量级，以确定最优圆角大小。模拟结果如图 9.12 和图 9.13 所示。

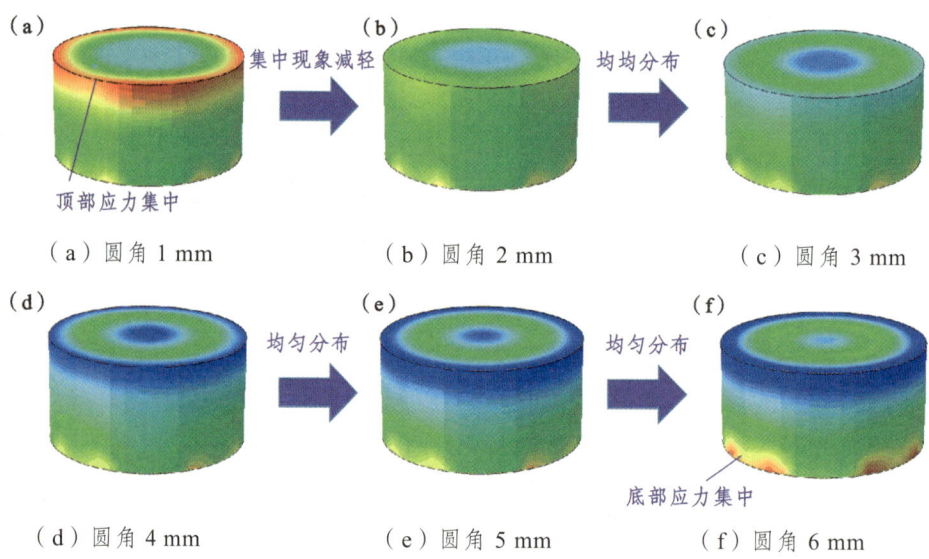

图 9.12　不同圆角垫块的压电换能器 Mises 应力分布

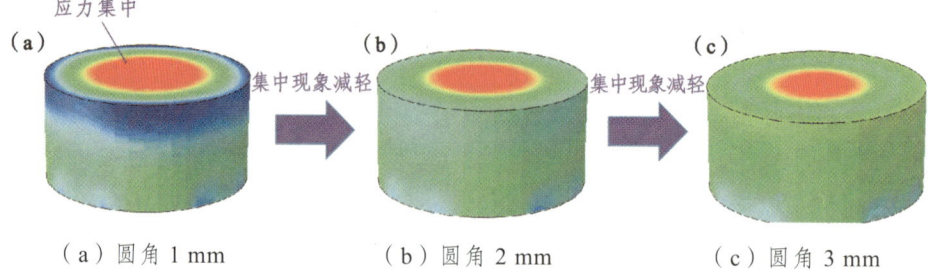

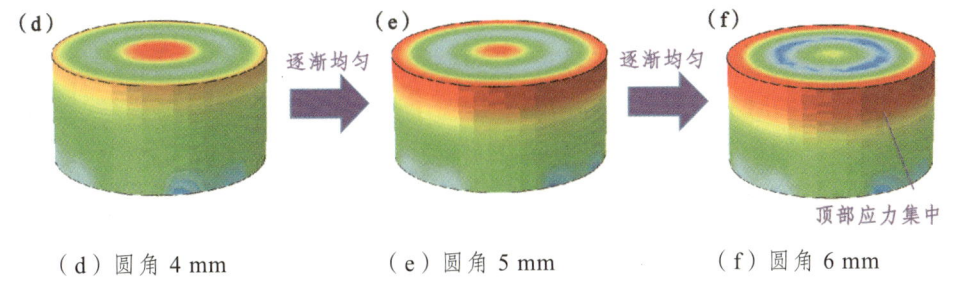

(d) 圆角 4 mm (e) 圆角 5 mm (f) 圆角 6 mm

图 9.13 不同圆角垫块的压电换能器顶部压应力分布

由图 9.12 可知,保护垫块圆角大小从 1 mm 增加至 6 mm 时,压电换能器的边缘应力出现明显变化,其应力集中程度随圆角的增大而逐渐减轻。圆角大小为 1 mm 时,压电换能器顶部边缘应力集中尤为明显,圆角增大至 3 mm 时,压电换能器顶部边缘应力集中得到解决,继续增大圆角大小,则边缘应力分布越趋均匀,越有利于单元的耐久性。但圆角也不宜过大,当圆角增大至 6 mm 时,压电换能器顶部边缘应力分布仍然均匀,但底部边缘却开始出现集中应力,同样不利于压电换能器的耐久性。

由图 9.13 可知,压电换能器顶部压应力随垫块圆角大小的增大而有明显变化,圆角为 1~3 mm 时,压电换能器顶部压应力较为集中,力电转换率较高,而在 4~6 mm 时,顶部压应力分布渐趋均匀,且边缘应力集中程度随之加深,不利于保证压电发电装置的输出量级与耐久性。因此,综合考虑压电换能器的力电转换及耐久性后,采用圆角大小为 3 mm 的圆角垫块作为压电换能器上方的保护垫块。

3. 厚度优化

为研究垫块厚度对传递至压电换能器顶部压应力的影响,结合圆角大小优化结果,在装置简化模型基础上加入多种不同厚度的垫块,并施加 0.7 MPa 荷载进行压电发电装置的有限元模拟,分析不同厚度垫块对压电换能器顶部最大压应力分布的影响,绘制圆角垫块厚度与压应力关系曲线如图 9.14 所示。

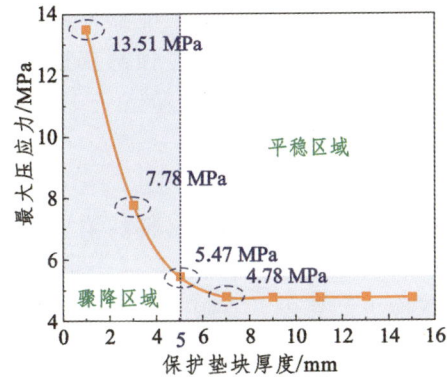

图 9.14 不同厚度垫块下顶部最大压应力

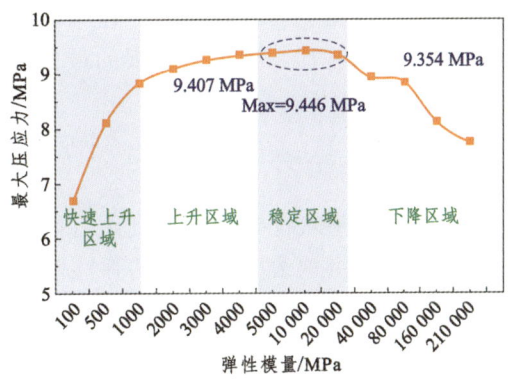

图 9.15 不同模量垫块下顶部最大压应力

由图 9.14 可知，压电换能器顶部最大压应力随垫块厚度的增加而减小，厚度在 5 mm 以内时，压电换能器顶部最大压应力随圆角垫块厚度的增加而急剧减小，5 mm 之后，最大压应力的降低趋于平稳，而厚度达到 7 mm 后最大压应力几乎不变，保持在 4.78 MPa 左右。圆角垫块厚度为 1 mm 时压电换能器顶部最大压应力为 13.51 MPa，3 mm 时为 7.78 MPa，5 mm 时为 5.47 MPa。综合考虑圆角垫块的传力需求及实际生产，垫块厚度不宜过厚或过薄。因此，选择 3 mm 作为圆角垫块厚度，以在符合实际生产的基础上获得最大的顶部压应力。

4. 刚度优化

结合以上优化结果，在简化模型上加入圆角 3 mm、厚度 3 mm 的保护垫块，施加同样的荷载及边界条件，对比分析不同模量垫块（100～210 000 MPa）下压电换能器顶部最大压应力的分布情况，模拟结果如图 9.15 所示。

由图 9.15 可知，压电换能器顶部最大压应力随圆角垫块刚度的增大而快速提升，在 10 000 MPa 左右达到最大值 9.446 MPa，模量在 5 000～20 000 MPa 时总体变化幅度较小，此范围的最小值较最大值只降低 0.97%，而模量在 20 000 MPa 之后压电换能器顶部压应力呈现缓慢降低的趋势。因此垫块模量在 5000～20 000 MPa 时，压电换能器顶部可获得相对较大的压应力，同时为使装置产生最大电能输出，压电换能器顶部压应力应在最值附近，垫块模量宜在 10 000 MPa 左右，且考虑到实际生产价格、加工难度及实际选取的可操作性等，选择弹性模量在 8 000～15 000 MPa 范围内的材料作为圆角垫块的基材。

9.3.3 基于有限元模拟的装置承载板优化

压电发电装置的承载板包括上盖板与底板，是应力传递的重要部件。承载板的刚度、厚度均会影响传递至压电换能器顶部的压应力，但影响规律尚未明确。因此，应以刚度和厚度为主要结构参数，模拟研究承载板刚度、厚度对压电换能器顶部最大压应力的影响规律，确定承载板的最佳刚度和厚度，保证压电换能器顶部获得最大压应力。

1. 刚度优化

结合保护垫块优化结果，利用有限元软件进行模拟分析，假设材料的泊松比不变，在一定范围内改变承载板的弹性模量（改变其中一个板材料时，另一个板为 PP 材料），研究承载板刚度对压电换能器顶部最大压应力的影响，有限元分析结果如图 9.16 所示。

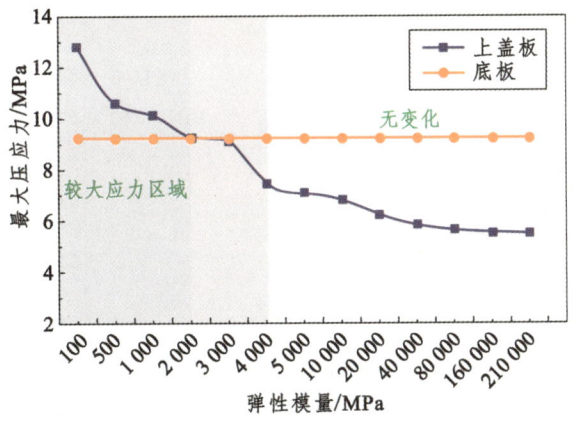

图 9.16　不同承载板模量下压电换能器顶部最大压应力

由图 9.16 可知,在其他部件参数不变的情况下,随着上盖板弹性模量的增大,压电换能器顶部最大压应力降低较快,在 4 000 MPa 之后呈缓慢降低的趋势,可以看出上盖板弹性模量越小压电换能器获得的压应力越大,在低于 2 000 MPa 时压电换能器顶部可获得相对更大的压应力。因此为使压电换能器顶部获得较大压应力,且考虑生产实际,上盖板基材宜选择价格合理、加工难度较低且弹性模量低于 2 000 MPa 的材料。相比而言,底板弹性模量大小对压电换能器顶部压应力大小的影响微乎其微,可以忽略不计,可根据实际承载结构的使用需求进行选材。

2. 厚度优化

结合保护垫块优化结果,在一定范围内改变承载板的厚度(改变其中一个板厚时,另一个板厚固定为 10 mm,且材料均为 PP),研究承载板的厚度对压电换能器顶部最大压应力的影响,有限元分析结果如图 9.17 和图 9.18 所示。

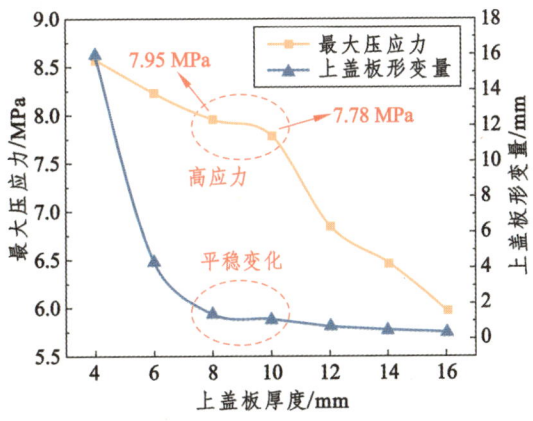

图 9.17　不同上盖板厚度下顶部最大压应力

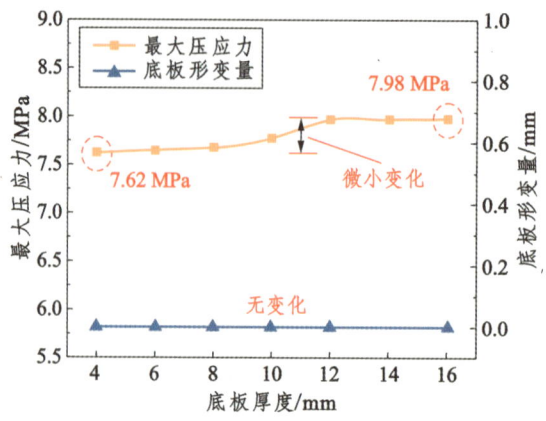

图 9.18　不同底板厚度下顶部最大压应力

由图 9.17 和图 9.18 可知，其他部件参数不变情况下，在板厚调整区间内随着上盖板厚度的增大，压电换能器顶部最大压应力呈降低的趋势，在一定范围内，上盖板越薄，压电换能器顶部压应力越大。但上盖板厚度对其形变量存在较大程度的影响，厚度越大盖板形变量总体呈减小的趋势，在 4～8 mm 厚度范围内变化较为显著，8 mm 以后形变量较低，变化较为平缓。荷载作用下良好的上盖板平整度是压电发电装置捕获压应力实现稳定力电转换的保证，故上盖板厚度不宜过薄，在 8～10 mm 范围内，形变量较低且压电换能器顶部压应力较大，是适宜的厚度范围。相比而言，底板厚度对底板形变量无影响，且对压电换能器顶部压应力影响甚微，因此底板厚度在 8～12 mm 即可。

9.3.4　基于有限元模拟的压电换能器侧位力学优化

将压电换能器进行封装保护埋入后，压电换能器处于四周支固的环境，在受到道路荷载发生形变时，压电换能器水平扩散的趋势会受到沥青混凝土或装置限位基板的侧限约束作用。理论上当压电换能器变形受阻时，发电量会小于预期值。为明确压电换能器侧限约束对能量输出的影响，通过有限元模拟软件对比分析压电换能器侧限约束前后的电压输出情况，以确定限位基板在限制压电换能器水平移动的同时是否需提供多余的侧位空间，保证压电换能器处于最佳的侧位力学环境。

通过建立圆柱体模型研究侧限存在与否对压电换能器输出性能的影响，材料为 PZT-5 系列，极化方向 Z 轴，直径 30 mm，厚度 15 mm，荷载 0.7 MPa，底面电势为 0，有侧限的边界条件为底面 Z 方向位移为 0、侧面 Y 方向位移为 0，无侧限为底面 Z 方向位移为 0。PZT-5 系列材料的具体弹性常数、压电常数及介电常数如表 9.4 所示，有限元模拟结果如图 9.19 所示。

表 9.4　PZT-5 系列压电材料参数

压电材料参数	数值					
弹性常数 C_{ij}^E/（10^{10} N/m²）	C_{11}^E=12.1	C_{12}^E=7.54	C_{13}^E=7.52	C_{33}^E=11.1	C_{44}^E=2.11	C_{66}^E=2.26
压电常数 e_{ij}/（C/m²）	e_{33}=15.8	e_{31}=-5.4	e_{32}=-5.4	e_{15}=12.3	e_{26}=12.3	—
介电常数 ε_{ij}^S/（10^{-9} C·V/m）	ε_{11}^S=8.11	ε_{22}^S=8.11	ε_{33}^S=7.35	—	—	—

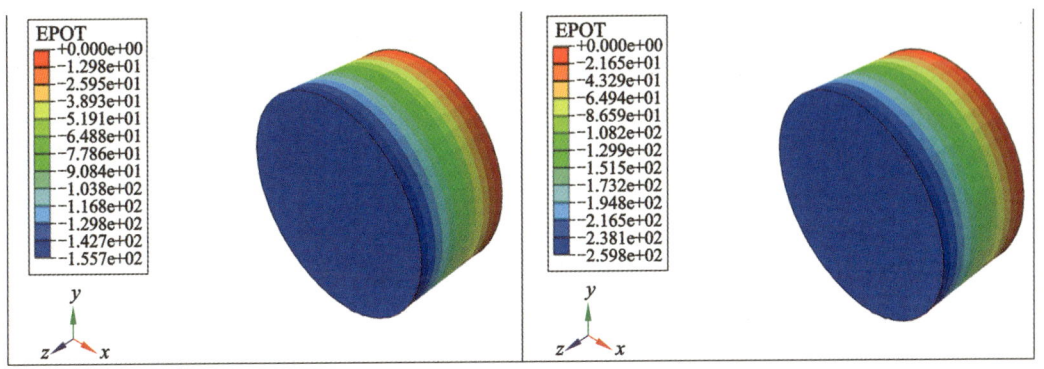

（a）侧限约束条件电势云图　　　　（b）无侧限条件电势云图

图 9.19　不同侧限约束下压电换能器受荷电势云图

由图 9.19 可知，0.7 MPa 应力下侧限约束与无侧限的电势差分别为 155.7 V、259.8 V，侧限约束环境下压电换能器产生的电势差较无侧限环境低 40%，证明侧限约束环境对压电换能器的力电转换效果产生了阻碍，故而在设计与制作压电发电装置时需要注意保证压电换能器的横向伸缩空间，尽量减少或取消侧限约束以提高压电换能器发电量。

9.4　基于道路适用性的压电发电装置细部材料优选

道路堆叠式压电发电装置部件包括具有力电转换作用的压电换能器、具有对压电换能器限位及保护的基板、保护压电换能器的圆角垫块、提供整体保护的上盖板与底板等，本节基于 9.3 节有限元结果及各部件功能需求优选道路堆叠式压电发电装置细部材料。

9.4.1　道路堆叠式压电发电装置封装材料技术要求

压电发电装置封装结构主体包括上盖板、底板与限位基板三部分，三部分装配应能形成一个稳固、安全的密闭空间，用于保护压电换能器在施工或工作时不致受荷载冲击而破坏、免受水侵等环境损害，同时为防止微裂缝等情况的出现，装置外部会增涂一层较薄的涂层作为防水隔温层。选用合理的材料及方法制作出能匹配道路特性的压电发电装置封装结构是实现路面振动机械能量收集的基础，因此基于道路交通荷载特性对压电发电装置的封装材料提出如下技术要求。

（1）高耐温、耐水、耐腐蚀、耐候性。

压电发电装置处于沥青路面面层中，在长久的荷载、温度变化、化学腐蚀及降雨等条件的影响下，对压电发电装置封装的耐温、耐水、耐腐蚀性、耐候性是极大的考验，若压电发电装置封装发生功能性损失或损坏，将直接影响到压电换能器的工作。

（2）高结构强度。

行车荷载下路面内的压电换能器将承受很高的冲击压力，严重时还可能受到矿料棱角的集中应力作用，同时考虑到在发电路面施工时还将面临更大的冲击力作用，故压电发电装置封装必须具有足够的力学强度以防止工作或施工时被破坏。

（3）高道路耦合性。

压电发电装置作为埋设在路面内部的能量转换媒介，其结构性能参数不仅对压电换能器能量转换效率影响显著，还直接影响着路面的使用性能，若存在尺寸不合适、变形量过小或与沥青混凝土相容性差等问题，则将直接产生道路病害。

（4）高耐久性。

压电发电装置工作时将长期处于高应力、低频振动的复杂道路环境中，耐久性是影响压电发电装置能否持续稳定输出电能的重要因素，原则上要求压电发电装置封装的工作寿命应大于等于道路的服役寿命。

（5）环境友好性。

压电发电装置封装与路面结构直接接触，需要在路面结构中承受高温、雨水等严苛条件的影响，需要封装壳体的材料不会在高温环境下向外溢出有毒物质，需要较好的环境友好性。

（6）绝缘性。

压电换能器将荷载转换成电能从导线输出、在极端环境下，可能发生部分漏电、外电场干扰等情况，因此压电发电装置封装壳体需要阻断电荷的传导，需要其高绝缘性及较低的介电性。

9.4.2 道路堆叠式压电发电装置细部材料优选

上盖板用于集聚道路压应力后传递给内部压电换能器阵列，底板协同上，盖板夹持压电换能器起到支撑的作用，限位基板主要起空间隔离作用。同时考虑压电发电装置壳体材料与沥青混凝土的耦合性，壳体应选择可在外部进行粗糙加工处理或自身单面粗糙的材料，以与沥青混凝土形成紧密结合。限位基板主要起到固定与保护压电换能器及其传输线路的作用,因需在其上加工压电换能器限位圆孔、导线槽及整流电路槽等结构用于固定压电换能器阵列,故还要求其应具有较好的结构强度、耐疲劳性能及加工便易性,同时考虑到压电换能器在沥青路面铺筑时可能发生热退极化现象,故限位基板还应兼具有良好的高温隔热功能。因此上盖板和底板必须选用弹性模量较大、强度高、平整度高、耐久性好且易于加工的硬质材料,限位基板材料技术要求相对较低,可与上盖板相同。

1. 上盖板与限位基板材料优选

由 9.2.2 节压电发电装置整体与传力结构的有限元模拟分析结果及压电发电装置封装结构的技术要求可知,上盖板的刚度需求是弹性模量宜小,低于 2 000 MPa,而根据金属材料常识可知,造价合理的金属材料的弹性模量均高于 10 000 MPa,故而上盖板不宜采用金属材料。由压电发电装置简化连续体埋设于路面材料中的有限元分析结果可知,埋设于路面内部的装置必然会对交通荷载下的路面力学响应造成改变,从而导致路面结构的损伤,为了尽量减少对路面结构的损伤,保持路面模量的连续性,在选用压电发电装置上盖板及限位基板的基材时应注意其弹性模量与周边路面材料的吻合,改性聚丙烯(PP)材料具有与路面材料相近的弹性模量,同时在耐高温、耐水、耐腐蚀、耐候性、结构强度、道路耦合性、耐久性、环境友好性及介电性等方面具有优秀的性质,并且造价低廉、可加工性好。综上,选取 8 mm 厚 PP 板作为压电发电装置封装上盖板的基材。

2. 底板

由有限元模拟分析结果可知,压电发电装置封装的底板材料刚度对压电发电装置的电能输出影响较小,根据压电发电装置封装底板的技术要求,底板需要保证长久荷载之后压电换能器底部仍能保持高平整度,同时需要符合耐腐蚀、较大刚度、高强度、高耐久性且易于加工的特点。

上盖板、限位基板及底板的稳固空间需要高强度螺杆与螺孔的紧固来保证,而在底板处设置的螺孔会受到来自螺杆的高剪切应力,尽管普通工程塑料强度及耐弯拉耐冲击性能较好,但在较高温度环境下容易产生变形,容易出现压电换能器的接触不良从而导致压电输出不稳定甚至应力集中的情况,而金属材料的剪切耐受性更强,其中硬铝合金材料的加工性较强,符合以上多数需求,是底板基材的理想材料。综上,选取 8 mm 厚硬铝合金板作为压电发电装置封装板底板的基材。

3. 保护垫块

保护垫块位于上盖板与压电换能器之间,用于将道路荷载应力沿轴向垂直均匀传递给压电换能器顶面,同时保护压电换能器免于单点应力集中疲劳破坏,保护垫块自身应具备良好的刚度、强度和耐疲劳性,由借助有限元模拟仿真手段对保护垫块刚度优化结果可知，保护垫块基材的弹性模量宜在 8 000 ~ 15 000 MPa，其中在 10000 MPa 时最大压应力达到峰值。根据常用工程材料参数可知，保护垫块的基材可选择耐久性优秀的工程塑料，参考常用工程塑料的弹性模量后，优选尼龙-66 材料作为保护垫块的制作基材。

9.5 本章小结

本章设计了兼顾能量输出与道路耦合的堆叠式压电发电装置，优化了压电发电装置材料刚度、形状和尺寸等外部参数，以及保护垫块、承载板和侧位力学条件等内部参数，优选了适用于道路交通和环境条件的细部材料。

（1）提出了道路堆叠式压电发电装置技术要求，同时考虑耐久性、施工与维修便捷性等方面的内容，确定了由刚性承载壳体、保护垫块、堆叠式压电换能器及其限位基板等部分组成的道路压电发电装置方案。

（2）根据压电发电装置与路面材料兼容需求，基于有限元模拟和行车荷载特性，推荐轻交通 10 cm × 10 cm × 3 cm 和重载交通 15 cm × 15 cm × 3 cm 两种方形压电发电装置，考虑压电换能器力学响应，推荐厚度为 3 mm 圆角保护垫块和厚度为 8 mm 上盖板。

（3）综合考虑多种道路适用性要求，确定了道路堆叠式压电发电装置的上盖板及保护基板基材为改性聚丙烯，底板基料为厚度 8 mm 硬铝合金材料，倒角垫块基材为尼龙-66 材料。

第 10 章 道路堆叠式压电发电装置装配与性能研究

压电发电装置内部压电换能器在道路结构振动荷载作用下仅产生微小应变转换电能，若各压电换能器之间高差超过此应变，则将直接导致各压电换能器电学输出不一致，最终影响压电发电装置的整体发电性能，同时压电发电装置埋于路面结构内部，复杂多变的道路环境亦会影响其电学性能和耐久性能。因此，本章优化道路压电发电装置精细化制作与装配工艺，提出道路压电发电装置环境适用性方案和电学性能提升措施，通过模拟加载系统全面评测压电发电装置的发电性能和力学耐久性能，为道路压电微能量采集存储技术研究和现场铺设测试奠定基础。

10.1 道路堆叠式压电发电装置精细化装配工艺优化

应用于道路结构中的压电发电装置必须具有良好的力电转换性能，而压电发电装置力电转换性能的有效发挥需要建立在各部件精密配合的基础上，为保证压电发电装置各部件的加工精度并减小其装配过程中的配合误差，应针对不同结构部件的功能要求和材料特性，采用与之相匹配的工艺进行标准化制作加工，并优化构件具体的装配方法。

10.1.1 压电发电装置制作

1. 上盖板、基板以及保护垫块制作

为满足压电发电装置整体质量轻、耦合性好的特性，上盖板、基板均采用工程塑料改性聚丙烯（PP），PP 材料具有加工性好、质轻、机械强度高、耐热性好、绝缘性强等优良特性，是较为理想的装置材料，上盖板、基板以及保护垫块采用相同加工材料即可减小材料之间的互异性，也能够实现便于加工制作的目的，为使得三种构件具有相同的加工精度，主要采用控制能力强、加工精度高的 CNC 加工法进行加工制作。上盖板构造简单，制作难度相对较小，制作时选择与底板尺寸相匹配的原材料，经过 CNC 精准定位后即可实现对上盖板的加工制作；保护垫块在制作时选择尼龙-66 材料作为制作基材，切割成同等高度圆柱后统一上磨床校平高度，并将一面磨光处理作为

保护垫块的下表面，沿柱体四周磨出光滑倒圆；限位基板构造较为复杂，在保证限位圆孔、导线安装槽、压电换能器接头微动槽、处理电路安装槽以及导线终端出口精度一致、紧密配合的前提下才能实现能量的稳定输出，因此在制作基板时，首先需要对基板进行整平处理使得每个基板的高度差均不超过 0.02 mm，整平完成后利用 CNC 对各部分的位置、深度进行精确标定以实现基板的量产化制作。其中预留的压电换能器接头微动空间，可加强压电换能器接头位置强度。

2. 刚性底板制作

① 水切割：水切割是一种利用高压水射流进行材料切割的冷态切割技术，其切割过程不会产生钢板材料受热变形现象，采用水刀切割机对底板按规格进行批量分块切割。

② 磨床精平：底板作为整个装置平整的基础，若底板出现局部不平整，则会使得压电换能器受力不均匀，进而影响压电能量的稳定输出，故因此采用高精度平面磨床对底板进行多次往复磨平处理，可控制精度达到 0.01 mm，使底板的平整度能满足压电换能器的应用需求。

③ CNC 精加工：刚性底板经过磨平处理后其精度已达到了 0.01 mm 级，完全可以满足压电换能器发电环境的平整度需求，因此可采用 CNC 加工的方法，在不破坏刚性底板平整度的前提下对底板进行精准定位加工。

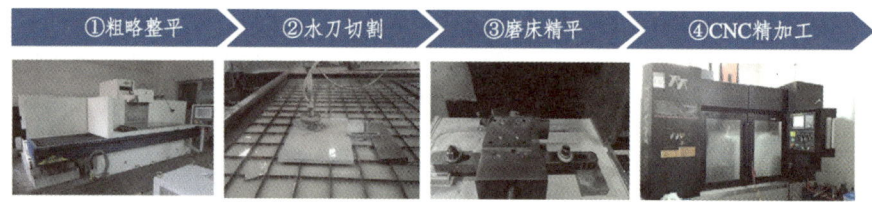

图 10.1　压电发电装置壳体制作

10.1.2　压电发电装置装配要点

（1）基板与底板装配：组装时先将与底板尺寸相匹配且具有耐热、防水性能的硅胶薄膜铺设于底板之上，然后将基板置于硅胶薄膜之上并通过螺栓将三者进行紧固，在螺栓紧固过程中要尽量防止硅胶薄膜发生移位或者皱缩，保证硅胶薄膜始终紧贴于底板之上；

（2）压电换能器装配：将经过标定的压电换能器置于基板上相应的贯通式限位圆孔内，且尽量保证压电换能器引出导线与导线安装槽平行以防止导线与限位圆孔内壁产生摩擦进而发生损坏，并将导线沿着导线安装槽经整合后从出口终端引出；

（3）保护垫块构件装配：将与压电换能器直径、高度相匹配保护垫块置于贯通式限位圆孔内的压电换能器之上，若置入保护垫块后基板内压电换能器高度无法满足高度一致性要求，则使用 0.01 mm 厚的圆铜箔进行调平；

（4）盖板装配及紧固：先将防水、隔温硅胶模置于基板和盖板衔接处，然后安装盖板并紧固螺栓至装置不松动；

（5）缝隙密封：组装完成后采用隔热密封胶对装置接缝处以及整个装置外表面进行隔热密封。

将压电发电装置按照上述装配要点装配完整后，用游标卡尺对压电发电装置的整体高度再次进行标定，测得结果为 3 cm，装配完成的压电发电装置实物如图 10.2 所示。

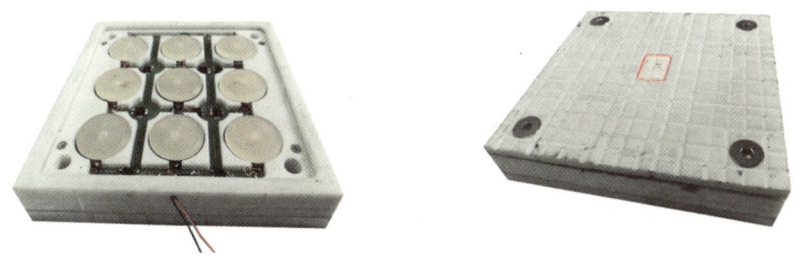

图 10.2　装配的压电发电装置

10.2　堆叠式压电发电装置道路环境适用性设计优化

沥青混凝土路面材料是一种感温性能较强的材料，路面温度会随外界环境温度的变化而改变，导致道路结构中的压电发电装置将面临不同的环境温度，此外，置于开放道路交通环境中的压电发电装置还需经受水、尘、油等恶劣环境的严峻挑战，严重影响压电发电装置的发电效果与应用耐久性。因此，需要对压电发电装置采取恰当的环境适用性设计，阻断装置内部与外界环境的交互作用，降低道路环境对装置应用性能的影响，提高压电发电装置的交通环境适用性。

10.2.1　道路环境适用性设计与密封处置

1. 道路环境适用性设计

在其他行业中，许多耐高温隔热材料已被广泛应用于器件的隔温密封处治，表现出良好的隔温密封性能与优良的耐腐蚀性，选取其中具有一定弹性的隔热材料可在实现压电发电装置隔温密封的同时，保证装置留有一定的预留空间，实现压电发电装置电能输出的高效稳定。因此，可选取耐高温弹性隔热材料作为环境分隔结构的基材，并对其结构及参数进行设计与优化。

1）上承载板与限位基板间隙

耐高温弹性隔热材料制成的环境分隔结构具有一定的弹性，将其置于压电换能器之上会对压电换能器所受冲击力造成一定减缓,不利于压电发电装置的高效电能输出,为减少弹性环境分隔结构对内部压电换能器所受冲击力的缓冲作用,上承载板与限位基板间环境分隔结构设计为方形圈状结构,称为环境交互阻隔圈。

压电发电装置在结构设计过程中,为增加行车荷载作用下压电换能器所受冲击力,提高其能量输出量级,上承载板与限位基板之间留有一定的预留空间,环境交互阻隔圈的厚度应与装置结构预留空间相匹配。为明确阻隔圈厚度对压电发电装置电学输出性能的影响,优选最佳阻隔圈厚度,选取与装置预留空间相匹配的 1 mm、2 mm、3 mm 三种厚度环境交互阻隔圈,借助可模拟实际荷载工况的 MTS 伺服液压测试系统,测试 10 Hz 加载频率下,施加 0.2 MPa、0.5 MPa、0.6 MPa、0.7 MPa、0.9 MPa 荷载时,不同环境交互阻隔圈厚度的压电发电装置能量输出效果。测试时,限位基板与底板间环境分隔结构厚度暂定为 1 mm。测试结果如图 10.3(a)所示。

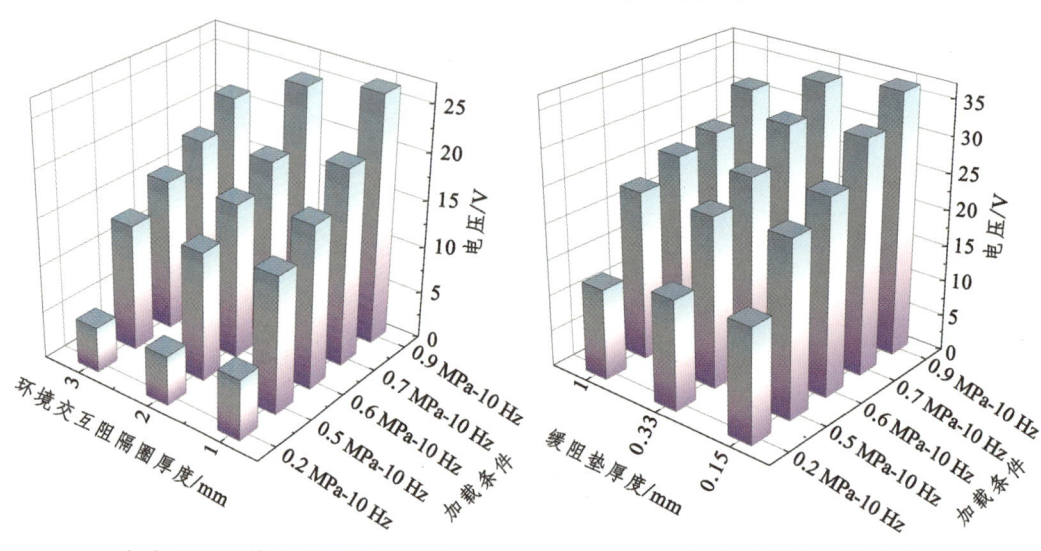

(a)不同环境交互阻隔圈厚度　　　　　(b)不同缓阻垫厚度

图 10.3　不同规格环境分隔结构下压电发电装置电压输出

由图 10.3(a)可知,不同阻隔圈厚度的压电发电装置在受到外部荷载作用时均有能量输出,且随着所受荷载的增加,装置的电学输出逐渐提升。0.2 MPa 加载条件下,不同阻隔圈厚度压电发电装置输出电压约为 5~6 V,当装置所受荷载处于 0.5~0.7 MPa 时,每增加 0.1 MPa,不同阻隔圈厚度压电发电装置输出电压均稳步增长约 2~3 V,当所受荷载增加至 0.9 MPa 的重交通荷载水平时,不同阻隔圈厚度的压电发电装置输出电压较 0.2 MPa 时均提升约 4 倍,达到 21~26 V,表明各阻隔圈厚度的压电发电装置对所受荷载的感应规律具有一致性,对不同水平荷载均能产生良好的感应,符合压电发电装置的电学输出要求。

不同阻隔圈厚度的压电发电装置在经受外部荷载作用时,压电发电装置电学输出效果有所不同。1 mm 阻隔圈厚度的压电发电装置在不同荷载条件下输出电压均高于

2 mm 与 3 mm 时的压电发电装置，且重载条件下提升效果明显，如 0.2 MPa 加载条件下，1 mm 阻隔圈厚度的压电发电装置输出电压为 6.4 V，较 2 mm 与 3 mm 厚度的压电发电装置输出电压分别提升 1.2 V 与 1.6 V，0.9 MPa 加载条件下，输出电压为 26.4 V，分别提升 1.6 V 与 5.2 V，1 mm 阻隔圈厚度的压电发电装置在各荷载条件下均具有最佳的电学输出效果，因此优选 1 mm 作为压电发电装置的环境交互阻隔圈最佳厚度。

2）限位基板与底板间隙

拼装组合的限位基板与底板间难以避免有结构间隙存在，严重影响压电发电装置环境适用性，且装置内部脆性的压电换能器在与刚度较大的底板接触下易发生破损。因此，在限位基板与底板间设置兼具缓冲与环境交互作用阻隔效果的方形缓阻垫，实现提高压电发电装置环境适用性的同时，避免压电换能器因刚性碰撞而破损。

为探明不同厚度缓阻垫对压电发电装置电学输出性能的影响，优选最佳缓阻垫厚度，选取 0.15 mm、0.33 mm、1 mm 三种典型规格的缓阻垫，利用 MTS 伺服液压测试系统模拟真实加载情况，测试 10 Hz 加载频率，0.2 MPa、0.5 MPa、0.6 MPa、0.7 MPa、0.9 MPa 荷载水平下各装置的电学输出效果。测试时上承载板与限位基板间阻隔圈厚度选取为 1 mm。测试结果如图 10.3（b）所示。

由图 10.3（b）可知，不同缓阻垫厚度的压电发电装置在不同加载条件下均表现出良好的能量输出效果，且随着施加荷载的增加，装置输出电压逐步提升。0.2 MPa 荷载水平下，0.15 mm、0.33 mm、1 mm 三种缓阻垫厚度的压电发电装置输出电压分别为 15.8 V、15.2 V、12.6 V，此时 0.15 mm 与 0.33 mm 缓阻垫厚度的装置电学输出效果更为优良，但当装置所受荷载提升至 0.5 MPa 时，三种缓阻垫厚度的压电发电装置输出电压分别提升至 24.4 V、23.6 V、23.4 V，1 mm 与 0.33 mm 缓阻垫厚度的装置输出电压差距快速缩小，此时三种缓阻垫厚度的压电发电装置电学输出效果相当，当装置所受荷载水平进一步提升时，不同缓阻垫厚度下的装置输出电压差距再次提升，0.9 MPa 时，三种缓阻垫厚度的装置输出电压分别提升至 32.4 V、31.2 V、27.2 V，0.15 mm 缓阻垫厚度的装置具有最佳的电学输出效果，且相对于 0.33 mm 与 1 mm 时的装置电学输出效果提升明显。综合比较各荷载水平下的装置电学输出效果，优选 0.15 mm 作为压电发电装置的缓阻垫最佳厚度。

2. 装置密封处置

装置各构件在空间上属于嵌合夹持结构，且装置上承载板、限位基板以及底板间采用螺栓紧固的可拆卸方式进行连接组装，上承载板、限位基板以及底板三者之间不可避免会存在一定的缝隙，同时装置预留导线孔也会导致复杂道路环境与装置内部环境连通，因此针对上承载板与限位基板间、限位基板与底板间及装置预留导线孔三个环境适用性薄弱点采取特定的密封优化措施。

1）上承载板与限位基板

压电发电装置上承载板与限位基板间的环境分隔结构在长期荷载作用下环境分隔

结构可能产生松动从而形成缝隙，为增加环境分隔结构的稳定性，提高压电发电装置的环境适用性，对上承载板与限位基板间采用高性能密封胶辅助环境分隔结构的密封优化措施，将高性能密封胶均匀粘结于上承载板、环境交互阻隔圈及限位基板之间，完成上承载板与限位基板间的环境适用性薄弱点补足。

2）限位基板与底板

为防止环境分隔结构与限位基板及底板间发生相对移动出现缝隙，在环境分隔结构与限位基板及底板间增设高性能密封胶辅助密封，提高压电发电装置的环境适用性，将高性能密封胶均匀涂抹于缓阻垫、限位基板下部及底板，完成限位基板与底板间的环境适用性薄弱点补足。

3）导线孔

为使得压电发电装置能够将集聚的电能顺利输出，在装置限位基板侧面预留了可供输电导线接出的导线孔，但装置预留导线孔会导致复杂道路环境与装置内部环境连通，道路环境的水分、灰尘等进入装置内部会对压电换能器等构件造成损伤，故而对预留导线孔进行密封处理，将高性能密封胶灌入导线孔并固化成型，最终与限位基板形成整体结构，阻断道路环境与装置内部环境间的连通。

综上所述，为提高压电发电装置的交通环境适用性，设计了方形圈状环境交互阻隔圈+方形缓阻垫的环境分隔结构形式，优选了 1 mm 环境交互阻隔圈+0.15 mm 缓阻垫的环境分隔结构规格，并针对装置结构环境适用性薄弱点采取了高性能密封胶辅助密封的密封优化措施。

10.2.2　道路环境温度适用性测试

温度会影响压电换能器的力电转换性能，高温下甚至会导致压电换能器出现退极化现象，严重影响压电发电装置的电学输出效果。因此有必要对压电发电装置的道路环境温度适用性进行测试，以进一步明确装置对压电换能器的保护性能。

路面温度变化范围一般处于-15 ~ 60 ℃，因而置于路面结构内部的压电发电装置所面临的环境温度也应处于该温度范围之内，而道路在车辆荷载的反复碾压作用下其路面温度可能略有提升，且低温对压电换能器影响较小，为进一步研究压电发电装置的道路环境温度适用性，将压电发电装置测试环境最高温度设定为 70 ℃，最低温度设定为-10 ℃，利用高低温试验箱测试-10/20/30/40/50/60/70 ℃ 环境温度下压电发电装置的道路环境温度适用性。

为测试装置内部温度变化情况，在原装置内部增加温度感应设备，将 3 个相同型号的数显式温度传感器接入压电发电装置内部不同位置。测试装置如图 10.4（a）所示。

第 10 章　道路堆叠式压电发电装置装配与性能研究

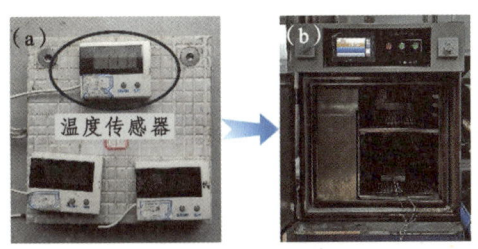

（a）制作完成的温度适用性测试装置　（b）温度适用性测试环境

图 10.4　压电发电装置温度适用性测试

借助高低温试验箱测试压电发电装置的温度适用性时，为保证试验温度与实际温度更加吻合，试验开始前对试验箱进行一定时间的控温，待试验箱内部温度达到预设温度且不再发生变化时将温度适用性测试装置迅速放入高低温试验箱内部，每隔 15 min 观察并记录 3 个温度传感器所示温度，为提高试验结果的准确性，取三个温度传感器所示温度的平均值计入最终测试结果，测试结果如图 10.5 所示。

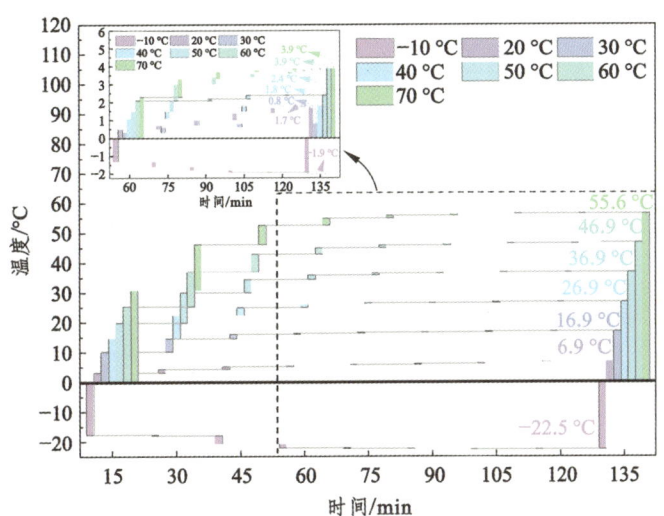

图 10.5　不同时间间隔装置内部温度增量图

由图 10.5 可知，压电发电装置内部温度会随环境温度的变化而发生一定的改变，且 15 min 内装置内部温度变化明显，如环境温度为-10 ℃时，15 min 后装置内部温度降低 17.6 ℃，环境温度为 40 ℃时装置内温提升 14.8 ℃，环境温度 70 ℃时装置内温提升 30.9 ℃。分析装置内温变化速率较快的原因为：室温（装置内部初始温度）与高低温试验箱内设定的环境温度差距较大，瞬时大温差导致装置内部温度短时间内出现较大变化，如环境温度为 20 ℃（室温 13.1 ℃）时，15 min 后装置内部温度仅提升 3.2 ℃，且随着温差增大，装置内温变化值逐渐提升，证明了分析的正确性。

实际应用中路面结构温度变化连续且相对缓慢，瞬时大幅温度变化的情况少见，因此测试前期大温差下的装置内温变化值的参考意义较低，可将小温差下装置内温变化情况作为装置温度适用性评判依据。由已有文献可知，24 h 内路面温度提升速率峰值约为 5 °C/h，温降速率峰值约为 7.4 °C/h，观察装置内温首次达到峰值前 1 h 温度变化情况。如图 10.6 所示，各环境温度下装置内温变化速率为 1.5 °C/h 左右，最大内温变化速率为 2.4 °C/h，最小内温变化速率为 0.8 °C/h，远低于路面温度峰值变化速率，表明压电发电装置可有效缓解道路结构温度变化对装置内部环境的影响，具有良好的道路环境温度适用性，且压电发电装置实际应用过程中通过在其外表面涂抹隔温涂层，装置的温度适用性可得到进一步的提升。

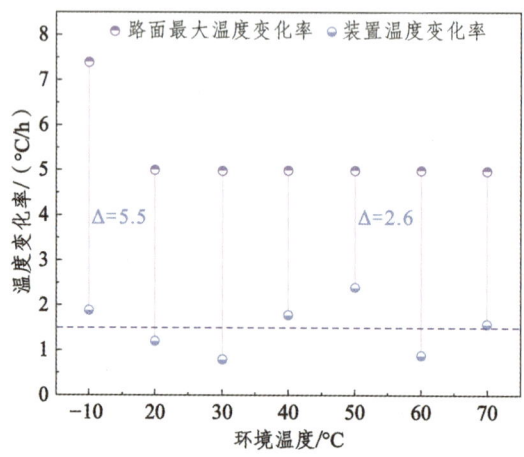

图 10.6　装置内温变化速率与路面温度变化速率峰值对比

10.2.3　道路环境防水适用性测试

铺筑于路面结构内部的压电发电装置将面临复杂的工作环境，不仅受到行车荷载的反复作用，路面结构中的水、油、灰尘以及化学盐类污染物等也会对装置内部压电换能器等构件造成严重损伤，因此压电发电装置应能有效隔离不利因素对装置内部元件的影响。为全面评测压电发电装置的道路交通环境适用性，以道路环境中典型的水损害为切入点，通过测试压电发电装置的浸水适用性表征装置在路面结构中的抗污染物损害能力。

由于道路压电能量采集技术尚属于道路新技术，有关压电发电装置的浸水适用性评价尚无统一标准。参考国际防水级别认证体系 IPX7 防水等级要求，设计了用于评价压电发电装置的道路环境浸水适用性测试方案。

IPX-7 级防水标准试验要求试样顶部到水面距离至少为 0.15 m，试验时间至少为 30 min，将压电发电装置浸没于填满水的水浴箱中，装置上承载板表面距离水面 0.2 m，测试时长延长至 24 h 以评测长时间浸水条件下装置的浸水适用性，每间隔 2 h 取出压电发电装置并擦干表面水分测量称重，间接测试压电发电装置内部浸水情况。试验过程及结果如图 10.7 所示。

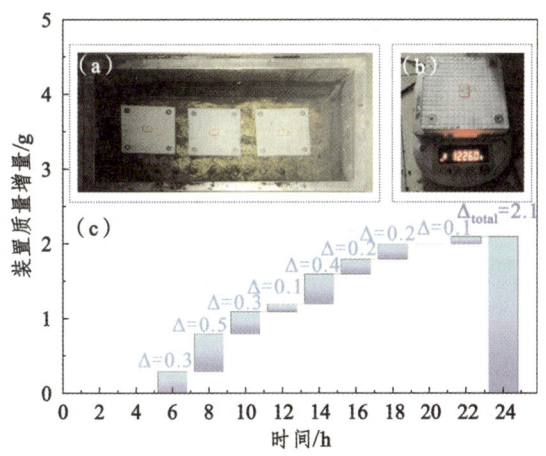

(a) 置于水浴箱装置　(b) 浸水后装置称重　(c) 装置质量增量

图 10.7　压电发电装置浸水适用性测试

由图 10.7（c）可知，浸没于水中的压电发电装置在 0～4 h 内质量增量为 0，表明 4 h 内装置内部无水分浸入，短时浸水适用性优异，浸于水中 4～18 h 时间段内装置质量出现小幅增长，但每 2 h 增量小于 0.5 g，增加总量仅为 2 g，18～24 h 间装置质量基本达到稳定状态，装置质量在 6 h 内仅增加 0.1 g，浸没于水中 24 h 后压电发电装置质量共增加 2.1 g，增加量十分微小。分析压电发电装置质量增加原因有二：一为随着浸水时间的增加，少量水分浸入以擦除残留水分的结构间隙但并未浸入装置内部，如沉头螺栓与上承载板间隙处；二为极少量水分渗入装置内部或因装置密封过于严密，装置内部因温度变化所导致的水汽凝结。

为验证压电发电装置质量增加的原因，待浸水试验结束后取出压电发电装置，拆除上承载板，将一定数目遇水变色的干燥剂倒入压电发电装置内部，30 min 后取出并观察干燥剂颜色变化情况，以确定装置质量增加的原因。

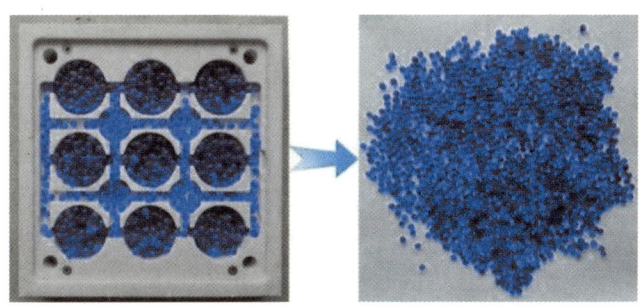

图 10.8　装置内部干燥剂颜色变化

由图 10.8 可知，倒入压电发电装置的干燥剂颜色基本没有发生变化，因此可确定并无水分浸入压电发电装置内部，质量增加的原因为极少量水分浸入难以擦除的压电发电装置结构间隙，但由于装置环境适用性设计的阻隔，水分不会进一步浸入装置内部，压电发电装置具有优良的道路环境浸水适用性，可有效防止水分等污染物侵入装置内部从而对压电换能器等元件产生影响。为避免压电发电装置因密封过于严密导致内部产生湿气对电子元件造成损伤，在装置实际铺筑过程中将一定数目的干燥剂置于装置内部，进一步提高装置的浸水适用性。

10.3　道路堆叠式压电发电装置性能提升措施设计

道路压电发电装置内部阵列多个压电换能器，由于各压电换能器参数稍有不同，压电发电装置整体发电性能冲突受限，本节从相位差和整流两方面提升其整体发电能力。

10.3.1　道路压电发电装置相位差调整

为提高压电发电路面能量采集效率，道路压电发电装置应具有较高的能量输出，而压电发电装置能量输出会受其内部压电换能器之间相位差的影响而降低，故有必要采取一定的措施对压电换能器之间存在的相位差现象进行调整，以保障行车荷载作用下压电发电装置具有较高量级的能量输出。

1. 压电发电装置相位差调整

压电换能器受到外界激励荷载作用时会产生不规则的正弦交流电信号，这种类型的电信号同时包含正向电信号和反向电信号两部分，当多个压电换能器连接到一起共同作用时，其电信号输出会有一定的波长差，进而出现相位差现象，相位差现象会导致正负电信号产生叠加或抵消，从而影响压电发电装置整体的能量输出效果，因此压电发电装置实际应用时需对压电换能器之间存在的相位差现象进行调整，为降低压电换能器之间的相互影响，主要从保证压电换能器同时受力的方面入手进行考虑，具体措施如下。

压电换能器制作需经过压电陶瓷材料生料选择、混合研磨、煅烧、再研磨、干压、刮刀确定单片厚度、丝网印刷、烧结、极化及粘结等多个步骤才能完成，制作过程相对较为复杂、繁琐，因此即使是同一制作设备也无法保证压电换能器的一致性，压电换能器之间存在一定的高度误差，而不同高度压电换能器共同工作时，无法同时承受外界激励荷载的作用，压电换能器之间容易出现相位差现象，进而影响压电发电装置的能量输出效果，因此在压电换能器装入压电发电装置之前，首先标定压电换能器高度，而后装配并加盖上承载板。

2. 压电发电装置内部调平

1）模拟测试平台开发

对压电换能器进行调试后，所有压电换能器基本能够同时承受外界激励荷载的作用,通过搭建模拟测试平台,不仅能够对压电换能器调平措施的有效性进行验证,还可对压电换能器工作过程中存在的不足进行微调,进一步提升压电换能器的受力均匀性,该模拟测试平台主要由振动平台及示波器组成,示波器对压电发电装置内部压电换能器输出的能量电信号进行采集,振动平台为压电发电装置提供振动源,振动平台是模拟测试平台的核心,决定是否能够有效测试压电换能器在装置内部的工作状态。针对此,自主设计开发了与压电发电装置相匹配的振动平台,如图 10.9 和图 10.10 所示。试验过程中利用凸轮电机为压电发电装置整体提供激振力,并采用示波器记录每个压电换能器的能量输出。

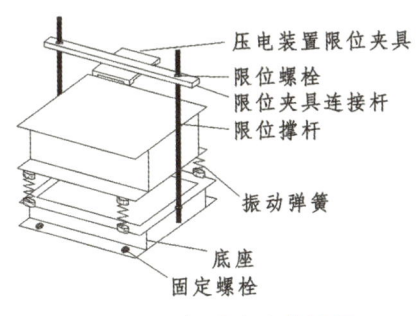
图 10.9 振动台立体视图

图 10.10 振动台实物

2) 压电发电装置内部调平测试

将压电发电装置振动平台用膨胀螺栓与水泥台进行连接固定,而后将压电发电装置置于承台之上并通过限位螺栓将其紧固,开启电源,用示波器对压电发电装置内部 9 个压电换能器输出的电信号进行采集和记录,并对 9 个压电换能器的电压输出进行对比,选出电压输出相对较小的压电换能器,在压电换能器与其保护垫块之间添加紫铜箔圆片,再次利用振动平台进行测试,通过利用紫铜箔圆片进行反复调试直到所有压电换能器能量输出基本处于同一水平,此时便说明装置内部压电换能器呈均匀受力状态,测试结果如图 10.11 所示。

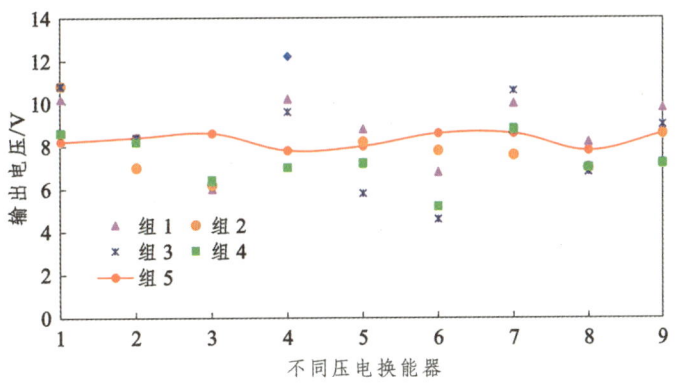
图 10.11 不同压电换能器电压输出

通过分析不同压电换能器能量输出的试验结果可知,在振动平台提供外部激励荷载的条件下，压电发电装置内部压电换能器均有能量电信号输出，所有压电换能器的力电转换性能都得到了利用，进一步验证了相位差调整过程中压电换能器调平措施的有效性，但机械测量调平后压电换能器的最大输出电压为 10.2 V，而最小输出电压仅为 6 V，两者相差 4.2 V，压电换能器最大与最小电压的输出相差较大，由此可见仅通过机械调平措施对压电换能器受力均匀性进行调整略显不足，仍然存在部分换能器受力较大的现象，这不仅会影响压电发电装置整体的能量输出，将其铺设于道路结构中时，在车辆荷载长时间作用下，承受较大荷载作用的压电换能器还容易出现退极化和结构损坏。

通过振动平台调平后，压电换能器最大电压输出为 8.6 V，最小电压输出也可以达到 7.2 V，两者相差不到 2 V，压电换能器能量输出基本处于同一水平，且将其铺设于道路结构中，通过行车荷载的反复作用后，压电发电装置与道路结构的契合度会逐渐提高，其内部压电换能器的能量输出差值也会进一步缩小。

10.3.2　压电发电装置内部整流设计

道路压电微能量整流电路内部整流模块根据压电发电装置内部压电换能器数量设置，整流模块由电信号输入接口、二极管整流桥、电信号终端输出接口等部分组成。

整流电路中的二极管整流桥性能影响电学信号整流。首先，为明确整流电路对压电发电装置电学输出的影响，首先选用常见的超快恢复整流桥设计Ⅰ型整流电路。Ⅰ型整流电路的二极管整流桥具有高浪涌能力、超快速恢复特点，能够对不连续、瞬时的电学信号整流。同时，为明确整流电路性能对压电发电装置电学输出影响，选用快切换速度、高电导率的整流桥设计Ⅱ型整流电路，测试整流前、Ⅰ型整流电路整流和Ⅱ型整流电路整流的压电发电装置电学输出效果。

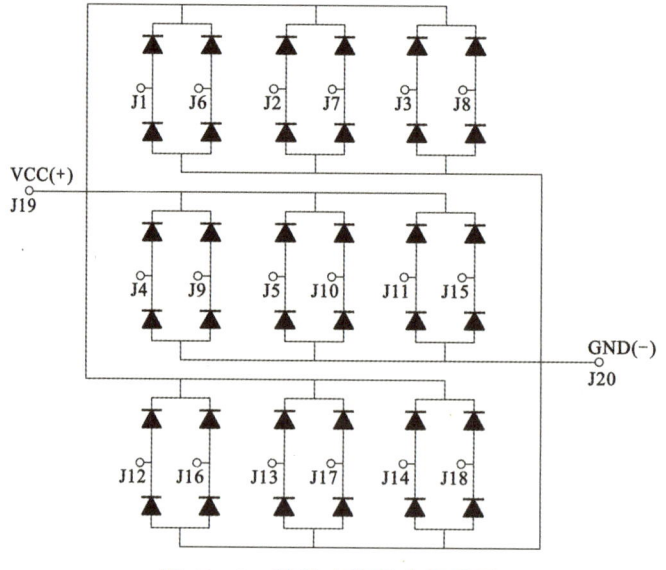

图 10.12　整流电路基本原理图

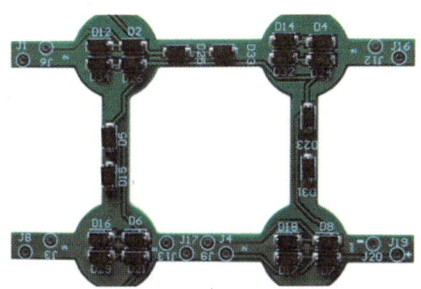

图 10.13 整流电路

10.3.3 压电发电装置内部整流效果研究

为进一步验证压电微能量整流电路的整流性能对压电发电装置电学输出影响,测试不同行车荷载和碾压振动频率条件下匹配不同性能整流电路的压电换能器的微能量整流效果。由于堆叠式压电换能器的高力电转换效率和结构强度,道路交通条件下普遍采用堆叠式压电换能器转换电能,因此选用堆叠式压电换能器作为整流电路整流性能测试研究对象。同时选用不同整流性能的Ⅰ型和Ⅱ型整流电路用于压电发电装置的内部整流。

1. 整流电路整流效果

将设计的压电发电装置置于 MTS 伺服液压测试系统,施加道路行车荷载对应力值,观察不整流压电发电装置、Ⅰ型整流压电发电装置和Ⅱ型整流压电发电装置电学信号波形如图 10.14 所示。

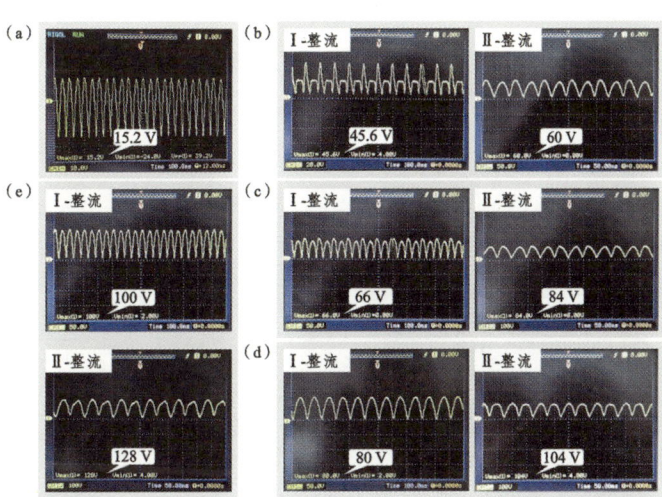

（a）不整流装置电学信号波形 （b）0.5 MPa：Ⅰ型和Ⅱ型整流电学信号波形
（c）0.7 MPa：Ⅰ型和Ⅱ型整流电学信号波形 （d）0.9 MPa：Ⅰ型和Ⅱ型
整流电学信号波形 （e）1.2 MPa：Ⅰ型和Ⅱ型整流电学信号波形

图 10.14 堆叠式压电发电装置输出电压整流效果

由图 10.14 可知,就电学信号波形特征而言,堆叠式压电发电装置的波形特征与悬臂梁式压电发电装置类似,不整流压电发电装置的电学信号波形分布于零刻线上下两侧,同时具有正向电压和负向电压(见图 10.14 a);而Ⅰ型和Ⅱ型整流装置的电学信号波形均分布于零刻线以上,只存在正向电压,负向电压全部被整流为正向电压,两种类型的整流电路均能够将交流电信号转换为直流电信号,同时提高其电学输出的目的,Ⅰ型和Ⅱ型整流电路的整流效果显著,下文将明确其整流性能。

2. 整流装置发电性能

采用 MTS 伺服液压测试系统模拟道路交通条件测试不同性能整流电路对压电发电装置的整流影响。测试采用典型道路行车振动频率 10 Hz,设置小汽车荷载 0.3 MPa、0.5 MPa 和 0.7 MPa、重载货车荷载 0.9 MPa 和 1.2 Mpa,测试不同整流电路整流的压电发电装置发电性能。

测试不同交通条件下不整流装置、Ⅰ型和Ⅱ型整流装置的输出电压如图 10.15 所示,其中装置输出开路电压如图 10.15(a)所示。

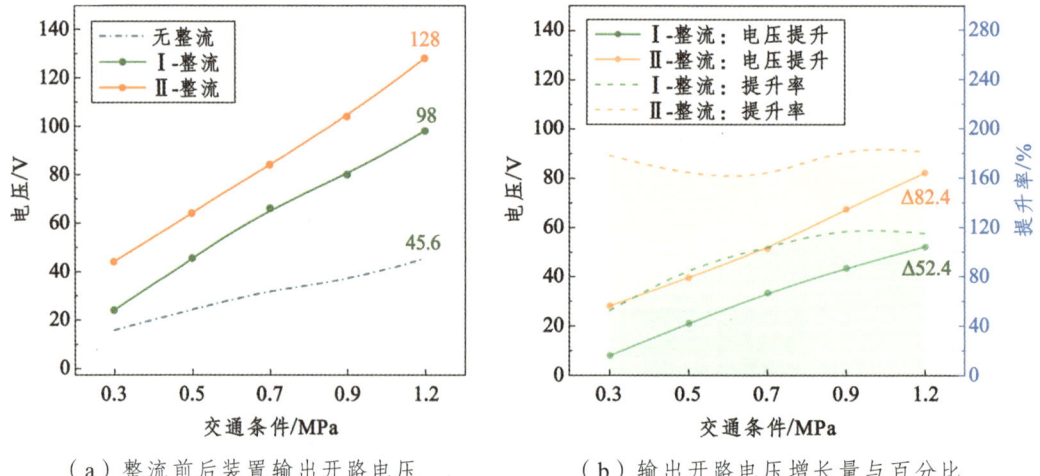

(a)整流前后装置输出开路电压　　(b)输出开路电压增长量与百分比

图 10.15　不同交通条件下整流前后堆叠式压电发电装置输出开路电压

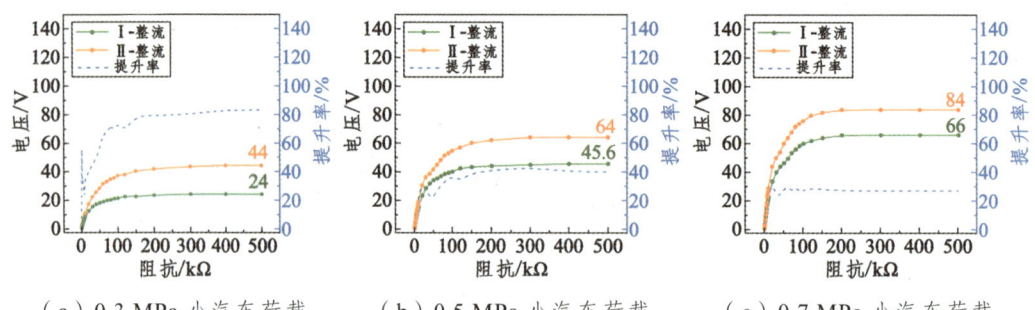

(a)0.3 MPa 小汽车荷载　　(b)0.5 MPa 小汽车荷载　　(c)0.7 MPa 小汽车荷载

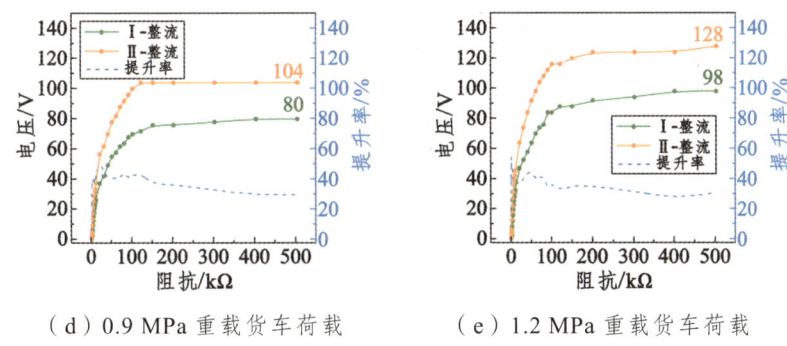

（d）0.9 MPa 重载货车荷载　　　　（e）1.2 MPa 重载货车荷载

图 10.16　匹配不同负载阻值的Ⅰ型和Ⅱ型堆叠式整流装置输出电压与增长百分比

由图 10.15 可知，压电发电装置在不同加载条件下均表现出了良好的能量电信号响应，且整流后装置的开路电压均有一定程度提升。整流前 0.3 MPa～10 Hz 条件下压电发电装置输出电压为 15.8 V，Ⅰ型和Ⅱ型整流后压电发电装置的输出电压达 24 V 和 44 V，输出电压分别提升约 52% 和 178%；同样 0.7 MPa～10 Hz 条件下，装置开路电压由整流前 32.4 V 分别提升至 66 V 和 84 V，提升约 104% 和 159%；1.2 MPa～10 Hz 条件下装置整流后电压可达 98 V 和 128 V，增幅可达 115% 和 181%。由此可知，在压电发电装置内部设置与之相匹配的整流系统不仅能够使交流电信号转换为直流电信号，而且能够将负向电信号进行反向，并使正向电信号获得一定的增幅，从而使得压电发电装置的整体输出电压得到显著提升。

由图 10.16 可知，相同荷载条件下压电发电装置的输出电压随匹配负载阻值的增加而逐渐增长，然后逐渐趋于开路电压，其电压增长率也随之先出现短暂增长后突然减少，然后逐渐增长并趋于稳定。总体而言，相同荷载条件下两种型号整流装置输出电压的增长率基本保持平稳，表明两种整流系统的整流效果均基本稳定。不同荷载条件下Ⅱ型整流装置的输出电压较Ⅰ型整流装置均有提升。其中，0.3～0.7 MPa 小汽车荷载条件下输出电压分别提高了 83%、40% 和 27%，0.9～1.2 MPa 重载货车荷载条件下输出电压均提高了 30%，表明同等条件下Ⅱ型整流装置的发电性能优于Ⅰ型整流装置，更能够将装置内部并联的各压电换能器的不均匀电学信号整合，以减少装置内部电学消耗。就输出电压而言，Ⅱ型整流系统更适合用于道路压电微能量采集和应用。

10.4　道路堆叠式压电发电装置性能研究

为明确道路堆叠式压电发电装置的性能提升效果，本节系统研究压电发电装置在不同车辆荷载条件下的输出电压和输出功率，并基于整体变形量和抗压性能探明其力学性能。

10.4.1 道路堆叠式压电发电装置电学输出特性

道路压电发电装置须为内部压电换能器在道路交通环境和条件下提供稳定的电学输出场景,其环境适用性研究已验证了压电发电装置具有良好的交通环境适用性,为明确不同荷载条件下的电学输出效果,利用可模拟道路实际荷载条件的 MTS 伺服液压测试系统,测试不同加载条件下压电发电装置的电学输出,如图 10.17 所示。

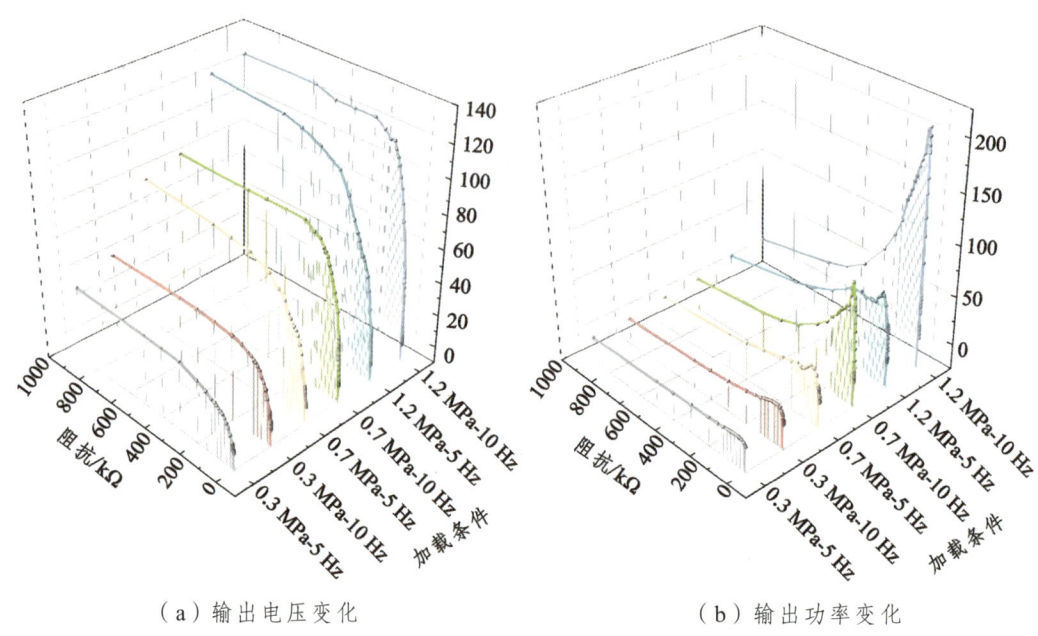

（a）输出电压变化　　　　　　　　　（b）输出功率变化

图 10.17　不同荷载条件下发电装置电压及功率输出随负载阻值变化图

由图 10.17（a）可知,相同荷载及频率条件下,随着负载阻值的增加,压电发电装置的输出电压逐渐升高,前期增大速率明显,后期逐渐趋于稳定至开路电压,表明压电发电装置匹配的负载阻值越大,越有利于其输出电压的提高。匹配相同负载阻值条件下,随着施加荷载大小及频率的增加,压电发电装置的输出电压均逐渐提升,如 0.3 MPa～5 Hz 的轻交通荷载条件下压电发电装置峰值输出电压为 35.2 V,标准轴载 0.7 MPa～5 Hz 条件下,峰值电压提升至 80 V,1.2 MPa～5 Hz 的重交通荷载条件下装置峰值电压达到 124 V,1.2 MPa～10 Hz 的重交通荷载条件下装置峰值电压达到 128 V,表明行车荷载及速度的增加有利于压电发电装置的电压输出,但速度导致的装置输出电压差异较小,为提升装置的输出电压,装置可主要应用于重载交通路段,同时不同荷载大小及频率条件下装置输出电压的差异性表明装置对不同荷载条件均能有良好的感应,且各荷载条件下均呈现出较高的输出电压,压电发电装置具有优异的电学输出性能。

由 10.17（b）可知,相同荷载及频率条件下,随着负载阻值的增加,压电发电装置的输出功率大致呈现出先快速增加后逐渐减小的趋势,表明合适的匹配阻值有利于压电发电装置输出功率的增加。匹配最佳负载阻值条件下,随着施加荷载大小及频率的增加，压电发电装置的输出功率均逐渐提升，且频率对装置输出功率的影响更大，如 0.9 MPa ~ 5 Hz 条件下，装置峰值功率为 43.264 mW，0.9 MPa ~ 10 Hz 时装置峰值功率为 161.312 mW，而荷载条件为 1.2 MPa ~ 5 Hz 时，装置峰值功率为 67.6 mW，远低于频率增加导致的装置功率增加值，可知高速行车环境更有利于压电发电装置能量输出效果的提高，同时就其输出功率量级而言，亦可得出结论：设计的压电发电装置适用于所有道路交通环境能量的采集存储。

10.4.2　道路堆叠式压电发电装置力学性能研究

1. 道路压电发电装置耐久性能研究

道路压电发电装置在具体实施时仍受到两个问题的制约：一是压电发电装置在施工或是使用过程中，是否会在超重荷载的作用下出现结构损伤，是否会产生过大变形造成道路结构损伤；二是在数年的工作期内，压电换能器是否会在数以亿次的荷载作用下出现压电性能衰减现象。为针对上述两个问题开展进一步的研究，借助 MTS 伺服液压测试系统为压电发电装置施加一个长期、大荷载作用，即加载 0.7 MPa 应力水平的动态荷载（依据面积换算为 7 kN），持续 40 000 个循环，如图 10.18 所示。试验过程中装置的变形量如图 10.19 所示。

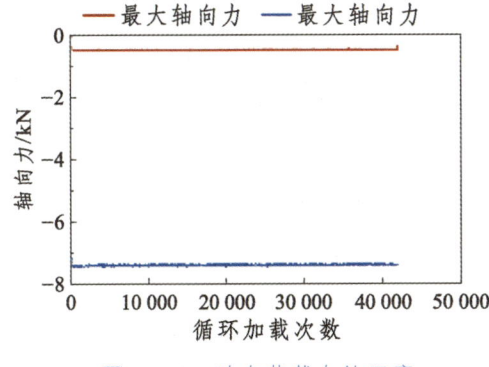
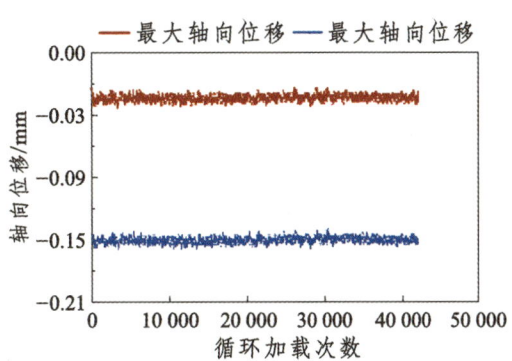

图 10.18　动态荷载力值示意　　　　图 10.19　压电发电装置变形量

由图 10.19 可知，0.7 MPa 荷载水平下压电发电装置的整体变形量约为 0.15 mm，小于同等荷载条件下路面上下面层间的变形量 0.5 mm，并不会对路面结构造成破坏，同时通过观察可见，在 40 000 次加载循环内，压电发电装置整体形变量始终保持稳定，说明了压电发电装置各部件均未发生疲劳破坏，表明了压电发电装置具有良好的工作稳定性与耐久性。

同时为观察压电换能器在长期荷载作用下的压电性能衰减状况，记录了试验前后压电换能器的电容量分别为 193.6 nF 和 192.9 nF，两者仅相差 0.7 nF，几乎可以忽略不计，故认为压电换能器未出现压电性能衰减的现象，表明压电换能器具有优异的工作耐久性，能在长期频繁荷载作用下实现电能的稳定输出。

2. 压电发电装置抗压性能研究

埋设于道路结构中的压电发电装置不可避免会受到重/超载车辆的碾压，对装置结构的稳定性造成极大挑战，压电发电装置能否在重/超载车辆碾压下保持良好的工作性能可作为评价压电发电装置道路交通荷载适用性的重要指标。为明确压电发电装置的道路交通荷载适用性，试验时将施加荷载的范围扩大至标准轴载（0.7 MPa）的 2.86 倍（2 MPa），利用 UTM 微机控制电子万能试验机测试压电发电装置在不同荷载水平下的装置整体变形量及输出电压大小。

借助 UTM 微机控制电子万能试验机对压电发电装置进行加载时，为避免加载过快影响测试结果，测试时以 100 N/s 的加载速度对装置进行加载，通过示波器记录不同荷载下的开路输出电压，加载过程如图 10.20 所示，压电发电装置在不同加载条件下的变形量与电压输出结果如图 10.21 所示。

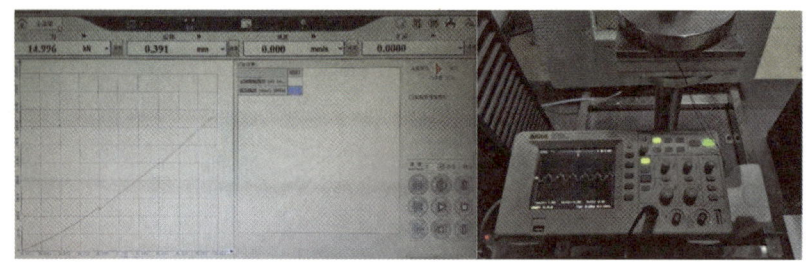

图 10.20　压电发电装置强度测试图

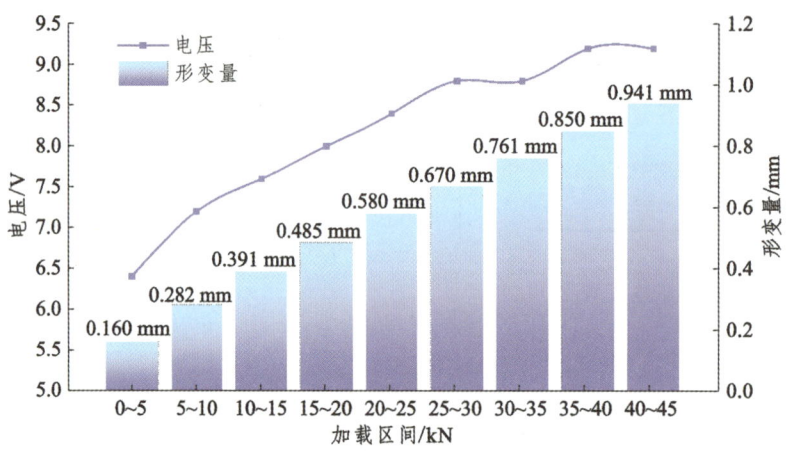

图 10.21　不同加载区间下压电发电装置形变量及输出电压变化

分析图 10.21 可知，随着加载力的增加，压电发电装置形变量与输出电压稳定增长，表明装置结构在高强荷载作用下仍处于正常工作状态，并未出现结构损坏。输出电压方面，当装置所受荷载处于 0.3 MPa（6.75 kN）~ 0.7 MPa（15.75 kN）的轻交通荷载至标准轴载区间时，每增加 0.2 MPa 荷载，装置输出电压提升约 0.4 V，如 0.3 MPa 荷载下装置输出电压为 7.2 V，0.5 MPa（11.25 kN）时装置输出电压提升至 7.6 V，输出电压稳定提升，表明装置在此承载区间内荷载感应能力优良。当装置所受荷载达到远超标准轴载的 2 MPa（45 kN）时，装置仍有稳定电压输出，表明重/超载荷载条件下装置内部压电换能器仍可保持良好的工作性能，装置具有优良的交通荷载适用性。

装置形变量方面，随着施加荷载的提升，每级荷载导致的装置形变量增加值稳定在 0.09～0.12 mm，当装置所受荷载增加至标准轴载的 2.86 倍（2 MPa）时，装置形变量增加值仍保持稳定，形变量增加至 0.941 mm，表明此时装置仍未达到其抗压极限，具有良好的受压稳定性。压电发电装置在小汽车、重载作用下装置形变量小于 0.5 mm，超载车辆作用下装置形变量不超过 1 mm，符合道路交通荷载适用性需求，可在重/超载等恶劣荷载条件下保持结构的完好性与压电换能器稳定高效的能量输出。分析可得装置形变量变化与两方面因素相关：一为装置主体结构在荷载下产生的微小形变，对整体形变量贡献微小，二为弹性的环境分隔结构在荷载下产生的形变，为装置整体形变量增加的主要贡献源。

10.5 本章小结

本章创建了道路堆叠式压电发电装置装配工艺，提出了压电发电装置环境适用方案及电学性能提升措施，明确了道路压电发电装置的发电性能和力学性能，为道路压电微能量采集存储技术研究和现场铺设测试奠定了基础。

（1）针对不同结构部件的功能要求和材料特性，建立了成套的压电发电装置制作工艺和装配方法，提出了适用于道路交通环境的压电发电装置环境适用性优化设计方案，并从耐温和防水角度测评了道路压电发电装置的环境适用性。

（2）针对压电发电装置内部各压电换能器电学输出不一致现象，提出了标高分类及二次标定的相位差调整措施及内部微能量整流措施，整流后电压最大增幅达 181%。

（3）系统研究了不同荷载、频率及阻值条件下压电发电装置的电学性能，1.2 MPa-10 Hz 条件下输出电压及功率达 128 V 和 207.936 mW，40 000 次加载过程中，超载车辆作用下形变量低于 1 mm，符合道路交通的适用性需求。

第 11 章 道路压电微能量采集与存储技术研究

受道路等级、行车荷载特性以及压电换能器能量输出特点等因素影响,压电发电路面能量电信号表现出交流电信号、低频瞬时、不连续、峰值电压不一致等特点,而现有关于压电微能量采集电路的研究多是针对连续电信号的采集进行的,鲜有针对道路压电微能量输出特性的能量采集存储系统开发。因此,本章在明确道路压电微能量输出特性的基础上,设计适用于道路交通特性、压电微能量输出瞬时、不连续、不均匀特性的道路压电微能量采集存储系统,验证道路压电能量采集存储系统能量采集存储的可靠性,系统研究其在不同交通条件下的能量采集存储效果和能量输出效果,克服现有技术因不适用于复杂的道路交通条件及道路压电微能量输出特性从而导致应用受限的问题。

11.1 基于行车荷载的道路压电微能量输出特性分析

内部包含压电换能器的压电发电装置铺设于道路结构中,在车辆荷载作用下产生电能,但受车辆类型、道路等级、车流量以及压电换能器能量输出特点等因素的影响,其能量输出信号相对复杂。由 3.2.1 节可知,车辆在道路横断面上的行驶轨迹具有明显集聚现象,综合考虑荷载利用率、施工便利性及制作成本等因素,压电发电装置应铺设于车辆相对密集的轮迹带处。但单位时间内作用于压电发电装置的轮载次数以及轮载大小仍然较为分散,且压电发电装置产生的电能与车辆轮载及车速有关。为进一步明确道路压电发电装置能量输出信号技术特点,提高道路压电能量采集存储系统采集效率,借助车辙仪与示波器测试压电发电装置在低频荷载作用下的能量电信号,如图 11.1 和图 11.2 所示。

图 11.2 显示了压电发电装置在车辙仪作用下的能量输出曲线,通过曲线可知行车荷载作用下压电发电装置压电微能量输出具有以下特点。

(1)交流电信号、不连续。

压电发电装置在车辙仪提供激励荷载时产生能量电信号,能量电信号以不规律的正弦波形式输出,且能量输出表现出一定的时间间隔、不具有连续性,因此行车荷载作用下的压电发电装置压电微能量输出将表现出交流电信号、不连续输出的特性。

第 11 章 道路压电微能量采集与存储技术研究

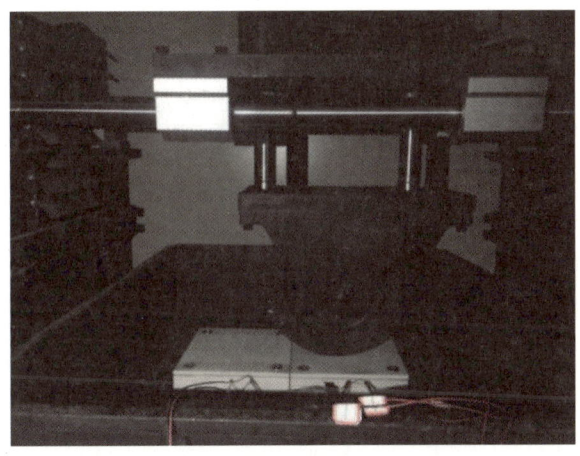

图 11.1　车辙仪作用于压电发电装置

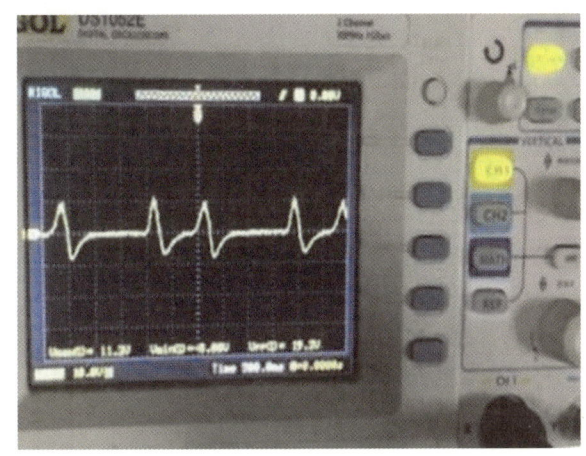

图 11.2　压电发电装置能量输出曲线

（2）峰值电压不一致。

通过利用示波器对压电发电装置能量输出电信号进行捕捉，可明显观察到压电发电装置能量输出电信号具有明显的峰值，最大峰值电压与最小峰值电压并不相等，且相邻的能量电信号波峰值也不一致，因此行车荷载作用下的压电发电装置压电微能量输出具有峰值电压不一致的特性。

（3）瞬时性且频率较低。

压电发电装置能量输出波形图显示出压电发电装置在受到激励荷载作用时瞬间就会有能量电信号产生，当激励荷载消失时，能量信号也会随之消失，与此同时，车辆在道路上行驶时，按汽车车速 80 km/h，汽车前后轴 2.5 m 计算，车辆荷载对压电发电装置作用频率约为 8.89 Hz，车辆荷载对压电发电装置的作用频率相对较低，因此行车荷载作用下压电发电装置压电微能量输出将表现出瞬时和低频特点。

11.2 道路压电微能量采集存储系统研发

压电发电装置在行车荷载作用下的能量输出信号具有交流电、不连续、峰值电压不一致、低频和瞬时性等特点,无法直接为用电设备提供电能,故有必要针对压电发电装置微能量输出特性,设计相应的压电微能量采集存储系统,将车辆荷载作用下压电发电装置输出的能量电信号进行采集存储后再利用,从而解决压电发电装置输出电能难以被直接利用的问题。

11.2.1 道路压电微能量采集存储系统设计

压电微能量采集存储系统将压电发电装置产生的电能进行转换并积累存储,而压电微能量采集电路是压电微能量采集存储系统的核心组成部分,现有标准接口能量采集电路、同步电荷提取能量采集电路、电感同步开关能量采集电路、倍压电路等4种常用电路应用于压电发电装置微能量收集仍具有一定的局限性,不能直接用于路面压电微能量采集。针对压电发电装置能量输出信号不连续、低频、峰值电压不一致等特性,设计了与压电发电装置微能量输出特性相契合的能量分级采集存储电路,能量分级采集存储电路基本原理图如图 11.3 所示。

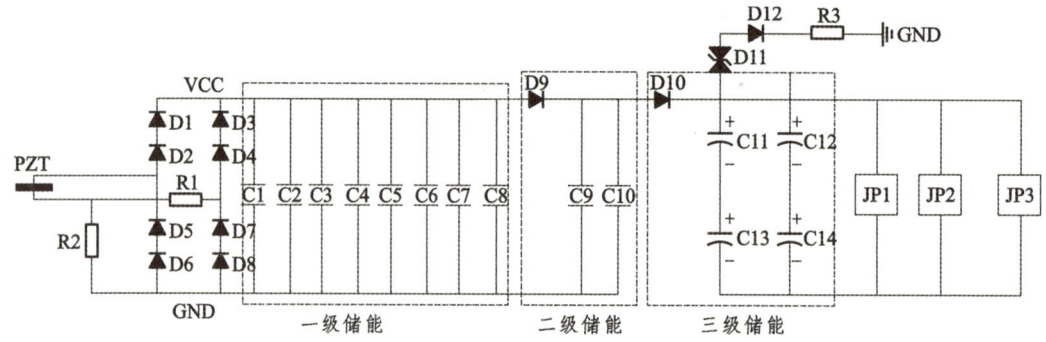

图 11.3 能量分级采集存储电路基本原理图

能量分级采集存储电路主要由二极管整流桥、保护电阻、能量存储单元、储能指示灯、输出端口等部分组成,其中二极管整流桥 D1~D8 将压电发电装置输出的能量电信号进行二次整流,虽然压电发电装置内部整流电路已经完成了对压电换能器输出能量电信号的整流处理,但采用多个压电发电装置同时对压电微能量采集存储电路进行充电时,难免会出现相互干扰,因此在能量采集存储电路中同样设置了整流二极管对压电发电装置产生的能量电信号进行二次整流处理,保护电阻 R_1、R_2 能够对能量采集存储电路起到保护作用,避免瞬间高电压对能量采集存储电路造成破坏,储能指示灯由二极管 D12 和电阻 R_3 组成,主要用于保护能量存储单元,当能量存储单元充电到饱和、电压达到安全设定值时,瞬间抑制二极管 D11 便会导通,从而使指示灯点亮,此时便应停止对储能单元继续充电,以防止储能电容因过充而被击穿,输出端口 JP1、JP2、JP3 通过并联连接处理,可同时为外界用电设备供电,且在室内外测试时,输出端口也可作为测试端口直接与示波器相连,以评估压电微能量采集存储系统的能量采集效果。

行车荷载作用于压电发电装置时,能量输出具有瞬时性,能量存储单元应对能量电信号较为敏感,而大容量的储能单元自身阻抗较大,对能量电信号反应较为迟钝,无法及时将能量电信号进行采集,但若直接采用容量较小的储能单元,车辆荷载作用的瞬间便有可能充满甚至出现过充击穿破坏的现象,难以满足实际的应用需求,因此采取了分级存储的方式对压电发电路面产生的电能进行收集。

11.2.2　道路压电微能量采集存储系统制作

以上述能量分级采集存储电路基本原理为基础,绘制 PCB 电路图,加工得到能量分级采集存储电路板实体电路如图 11.4 所示。

（a）3300 μF 容量采集存储电路板　　　（b）4 F 容量采集存储电路板

图 11.4　能量分级采集存储电路板

能量分级采集存储电路板属常规电路板主要由二极管整流桥、储能电容、输入接口端、输出接口端、储能指示灯和 PCB 板组成,二极管整流桥同样采用超快恢复整流二极管,储能电容选取 4.7 nF、1 μF 两种容量的储能电容分别对应于一级储能电容、二级储能电容,选取 3 300 μF 和 4 F 两种容量的储能电容作为三级储能电容,一级和二级储能电容能够快速将压电微能量进行采集并积累暂存,而后将电能最终转存到三级储能电容当中,输入接口端位于分级采集存储电路板右下端,直接与压电发电装置相连接,输出接口端共设有 3 个,可同时为外部用电设备供电,且能够作为测试端口与示波器相连,测试评价能量分级采集存储电路能量收集效果,测试过程中,当储能电容达到饱和时,储能指示灯会变得明亮,此时便应终止对储能电容继续充电。

为使能量采集存储系统的测试效果更为直观,选取电容容量 3 300 μF 和 4 F 两种电容作为三级储能电容,其中 3 300 μF 储能单元用于验证系统采集存储效果的有效性,4 F 储能单元用于进一步测试系统采集存储效果。

11.3 道路压电微能量采集存储系统可靠性研究

道路压电微能量采集存储系统实际应用时面临的道路行车荷载和碾压频率不同,为探明设计的道路压电微能量采集存储系统的采集存储效果,首先在室内模拟不同交通条件,研究其在不同交通条件下的电学输出可靠性、能量采集存储可靠性、耐久可靠性。

11.3.1 道路压电发电装置电学输出可靠性

为验证道路压电发电装置电学输出的可靠性,首先基于模拟测试系统测试不同行车荷载和碾压振动频率交通条件下压电发电装置电压输出效果,如图 11.6 所示。

测试条件依据实际交通条件设置。实际应用中,埋设于道路结构中的压电发电装置不可避免地受到不同行车荷载和不同车速引起的振动频率影响,而实际交通荷载为 0.3~1.2 MPa,常规车速碾压引起的振动频率为 4.45~13.33 Hz,车速根据不同车辆轴距具体确定。为方便道路压电微能量采集存储系统模拟加载,选取小汽车 0.3 MPa、标准轴载 0.7 MPa、重载车 1.2 MPa 三种行车荷载和不同车速对应的 5 Hz、10 Hz、15 Hz 三种碾压频率作为系统能量采集存储效果的模拟试验交通条件。测试采用与道路行车荷载和振动频率相契合的 MTS 伺服液压测试系统模拟不同的道路交通条件。

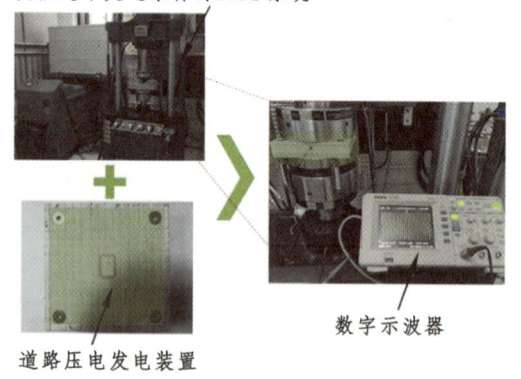

图 11.5 模拟道路交通条件的电学输出测试系统

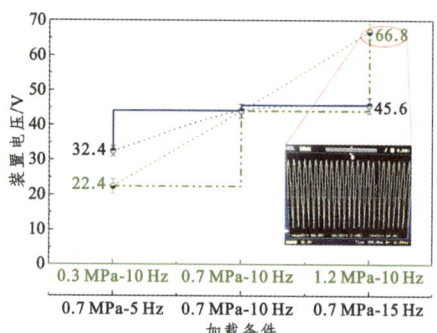

图 11.6 压电发电装置输出电压

由图 11.6 可知,压电发电装置的输出电压均随行车荷载和碾压振动频率的增加而增加,其中重载车 1.2 MPa-10 Hz 条件下的输出电压最大,最大输出电压可达 66.8 V;

小汽车 0.3 MPa-10 Hz 条件下的输出电压最小，最小输出电压亦达 22.4 V，表明设计的压电发电装置的电学输出效果可靠，可用于道路压电能量采集存储系统效果测试。

11.3.2　系统能量采集存储可靠性

为初步验证设计的道路微压电能量采集存储系统效果，首先测试不同行车荷载条件下电容量为 3 300 μF 的能量采集存储系统效果。选取加载条件为小汽车 0.3 MPa、标准轴载 0.7 MPa、重载车 1.2 MPa 三种行车荷载及 10 Hz 均值频率，试验前将装置导线接入采集存储模块的输入端口，模块输出端口与示波器相连接，示波器实时显示储能单元端值电压，达到安全电压（8～13 V）即停止。图 11.7（a）显示了不同荷载条件下储能电容充满所需的加载条件。图 11.7（b）显示了不同荷载条件下储能单元端值电压及计算得到的储能单元能量值。

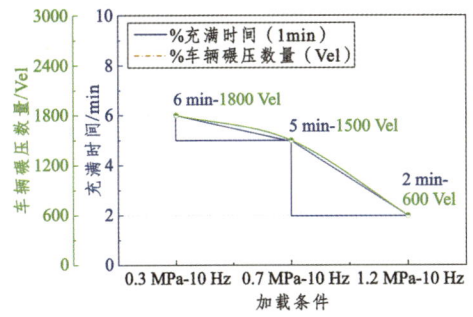
（a）不同荷载条件下充满所需的加载条件

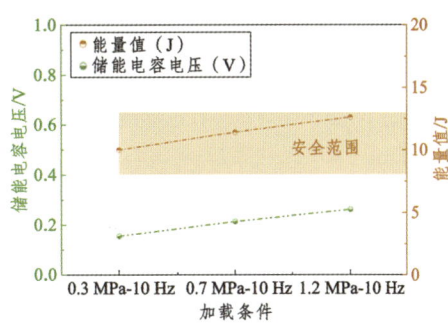
（b）不同荷载条件下能量采集存储效果

图 11.7　3 300 μF 容量采集存储系统可靠性

由图 11.7（a）可知，10 Hz 振动频率条件下不同荷载作用的道路压电能量采集存储系统在 2～6 min 内可将储能单元的能量值提升至 8～13 V 的安全电压范围内，能量采集存储效果良好。且存储饱和需要的充电时间随荷载增大而减少，其中重载车 1.2 MPa 荷载对应的充电饱和时间最短（2 min），需要的碾压车辆数最少（600 辆），仅为标准轴载 0.7 MPa 的 2/5、小汽车 0.3 MPa 的 1/3，但小汽车荷载对应的饱和时间亦不长（6 min），所需的碾压车辆数为 1 800 辆。由图 11.7（b）可知，储能电容端值电压和能量值亦随车辆荷载增大而增大，但差值不明显，结合图 11.6 分析原因，为重载车荷载对应的装置输出电压较大，导通储能单元的效率提高，导致储能电容端值电压升高速度和升高值增大，实际应用时可着重用于重载交通路段。此结果表明设计的道路压电微能量采集存储系统在不同交通条件下均具有较好的能量收集效果，能够满足将压电发电装置产生的交流电信号进行采集存储的目的。

11.3.3　系统工作耐久可靠性

道路压电微能量采集存储系统在实际应用时将面临数以亿次的车辆荷载作用，压电发电装置与能量采集存储模块能否在经历大量荷载作用后正常工作直接决定了该系统能否在道路交通中长期应用。图 11.8 显示了系统能量采集存储状态。

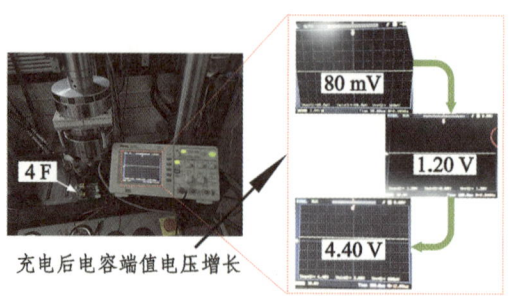

图 11.8　系统能量采集存储状态

由图 11.8 可知，能量采集存储系统在长时间、多频次充电后储能电容两端电压仍可有效增长，由此可知在道路交通长期反复荷载作用下道路压电微能量采集存储系统能够正常工作，具有良好的耐久性与稳定性。

11.4　道路压电微能量采集存储系统效果研究

为进一步验证设计的道路压电微能量采集存储系统效果，采用能够模拟不同交通条件的 MTS 伺服液压测试系统，测试不同行车荷载和碾压振动频率条件下电容量为 4 F 的能量采集存储系统效果。

11.4.1　不同荷载条件系统采集存储效果

道路压电发电系统面临的交通荷载特性不同，标准轴载下普通沥青路面的竖向应力值为 0.3~0.7 MPa，而重载车辆作用于路面时其竖向应力可能超过 0.7 MPa，因此为便于对压电发电系统进行加载，选取 0.3 MPa、0.7 MPa、1.2 Mpa 等较为典型的行车荷载作为测试荷载，并以 10 Hz 作为加载频率，图 11.9 显示了不同荷载条件下能量采集存储系统储能单元端值电压、能量值与碾压车辆数之间的关系。碾压车辆数通过加载时间和作用频率确定。

存储电容 4 F 系统在不同荷载条件下均能采集存储压电换能器产生的电能，但不同荷载条件下能量采集存储系统采集存储相同能量所用时间不同。相同加载频率下，外界荷载越大，采集存储需要的车辆数越少，其中重载车碾压下匹配单个压电发电装置能量采集存储系统的采集存储效果最佳，38 100 车次作用后 4 F 储能电容两端电压可升至 5.6 V（安全电压），对应采集存储能量可达 62.72 J；标准轴载下能量采集效果略差，采集存储同等电量所需作用车次为 39 900 辆，与重载车碾压相差不大；而小汽车碾压下能量采集效果较差,需要碾压车次为重载车碾压的 3 倍,实际应用时尽可能应用于重载交通条件之中。值得注意的是,本次试验仅加载了单个压电发电装置,其能量输出有限,实际应用时埋设多个压电发电装置同时对该系统储能电容充电,其采集存储效率将显著提升。

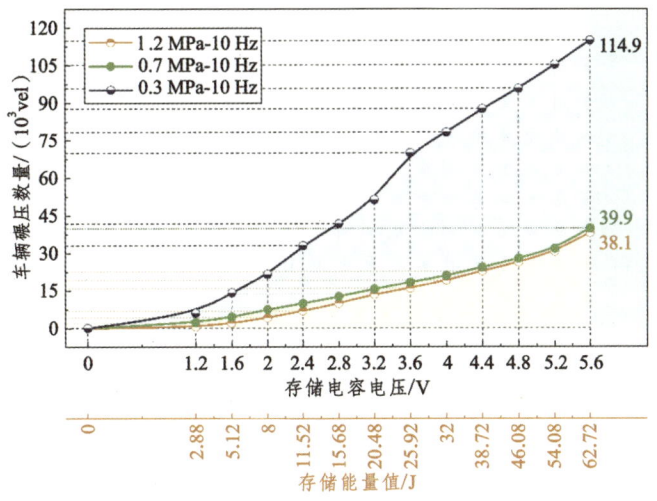

图 11.9 不同荷载条件下能量采集存储系统效果

11.4.2 不同频率条件系统采集存储效果

测试不同频率条件效果测试时,选取加载条件为 5 Hz、10 Hz 和 15 Hz 三种频率和 0.7 MPa 均值荷载。图 11.10 显示了标准轴载不同频率条件下能量采集存储系统储能单元端值电压和能量值与碾压车辆数之间的关系。

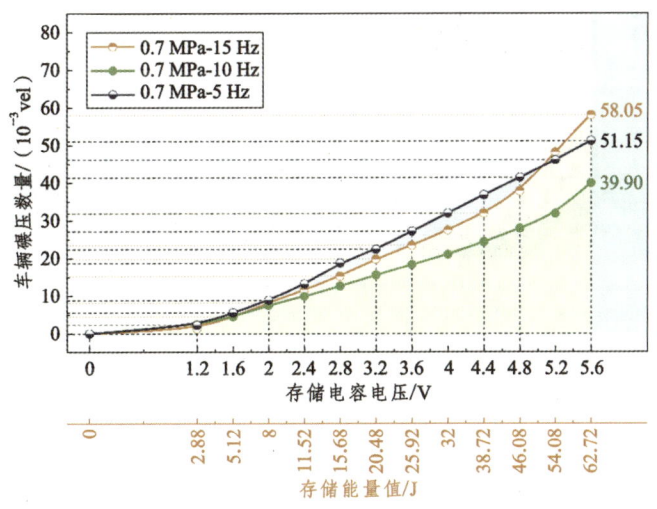

图 11.10 不同频率条件下能量采集存储系统效果

与不同车型荷载作用相比，不同频率条件下该系统采集存储相同能量所需碾压车辆数相差不大，当该系统处于 10 Hz 振动条件时 4 F 存储电容充满需碾压车辆数最少，为 39 900 车次，为 15 Hz 振动条件时的 2/3。而在 5 Hz 振动条件时系统存储相同能量前期需要更多车辆碾压，当储能单元端值电压增加至 5 V 时所需车辆逐渐低于 15 Hz，表明当某一路段车辆类型固定时，该能量采集存储系统在 10 Hz 振动条件对应的车速作用时的工作效果较为理想，其他振动条件对应的车速作用效果次之，具体车速可根据不同车辆的轴距确定。

道路压电微能量采集存储系统在不同荷载、不同频率交通中采集存储效果显著，其中荷载对能量采集存储系统的能量采集存储效果影响更明显。相同频率条件下，当荷载由小汽车 0.3 MPa 提升到载重车 1.2 MPa 时，采集存储相同能量所需碾压车辆数缩短至 1/3，而相同车型作用条件下，当频率由 5 Hz 提升到 10 Hz 时，所需碾压车辆数仅缩短至 2/3。因此该系统可着重应用于具有较高荷载水平且 10 Hz 振动频率的路面结构中，即 10 Hz 振动频率对应车速的重载交通路段。

11.4.3　系统能量输出效果研究

道路压电能量采集存储系统不仅需收集存储压电发电装置产生的电能，而且还需有效释放内部积存的能量。为验证该能量采集存储系统的放电有效性，设计了由 100 个不同颜色的二极管指示灯组成的放电板，其中红灯压降较小、白灯压降较大。图 11.11（a）与图 11.11（b）分别显示了充满状态的 3 300 μF 容量和 4 F 容量的能量采集存储系统放电效果。

（a）3 300 μF 容量系统存储能量输出效果

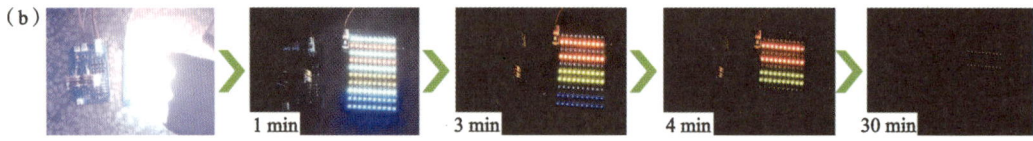

（b）4 F 容量系统存储能量输出效果

图 11.11　压电微能量采集存储系统能量采集存储效果

1. 3 300 μF 容量采集存储系统效果

由图 11.11（a）可知，作为初步验证该系统采集存储效果的 3300 μF 容量分级采集存储系统能够有效放电，但由于电容量较小，放电板所有颜色指示灯瞬间闪亮后，仅压降较小的红灯维持 5 s 亮灯状态。此放电效果表明该系统能量采集存储效果良好，能够用于道路压电能量采集存储，但需要更大电容量的采集存储系统才能达到长期应用的效果。

2. 4 F 容量采集存储系统效果

由图 11.11（b）可知，打开放电板开关后该系统可同时将放电板上的 100 个不同压降的指示灯点亮，但不同颜色指示灯点亮时间不同，其中白灯点亮 3 min、蓝灯点亮 4 min、黄灯点亮 30 min，而红灯点亮时间最长达到了 50 min，主要原因为压降不同的指示灯消耗电能的速度和量级不同。由此效果可知，设计的道路压电微能量采集存储系统不仅可将道路压电能量采集存储，还可将其内部积存的电能进行有效释放。且就红色指示灯而言，10 Hz 和 15 Hz、0.7 MPa 和 1.2 MPa 四种交通条件下该系统的充电和放电时间比达到了 2.6:1，室内测试结果表明该系统可用于道路压电能量采集存储，并优选红色指示灯作为室外发光板指示灯类型。

11.5　本章小结

本章明确了道路压电微能量输出特性，设计了适用于道路交通特性和压电微能量输出特性的道路压电能量采集存储系统，验证了道路压电能量采集存储系统能量采集存储的可靠性，并系统研究了其在不同交通条件下的能量采集存储效果和能量输出效果。

（1）通过低频荷载作用下压电发电装置能量输出测试，明确了道路压电微能量输出交流电信号不连续、峰值电压不一致以及低频瞬时性等特性，设计了与其匹配的道路压电能量采集存储系统。

（2）验证了道路压电能量采集存储系统的电学输出可靠性、能量采集存储可靠性与工作耐久可靠性，3.99 万车次碾压下采集存储能量 62.72 J，4 F 容量点亮红色指示灯时间达 50 min，充放电时间比达 2.6:1，能量输出效果良好。

第 12 章 道路压电发电系统现场铺设与电学性能研究

电学输出性能是道路压电发电系统最为重要的性能指标，常规室内试验施荷持续稳定且位置相对固定，难以有效评价道路压电发电系统在实际道路交通条件下的电学输出特性。因此本章综合考虑应用条件、环境特征、监测便捷性等方面的内容，铺筑道路压电发电系统现场测试段，基于随机开放交通条件下道路压电发电系统开路电压波形信号响应特征，系统研究现场不同荷载和车速工况下道路压电发电系统电学输出规律，并基于不同负载与电学性能关系，确定道路压电发电系统能量采集最佳匹配阻值，明确开放交通条件下道路压电发电系统能量采集存储性能。

12.1 道路压电发电系统铺设方案设计与优化

道路压电发电系统实际应用时面临交通量差异与车辆轴载空间分布不均匀影响，本节明确道路压电发电系统铺设技术要求和技术要点，并结合典型荷载工况优化布设点位，确定道路压电发电系统铺设方案。

12.1.1 道路压电发电系统铺设技术要求及要点

1. 道路压电发电系统铺设技术要求

道路压电发电技术以实现环境振动能量的高效采集与电能绿色开发为目标，即要求为道路压电发电系统提供可保障其性能稳定、工作耐久且利于力电转换的工作条件，因此有必要兼顾道路结构特性与压电发电系统力电转换效率，提出铺设道路压电发电系统应满足的技术要求，具体如下。

（1）能够确保有效碾压频次与面积，点位布设合理。

道路压电发电系统正常服役，实现电能绿色产出的必要条件是其压电发电装置模块能够进行有效的振动能采集与转化，而基于堆叠式压电换能器内部集成的压电发电装置模块需要行驶车辆对其碾压产生的荷载压应力实现力电转换，因此有效的碾压频次与面积是道路压电发电系统正常服役的基本保证。故在铺设应用时应明确各布设点位的尺寸、间距及数量，使其处于科学合理范围以达到最大化捕获利用行车荷载压应力目的的同时，尽可能降低施工作业对路面结构破坏的影响程度，提高施工作业效率。

（2）填充材料科学，封装保护充分，行车安全舒适。

道路压电发电系统铺设与应用的基本前提是尽量不影响原路面使用性能，不减少道路服役寿命，不降低行车舒适程度，故压电发电系统作为外来物被植入路面结构内部时，应选择科学合理的周边填充材料保证压电发电装置封装结构与原路面结构良好耦合，尽量降低因材料模量差异对路面力学连续性的影响。此外，温差、积水等自然因素使得路面结构内部环境更为复杂，若压电发电系统封装保护不充分、不耐久，动荷载作用下水分侵蚀的过程即为其内部压电换能器及相应采集电路性能逐渐衰减老化的过程，情况严重时将导致压电发电系统线路短路、工作性能丧失等致命性问题出现，故在装置装配和现场铺设两方面均须做好耐候保护措施，保证系统能长久稳定工作。

（3）施工布设便捷，监测维护简单，回收利用良好

相比于普通路面作业施工，道路压电发电系统铺设作业工序相对较多，特别是对于既有道路，需依次完成点位开槽、装置布设、线路传输以及缝隙填补等铺设工序，因此应提前做好道路压电发电系统各个组成模块的批量化装配与封装保护措施，最大化提高现场施工作业效率。另一方面，在道路压电发电系统运行期间，监测与维护应简单便捷，且回收利用良好，尽量降低压电发电系统在全寿命周期内的应用成本，进一步提高工程应用价值。

2. 道路压电发电系统铺设技术要点

在明确道路压电发电系统核心组成的基础上，结合道路压电发电铺设技术要求，考虑压电俘能效率与道路环境耦合，设计基于装置模块埋入式的道路压电发电系统铺设方案技术要点，包括点位布设、装置植入、线路传输以及开槽填缝四部分，具体如下。

（1）点位布设。

驾驶员主动性及车辆机动性使得行车荷载位置相对分散，故单条车道道宽范围内均存在车辆碾压的概率，理论上行车道全断面铺设道路压电发电系统能够将该车道的行车荷载全部捕获，进而实现最大量级的力电转换。考虑工程经济性的影响，同时尽量减少对既有道路原路面结构的破坏程度，埋设点位宜布设在行车轮迹作用频率较高处，选择沿车辆轮迹带布设点位，最大程度地确保有效碾压频次。另一方面，为提高单位车辆碾压产生的能量输出效率，同时进一步保障交通流对装置模块碾压连续性，方案选择基于车辆轴距设置两排埋设点位，其可实现车辆前后车轮均能同时碾压装置模块，提高单位车辆的碾压面积。

此外，考虑压电陶瓷自身高压低流的特性，同时兼顾压电发电系统能量采集效率以及运行期间监测维护的便捷性，在方案设计时选择"点内并联+点间并联"的电学连接方案进行装置布设，由若干电学并联的压电发电装置组合阵列形成压电俘能模块植入各个埋设点位内部，各埋设点位之间同样采用电学并联的方式进行布设，"点内并联+点间并联"的方式可有效提升其输出电流强度，提高能量输出量级。

（2）装置植入。

在尽量降低道路结构破坏程度的前提下，为实现良好的力电转换效率，选择将压电发电装置模块埋设于道路上面层，控制装置封装结构顶面与路表齐平，保证能量输出效率的同时降低对道路交通的影响，确保行车安全舒适。

另一方面，为避免装置植入后对道路平整美观与行车舒适带来的不利影响，装置与装置须紧密结合以保证各埋设点位中的俘能模块结构整体性。由于装置封装结构一侧设有导线孔及输出线路，故在装置阵列组合时采取将各装置设有导线孔的一侧排列在整个压电俘能模块的外侧，关于压电发电装置阵列方案优化设计，将在12.1.2节进行详细分析与讨论。

（3）线路传输。

线路传输方面考虑遵循"短布线、少开挖、勤标记、重保护"的原则，室内试验已验证了不同规格的压电发电装置在道路荷载工况下，其电学输出性能均呈现出输出电压为伏特（0~60 V），输出功率为毫瓦（0~80 mW）的量级基本对应关系。究其原因，压电陶瓷本身高压低流的特性是重要影响因素，因此除采取"点内并联+点间并联"的电学连接方案提高电流输出，还应尽量减少线路传输距离，最大程度避免道路压电发电系统在电学传输上的能量损耗。此外，线路走线尽量利用布设点位的槽内空间且沿行车道中线布设，达到减少开挖面积和降低路面破坏程度，降低荷载碾压频次，保证线路传输安全的目的。

另一方面，为便捷、准确监测各点位压电发电装置工作性能，满足道路压电发电系统全面测试要求，每个点位的各压电发电装置均需输出正负两条线路，并需将众多线路集成后引出至路肩监测端，此时应做好各线路标号、分类等系统性工作，保证在有限测试空间下实现对任一装置准确、高效的性能监测。此外，各装置输出导线非常纤细，虽其具备一定的耐候及强度属性，但长期裸露在路面结构内部将难以承受施工、运行期间的应力碾压以及高温、雨雪等恶劣因素的侵蚀，因此对线路进行集成、包裹等预保护处理，以保证线路传输安全。

（4）开槽与填缝。

对于既有道路，铺设道路压电发电系统需对原路面结构进行一定程度的破坏，故科学合理的点位开挖尺寸与缝隙填充材料是保证压电俘能路面使用性能的重要举措。对于点位槽开挖尺寸的确定，其深度需满足装置封装结构整体高度要求，同时预留适当空间用于施加一定层厚的槽底整平层及胶粘固定层，且槽周边还需预留部分空间以保证装置便捷植入、线路安全走线以及缝隙安全填充。

12.1.2　基于典型荷载工况的布设点位参数优化设计

基于道路压电发电系统铺设方案，调查市政道路中常见车辆类型及车身技术参数，确定道路压电发电系统布设点位最佳间距及尺寸区间，进一步提高发电系统实际荷载捕获效率。常见的车辆类型及其相应参数如表12.1所示。

表12.1　市政道路常见车辆车身技术参数

车辆类型	代表车型	轴距/mm	轮距/mm
面包车	五菱、铃木等	2 350~2 500	1 250~1 400
小轿车	（出租车）吉利、比亚迪	2 600~2 650	1 450~1 500
小轿车	（私家车）大众、现代、奥迪、本田等	2 600~2 950	1 500~1 650
SUV系列	丰田、长安、哈弗、吉利等	2 650~2 800	1 550~1 650
载重汽车	市政洒水车（5 t）	3 300	1 850
载重汽车	市政清扫车（中型）	3 150	1 760

由表12.1可知，市政道路通行车辆以小汽车为主，常见车型包含各品牌面包车、小轿车以及SUV等，通行的载重车辆主要为市政洒水车（5 t）、市政清扫车（中型），总结上表各种类车辆轴距及轮距：小汽车轴距区间为2 350~2 800 mm，轮距区间1 250~1 650 mm；载重汽车轴距区间为3 150~3 300 mm，轮距区间为1 760~1 850 mm。基于各种类车辆轴距及轮距区间，各点位横、纵向间距（内外两侧）的布设应分别满足各车辆轴、轮距区间端值要求，即点位布设的横向最小间距（内侧）不宜大于2 300 mm，且最大间距（外侧）宜控制在3 300 mm以内；纵向最小间距（内侧）不宜大于1 200 mm，且最大间距（外侧）宜控制在1 900 mm以内。另一方面，结合3.2.2节表3.5车辆轮胎实际接地尺寸调查，对各埋设点位尺寸作进一步优化，对于以轻交通环境为主要特征的市政道路来说，将各埋设点宽度区间设置为100~220 mm，长度区间设置为90~250 mm较为合理。

综上分析，基于铺设技术要求，充分考虑车辆车身技术参数、车辆轮胎实际接地面积以及压电发电装置单位尺寸，同时兼顾装置阵列方案多样性以便为后续全面性能测试提供基础，最终确定各点位一列按照"田"字阵列方案分别布设4个装置，另一列按照"一"字阵列方案分别布设4个装置，埋设点位总体横向间距区间为2 300~3 200 mm，纵向间距区间为1 200~1 800 mm，其可满足市政道路中绝大多数行驶车辆同时碾压到四个点位，实现电学信号最大输出量级。综上，确定道路压电发电系统铺设方案如图12.1所示。

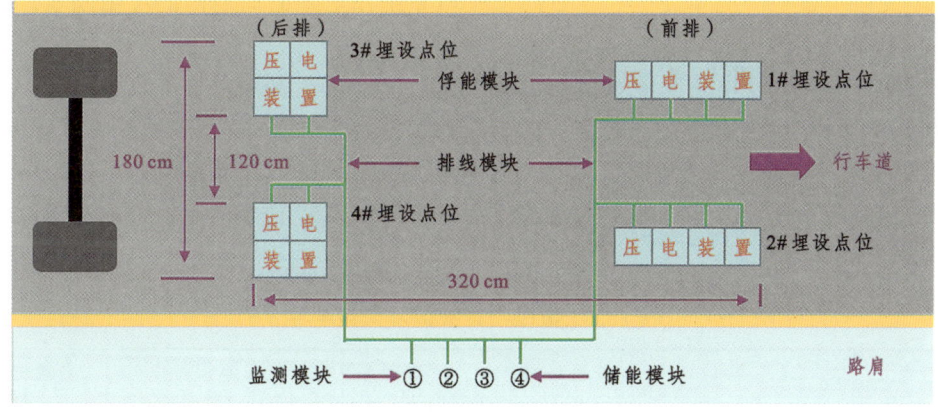

图12.1　道路压电发电系统结构布设方案

12.2 道路压电发电系统现场铺设

综合考虑应用条件、环境特征、监测便捷性，本节基于铺设选址要点，创建道路压电发电系统成套施工工艺，铺筑道路压电发电系统现场测试段，为测评道路压电发电系统实际工作性能奠定基础。

12.2.1 现场铺设选址要点

为尽可能保证道路压电发电系统在实际道路环境中具备良好的铺设与应用条件，同时便于开展道路压电发电系统应用效果测试与性能跟踪监测，综合考虑应用需求、交通环境、监测便捷性等方面的内容，确定道路压电发电系统铺设选址要点如下。

1. 道路线形简单平顺，渠化充分，视野开阔

铺设段应地势平坦开阔、线形简单平顺，无曲线路段，尽量避免车辆制动、转弯等行驶行为对测试环境的干扰，同时为进一步提高道路压电发电系统对车辆荷载的俘获效率，交通应渠化充分，保证行车轮迹作用频率相对集中。

2. 道路交通流持续，轴载谱丰富

道路压电发电系统是基于行车荷载有效碾压实现振动能量的高效采集与电能绿色开发，持续交通流可保证持久且有效的碾压频次，是发挥发电系统最大功效的前提条件；同时轴载谱应丰富，以便探明在实际应用环境下不同轴载、不同频率等因素对道路压电发电系统性能的影响规律，进而保证性能测试的全面性与结果的可靠性。

3. 路况及沿线环境良好，施工及运行维护便捷

为保障良好的测试环境，道路压电发电系统宜铺设在路况及沿线环境良好的路段，且施工及运行维护应简单便捷，尽量降低发电系统在全寿命周期内的应用成本，进一步提高工程应用价值。

综合考虑压电发电路面测试段铺设要点，选址确定在陕西省某市政道路上，该市政道路等级为城市主干路，三幅路双向六车道（东西走向），道路规划红线宽度为 40 m，路面类型为沥青混凝土路面，采用双层式面层结构。该市政道路交通流较为持续，且用电相对安全便捷，汇总道路结构参数及交通条件如表 12.2 所示，选址及铺设位置如图 12.2 和图 12.3 所示。

表 12.2 道路结构参数及交通条件

道路类型	道路等级	断面形式	路面类型	路面结构	交通状况
市政道路	主干路双向六车道	三幅路	沥青混凝土路面	双层结构	交通流持续

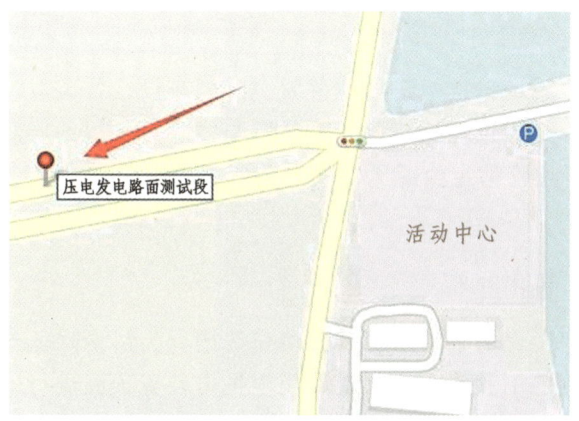

图 12.2　道路压电发电系统测试段选址

图 12.3　道路压电发电系统铺设

12.2.2　现场铺设施工工艺

1. 点位定线及开槽

对各个埋设点位及对应线槽进行定位处理。结合铺设方案要求设置，四个埋设点位开挖槽深均为 5 cm，其中沿行车方向后排的两个点位各四个装置按照"田"字进行定位标记，控制各点位开挖尺寸为 35 cm×35 cm、点位内间距为 120 cm；沿行车方向前排的两个埋设点位按照"一"字进行定位标记，控制各点位开挖尺寸为 65 cm×20 cm、点位的内间距为 230 cm。线槽开挖深度为 3 cm、宽度为 5 cm。为减小开挖面积降低对原路面结构破坏程度，其布线走向宜充分利用装置埋设点位的开槽空间及位置，现场如图 12.4（1）和（2）所示。

2. 槽位整平及检验

选用自配的环氧砂浆作为道路压电发电系统埋设点位槽底整平材料，刮抹均匀整平，如图 12.4（3）所示。

3. 装置埋设及布线

装置植入时按照现场二次标定的位置紧密阵列布设，各装置设导线孔一侧排列在整个装置模块外侧；最后选用树脂胶作为装置与槽底整平层的层间胶粘基材，确保层间接触面胶粘密实，且胶粘定位后压电发电装置表面与路表齐平。现场如图12.4（4）所示。

4. 槽位修补及同化处理

为提高施工效率，现场采用水泥砂浆填充线槽。为尽量降低驾驶员避让对道路压电发电系统受荷频次的不利影响，对道路压电发电装置顶面进行同化处理，实现原沥青路面与压电发电装置模块表面色系基本一致，如图12.4（5）所示。

图 12.4　道路压电发电系统施工铺设流程

12.3　不同工况道路压电发电系统开路电压输出规律研究

道路压电发电系统开路电压是表征其电学性能的重要指标，本节基于不同荷载及不同车速条件，分析道路压电发电系统的开路电压输出规律。

12.3.1　基于不同荷载的开路电压性能研究

开放交通测试条件下不同轴载车辆碾压测试现场如图12.5所示。由于开放交通条件下驾驶员主观能动性及车辆机动性，行车荷载碾压面积及位置较为分散，导致实况录制存储的波形大小、数量、信号时长等参数存在一定差异。结合碾压录像与记录，根据俘能模块的布设点位与不同条件碾压波形特征之间的关系，筛选通行车辆完全碾压时的波形信号作为代表波形信号，进行分析与数据处理，以探明现场道路压电发电系统的开路电压输出规律。

（a）小汽车碾压现场　　　　　　　　（b）中型车辆碾压现场

图 12.5　不同轴载车辆碾压现场

1. 小汽车荷载工况下开路电压输出特性

提取小汽车完全碾压工况下道路压电发电系统开路电压代表波形信号如图 12.6 所示。其中，波形图的横坐标为时长，单位为 100 ms/div（每方格为 100 ms）；纵坐标为电压，单位为 10 V/div（每方格为 10 V）。

波形图中自左向右依次记为前波、中波和后波，结合图 12.1 中道路压电发电系统结构布设方案分析此现象的原因为：小汽车行进过程中，碾压第一阶段时其前轴率先碾压后排"田"字布设的俘能模块，输出"前波"波形信号；随后碾压第二阶段时其前后轴同时碾压整体俘能模块，输出"中波"波形信号；最后碾压第三阶段时其后轴碾压前排纵向"一"字布设的俘能模块，输出"后波"波形信号。

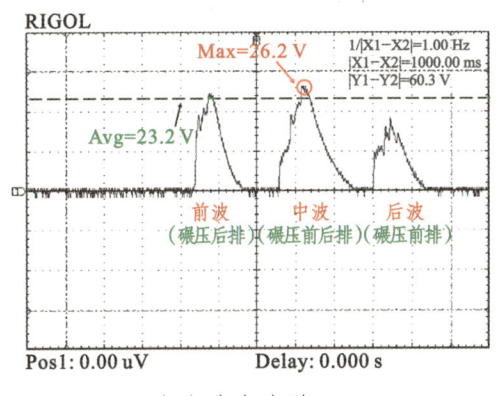
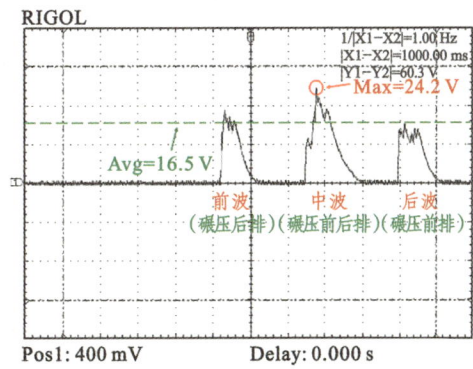

（a）代表波形 1　　　　　　　　　　（b）代表波形 2

图 12.6　小汽车碾压下道路压电发电系统开路电压

从提取的以图 12.6 为代表的大量波形信号可知，小汽车碾压下道路压电发电系统输出开路电压总体分布在 15~29.6 V 范围内，其中最大输出开路电压（Max）达 29.6 V，对应平均输出开路电压（Avg）达 26.5 V，且大部分波形信号出现前波、中波和后波现象，表明除少数行进车辆有意避让或变道行驶外，绝大多数小汽车前后轴均能够同时作用道路压电发电系统，进而验证了图 12.1 中布设位置、点位间距及尺寸等参数优化的合理性。

同时由图 12.6 可知，波形图中最大输出电压均来自中波峰，表明车辆前后轴同时碾压俘能模块有利于压电发电装置转换更多的电能。分析原因为通行车辆碾压第二阶段时，车辆前后轴四个车轮同时碾压俘能模块，增加了压电发电装置的碾压数量，扩大了俘能模块的碾压面积，对应输出开路电压峰值达到最高水平。由此可知，增加车辆前后轴同时碾压压电发电装置数量有利于其俘能效率的提高。

同时前波和后波波形信号均呈现前波相对"细高"、后波相对"宽低"的现象。分析原因为与前排纵向"一"字布设点位相比，后排"田"字布设增加了轮迹横向分布，扩大了可满足的车辆轮距范围，使开放交通条件下更多类型、更多轨迹的通行车辆能够碾压到压电发电装置，对应俘能模块的整体碾压面积增大，电学输出瞬时值增加，但该布设点位的竖向（行车方向）长度相对较小，持续碾压时长较短（此处认为车辆匀速碾压前后点位），故整体波形呈现相对"细高"现象；而前排纵向"一"字布设点位的压电发电装置在不同通行车辆的完全碾压和不完全碾压过程中，车辆轮距和行驶轨迹完美匹配的几率较小，对应电学输出瞬时值相对较小。由此可知，扩大道路压电发电系统俘能模块的横向布设宽度，更有利于其俘能效率的提高。

为进一步探明前后波信号差异的其他原因，同时规避上述碾压面积及时长因素对输出规律的影响，基于单点位、单装置进行现场碾压测试，提取代表性波形信号如图 12.7 所示。

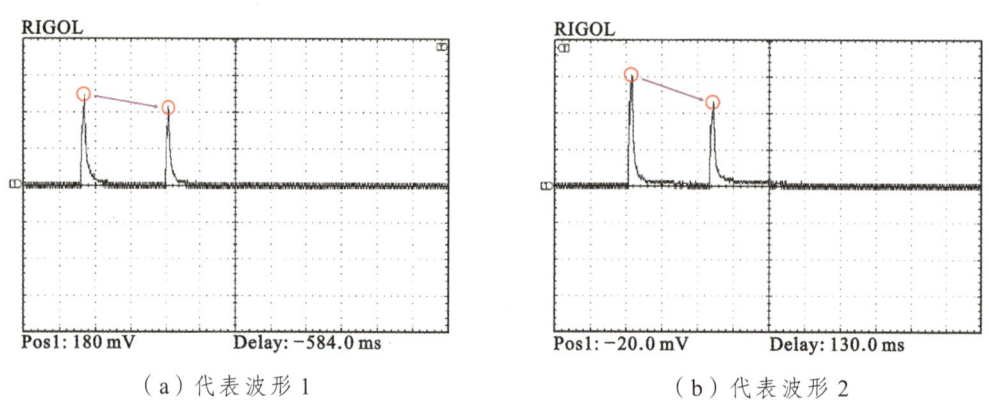

（a）代表波形 1　　　　　　　　（b）代表波形 2

图 12.7　小汽车轴重对道路压电发电系统开路电压输出性能影响

由图 12.7 可知，单点位、单装置输出的前后波信号差异现象更为显著，分析原因为车辆本身的前轴重量普遍高于后轴，加之主/副驾驶位置等其他因素影响，测试得到的前波峰信号值较高。据此判定车辆前后轴重的差异性亦影响道路压电发电系统电学输出性能，初步表明较大的车辆荷载对道路压电发电系统电学输出具有积极影响。

2. 中型车辆荷载工况下开路电压输出特性

市政道路以小汽车通行为主，中型车辆种类及数量相对较少，较为常见的中型车辆为市政洒水车、物流中卡及中厢货车等。提取中型车辆碾压工况下道路压电发电系统开路电压代表波形如图 12.8 所示，其中波形图的横坐标为时长，单位为 100 ms/div；纵坐标为电压，单位为 20 V/div。

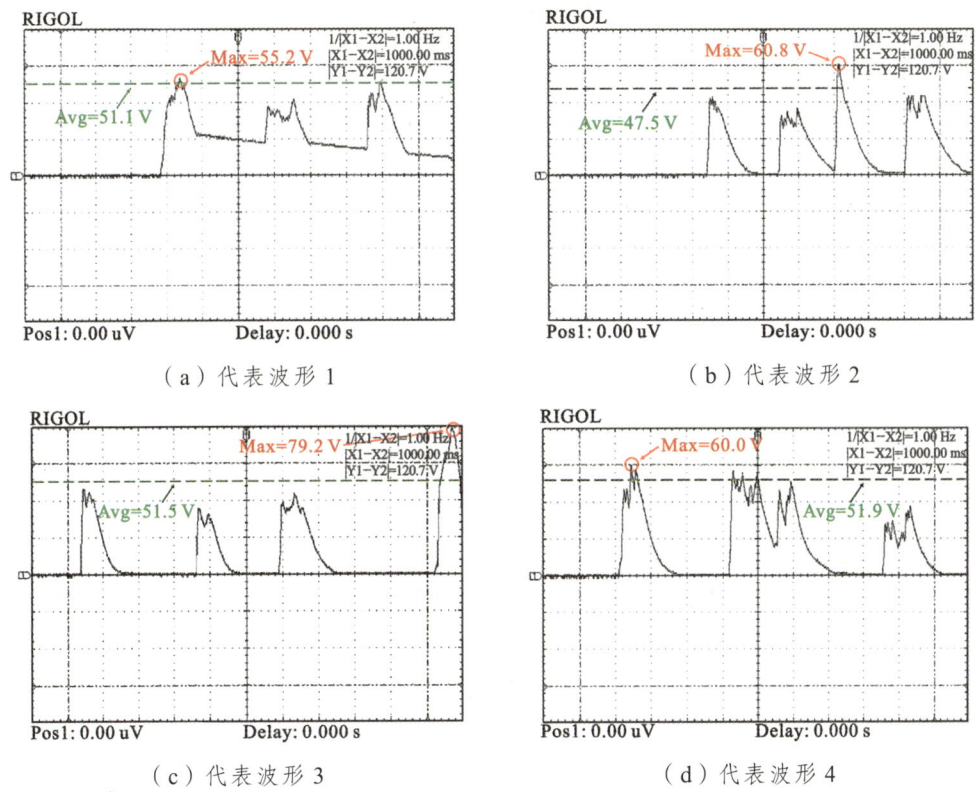

(a) 代表波形 1　　　　　　　　　　(b) 代表波形 2

(c) 代表波形 3　　　　　　　　　　(d) 代表波形 4

图 12.8　中型车辆碾压下道路压电发电系统开路电压测试

分析提取的波形可知,中型车辆完全碾压下道路压电发电系统开路电压输出值总体分布在 50~79.2 V 范围内,其中输出电压最大值可达 79.2 V,对应整车单次输出电压平均值达 51.5 V(见图 12.8 c)。由于中型车辆轴数和轮组的差异性及道路压电发电系统布设方式的影响,与小汽车工况相比,中型车辆对应的波形响应信号规律不明显,出现四个波形或波形连续不间断的现象,但其对应的电学输出量级更大。分析波形规律不明显的原因,为图 12.1 中俘能模块的布设点位按照常规小汽车前后轴轴距确定,中型车辆的前后轴不能同时碾压俘能模块,因此表现出四个波形;当中型车辆多轴多轮通过时,俘能模块被连续碾压,对应道路压电发电系统的输出开路电压波形表现为连续状态。由此可知,车辆荷载对道路压电发电系统电学性能有着极为重要的影响,车辆荷载越重,道路压电发电系统力电转换量级越大,实际应用时可着重考虑重载路段。

12.3.2　基于不同车速的开路电压性能研究

依据测试结果,提取并分析近百车次小汽车碾压后的波形信号,进一步探明道路压电发电系统在实际服役过程中单车次碾压速率对其电学输出性能的影响。

1. 行车碾压速率计算

行进车辆完全碾压道路压电发电系统产生的波形响应信号时间为整个碾压过程时间，即车辆前轮开始碾压后排（沿行车方向后方位为后排）装置外边缘至后轮结束碾压前排装置外边缘之间的时间段，全波形信号对应的车辆碾压全长为压电发电装置模块布设外缘间距（总间距）与车辆轴距之和，则行进车辆碾压道路压电发电系统时的速率计算公式为：

$$v = \frac{3600L}{T} = 3600 \times \frac{l+s}{|t_2-t_1|} \tag{12.1}$$

式中：v——行车速度，km/h；
　　　L——产生全波形信号对应的车辆碾压全长，m；
　　　T——产生波形信号时长即车辆碾压时间，ms；
　　　L——压电模块布设总间距，m；s 为车辆轴距，m；
　　　t_1——波形信号起点时刻；
　　　t_2——波形信号终点时刻。

小汽车品牌类型、车身技术参数的多样性导致小汽车轴距不尽相同，为提高分析效率同时兼顾结论分析的可靠性，结合道路常见小汽车车身技术参数，统一选取 2.65 m 作为小汽车标准轴距进行速率简化计算，并将计算结果以行车碾压速率区间形式表征（如计算结果为 52.3 km/h，则表征的速率区间为 50～55 km/h，以此类推）。

2. 不同碾压速率下电压波形信号响应特征

依据道路压电发电系统车辆碾压速率计算方法，整理小汽车不同行车碾压速率下的电压波形响应信号如图 12.9 所示，其中波形图的横坐标为时长，单位为 100 ms/div；纵坐标为电压，单位为 10 V/div。

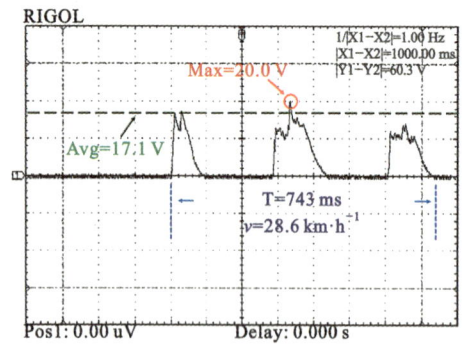
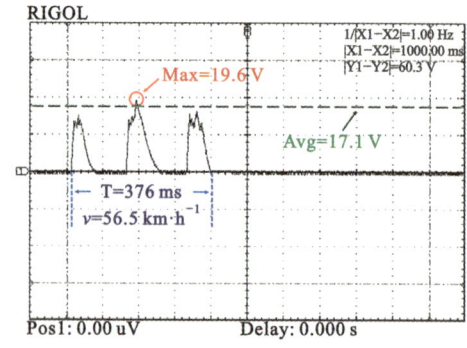

（a）速率区间（25～30）/28.6 km/h　　　　（b）速率区间（55～60）/56.5 km/h

图 12.9　不同行车碾压速率下的电压波形响应信号

由图 12.9 可知，不考虑车辆荷载因素影响，较慢行车速率下（28.6 km/h）车辆对道路压电发电系统碾压时间相对较长（743 ms），对应电压波形信号前波、中波和后波之间碾压周期较长、响应较为持续；而其约 2 倍行车速率下（56.5 km/h）的车辆碾压时间相对较短（376 ms），波形信号连续性相对较好。

就输出峰值电压而言，28.6 km/h 碾压速率下道路压电发电系统输出峰值电压为 20 V，56.5 km/h 碾压速率下输出峰值电压为 19.6 V，差异值仅为 2%。仅就此两种速率而言，单车次碾压速率对道路压电发电系统输出峰值电压的影响甚微。

3. 行车碾压速率与电学输出性能关系

为最大化降低车辆荷载差异性对测试结论的影响权重，在明确不同碾压速率下电压波形信号响应特征的基础上，统计近百车次波形电压与对应的行车碾压速率，绘制其关系曲线如图 12.10 所示。

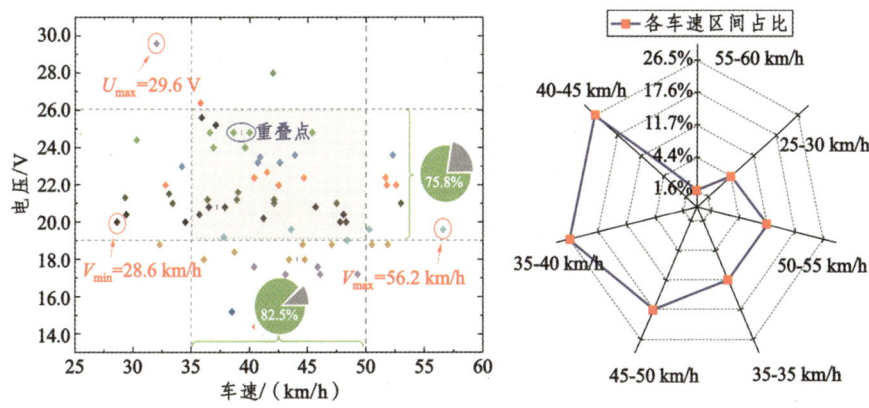

图 12.10 行车碾压速率与电学输出性能关系

由图 12.10 可知，该市政道路上车辆最高行驶速率约为 56.2 km/h、最低速率约为 28.6 km/h，其中 35～50 km/h 范围内行车速度约占 82.5%，对应 19～26 V 范围输出开路电压约占 75.8%，表明该市政道路上车速集中于 35～50 km/h，且开放交通条件下该道路压电发电系统正常工作时的电学输出水平基本处于 19～26 V 范围内，即该道路压电发电系统在行车碾压速度为 35～50 km/h 时的开路电压输出范围为 19～26 V。

为进一步探明单车次碾压速率对电学输出性能的影响规律，细化单车次碾压速率区间：30～40 km/h、40～50 km/h 及 50～60 km/h，计算各区间平均输出开路电压如表 12.3 所示。

表 12.3 不同车速区间输出开路电压

行车速率/（km/h）	输出电压/V
30～40	20.97
40～50	21.01
50～60	21.28

由表 12.3 可知，道路压电发电系统平均输出开路电压随行车速率区间增加而增加，但增加幅度较小，30~40 km/h 至 50~60 km/h 行车速率区间的平均输出开路电压仅提升了 1.47%，与图 12.9 中 2% 的变化率基本吻合，验证了碾压速率对道路压电发电系统输出电压的影响甚微的结论。同时与图 12.6 和图 12.8 表征的荷载因素对道路压电发电系统电学输出性能产生的显著影响相比，单车次碾压速率对其电学输出性能影响甚微的结论被进一步验证。

12.4 道路压电发电系统功率输出规律研究

道路压电发电系统输出功率是影响其电学性能的另一个重要指标，其与负载状态下的输出电压有关，因此可基于负载电压测试，研究不同负载阻值对压电发电系统输出功率的影响规律，确定输出功率与负载阻值最佳匹配关系，进一步探明道路压电发电系统电学输出规律。

12.4.1 基于不同阻值的负载电压输出性能研究

依据测试方案，对道路压电发电系统接入不同负载阻值进行开放交通下的小汽车碾压性能测试，将不同负载阻值下的输出电压波形信号进行必要筛选与数据处理，提取其中具有代表性的负载电压波形信号如图 12.11 所示，绘制道路压电发电系统输出电压水平与负载阻值间的具体响应关系，如图 12.12 所示，其中波形图的横坐标为时长，单位为 100 ms/div；纵坐标为电压，单位按图标注。

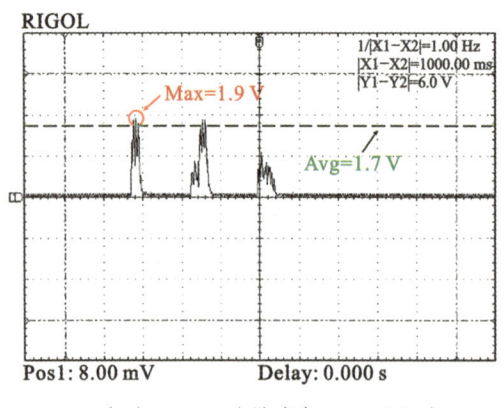 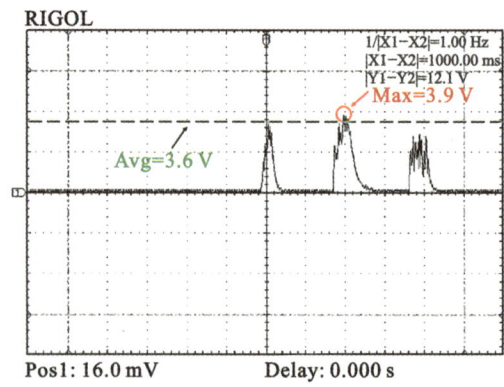

（a）0.4 kΩ（纵坐标：1 V/div）　　（b）1 kΩ（纵坐标：2 V/div）

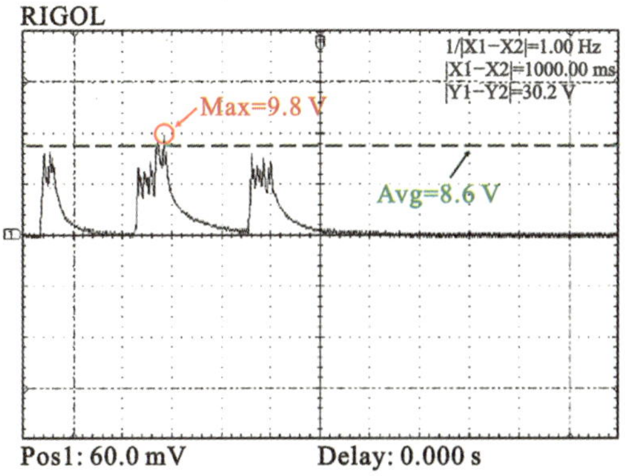

第 12 章　道路压电发电系统现场铺设与电学性能研究

（c）5 kΩ（纵坐标：5 V/div） 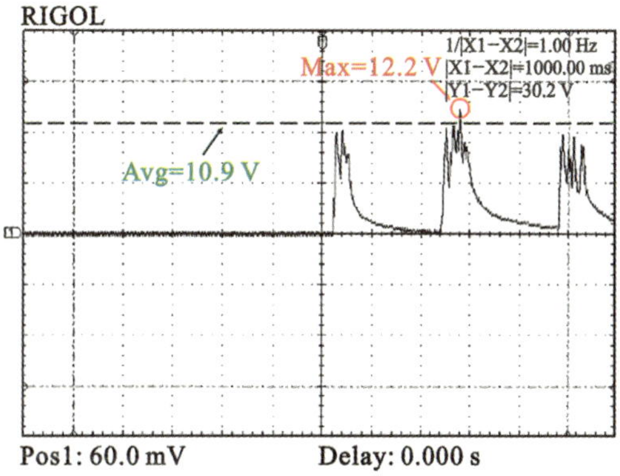　　　　（d）20 kΩ（纵坐标：5 V/div）

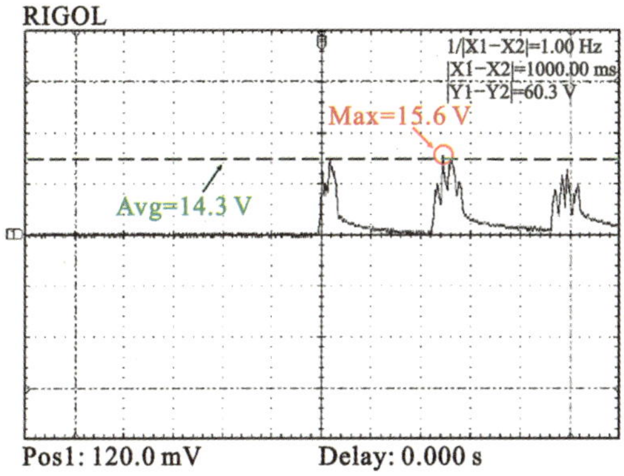

（e）50 kΩ（纵坐标：10 V/div） 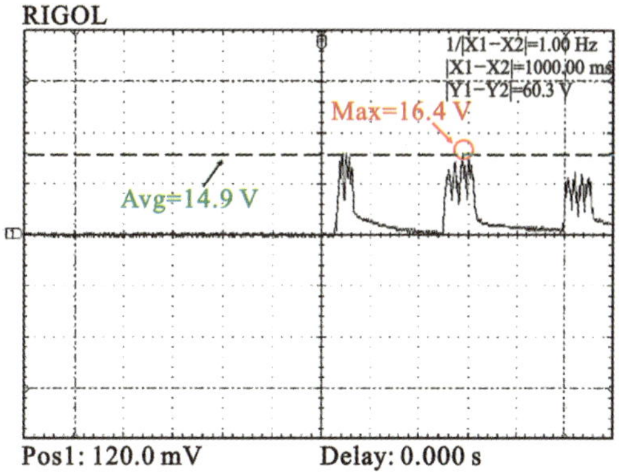　　　（f）100 kΩ（纵坐标：10 V/div）

图 12.11　不同负载阻值下的电压输出波形

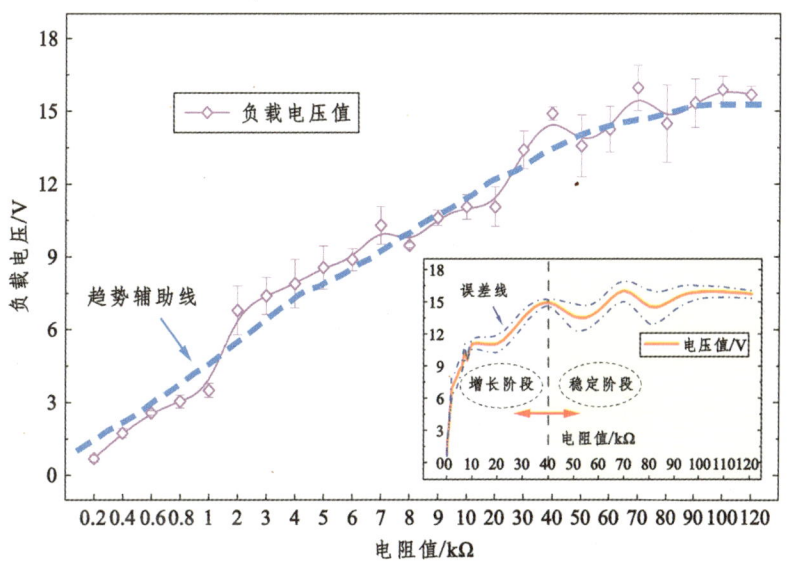

图 12.12　不同负载阻值对输出电压的影响

综合分析图 12.11 和图 12.12 可知，实际交通荷载碾压工况下道路压电发电系统输出电压与负载阻值近似呈现正相关关系，但不同负载阻值对其输出电压影响程度不同，随着负载阻值的提高，输出电压前期增长迅速，后期增长缓慢直至趋于稳定。负载阻值对发电系统输出电压的影响划分为增长阶段（0～40 kΩ）与稳定阶段（40～120 kΩ）两部分，当阻值位于 0～10 kΩ 范围时，输出电压由 0 大幅度上升至 11.05 V，达到小汽车荷载平均开路电压的 49.5%，表明增长阶段负载阻值对发电系统电压输出水平影响显著；当阻值增大至 40 kΩ 时，对应输出电压上升至 14.88 V，达到平均开路电压的 66.7%；然而继续增大阻值时输出电压增长逐渐趋于稳定，当阻值为 70 kΩ 时，其输出电压达到最大值 15.94 V，达到平均开路电压的 71.5%；同时继续增大阻值并接近上限时，输出电压总体趋于稳定，但仍未达到平均开路电压水平。究其原因，为压电发电系统搭载的负载存在电学分压现象，使其输出电压始终低于开路电压。

12.4.2　最佳匹配负载阻值确定

为使道路压电发电系统采集能量最大化，压电发电系统能量采集设计时需匹配最佳负载阻值，因此基于 12.4.1 节不同负载阻值下道路压电发电系统输出电压特性研究，采用输出功率和输出电流指标进一步表征不同负载阻值对发电系统电学输出性能的影响规律，以明确最佳匹配负载阻值，发电系统输出功率、输出电流与负载阻值匹配关系如图 12.13 所示。

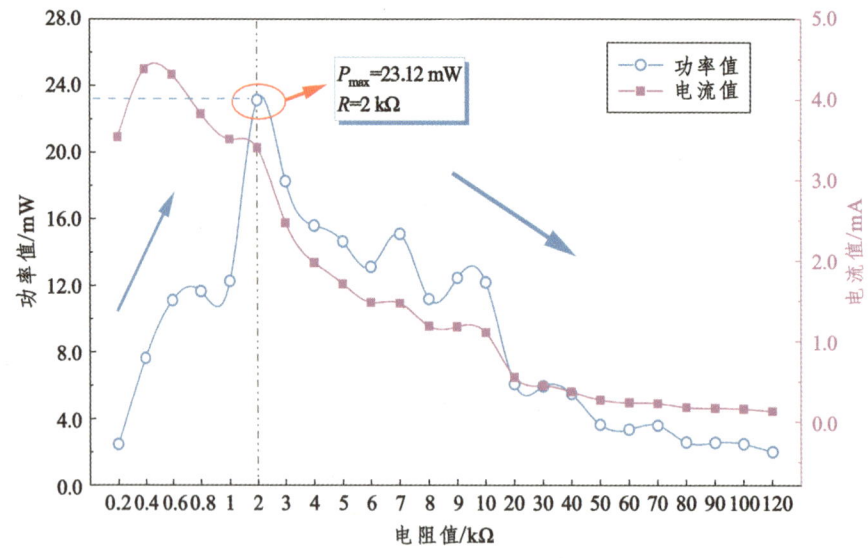

图 12.13　最佳输出功率确定

由图 12.13 可知，道路压电发电系统输出功率和输出电流随负载电阻增大呈现的变化规律与输出电压规律不同，其中输出电流总体呈现逐渐减少的趋势，当负载阻值由 0.2 kΩ 提升至 0.4 kΩ 时，输出电流出现短暂的增长过程，电流值达到 4.38 mA，而后随着负载阻值的增加逐渐减少直至接近零值；输出功率总体呈现先增长后减少趋势，其中前期增长幅度明显，当负载阻值由 0.2 kΩ 提升至 2 kΩ 时，对应输出功率达到峰值 23.12 mW，而后变化规律与输出电流规律一致。由于输出功率直接决定能量输出水平，输出功率越大，对应能量输出量级越高，因此峰值输出功率对应的阻值即为最佳匹配负载，由此确定道路压电发电系统最佳匹配负载阻值为 2 kΩ，对应输出电流为 3.3 mA，满足道路压电发电系统储能要求。

12.5 道路压电发电系统能量采集存储性能研究

为探明道路压电发电系统的能量采集性能及规律，搭载能量采集存储模块后对道路压电发电系统进行一定交通流时长碾压作用下的不间断充电测试，并搭载自制发光字幕板检验道路压电微能量储供能采集应用效果。

12.5.1 道路压电发电系统能量采集存储测试

道路压电发电系统能量输出最佳匹配负载阻值确定后，为明确道路压电发电系统实际应用时的能量采集存储性能，依据测试方案搭载能量采集存储模块，进行实际交通流碾压作用下道路压电发电系统充电测试。为使测试的能量采集存储性能具有代表性，选取晚高峰时段（17:00~20:00）开放交通作为测试交通条件，测试过程中记录碾压车次（包括完全碾压车辆和不完全碾压车辆）。由于储能电容储能量级与其端值电压有关，因此测试过程借助数字示波器实时测试储能电容端值电压，监测测试前后采集存储能量对应的电压如图 12.14 所示。

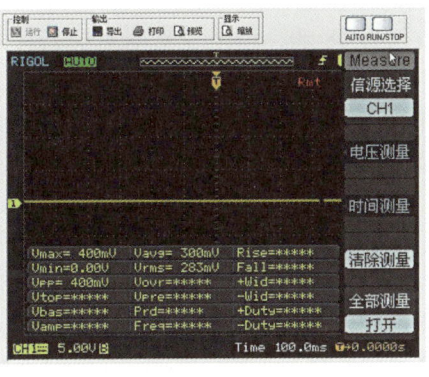
（a）初始电压值

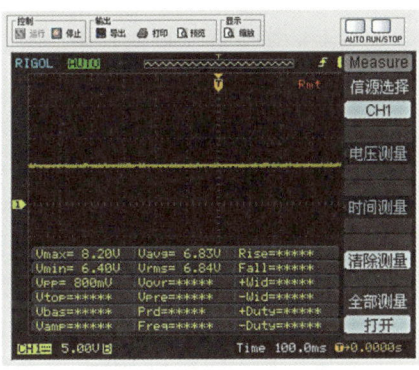
（b）充电电压值

图 12.14 数字示波器监测结果

由图 12.14 充电电压监测结果可知,储能电容初始电压为 0.3 V(储能量为 0),随着车流间歇性碾压累积,有效采集能量对应的充电电压不断提升,晚高峰时段充电结束后充电电压达到 6.83 V(见图 12.14 b)。为直观反映道路压电发电系统在现场能量采集存储性能测试过程中产出的电能数量,结合充电电压测试结果计算采集存储能量。

将储能电容 3 300 μF 和充电电压 6.83 V 带入公式 $E=1/2CU^2$ 计算道路压电发电系统采集存储能量 E_h 为:

$$E_h = \frac{1}{2} C_h U_h^2 = 76.97 \text{ mJ}$$

结合碾压车次记录可知,晚高峰时段开放交通条件下道路压电发电系统承受 1 209 辆小汽车(折算后)间歇性随机碾压(包括完全碾压和不完全碾压)作用后,有效储存能量达到 76.97 mJ,表明道路压电发电系统可实现道路振动能的捕捉与转换电能的采集。

12.5.2 道路压电发电系统能量采集规律研究

为探明道路压电发电系统能量采集规律,结合充电测试实时监测数据,建立充电时长、充电电压以及有效碾压车辆数之间的关系,据此综合分析道路压电发电系统在实际应用环境中能量采集俘获规律。开放交通条件下由于驾驶员主观能动性及车辆机动性,道路压电发电系统所俘获的荷载碾压面积及位置相对分散,故在通过实时录像对实际碾压车辆数目筛选统计时,凡车辆前后轴轮的全部或部分接地面积均可碾压到发电系统四个装置埋设点位,则认定该车辆为有效荷载。综上考虑,统计整理并绘制充电电压、充电时长及有效碾压车辆数曲线如图 12.15 所示。

由图 12.15 可知,在 180 min 测试时间段内,所在行车道内共计经行 1 209 辆汽车有效碾压道路压电发电系统,对应累积采集电量 6.83 V。随着有效碾压车辆数不断增加,道路压电发电系统充电电压值总体呈现上升趋势,充电开始阶段电压值增长迅速、充电效率较高,而后充电效率逐渐降低电压值增长缓慢,具体表现为当监测的实时充电电压值由起始 0.4 V 增至 2 V 时对应有效碾压车辆数仅为 68 辆,增至 4 V 时对应累计增加有效碾压车辆数为 207 辆,而当继续增至 6 V 时则所需有效车辆数已累计至 605 辆,据此表明,随着充电电压值提升,发电系统对车辆碾压频次的需求更加强烈,即需要更多荷载作用次数以满足充电需求;然而,在 5.2~5.8 V 以及 6~6.4 V 的充电过程中发现发电系统出现较快的充电效率,具体表现为该充电过程对充电时长及有效碾压车辆数需求相对略小,究其原因,结合实时监测录像,观测到在该时段的充电过程中测试段所在行车道连续经行较多重载车辆车流,表明重荷载碾压作用对道路压电发电系统能量采集效率的提升有着积极影响;此外,相对于间断的交通流荷载碾压作用,交通流较为持续、稳定的荷载碾压作用同样利于发电系统能量采集效率的提升;另一方面,在实时充电检测过程中,发现其电压值常出现小范围波动的现象,具体表现为在电压值刚实现上升但尚未稳定时若缺少及时且足量的荷载碾压作用,则将衰减至原稳定值直至道路压电发电系统有效俘获持续且足够荷载碾压作用时方可实现电压值稳定提升。

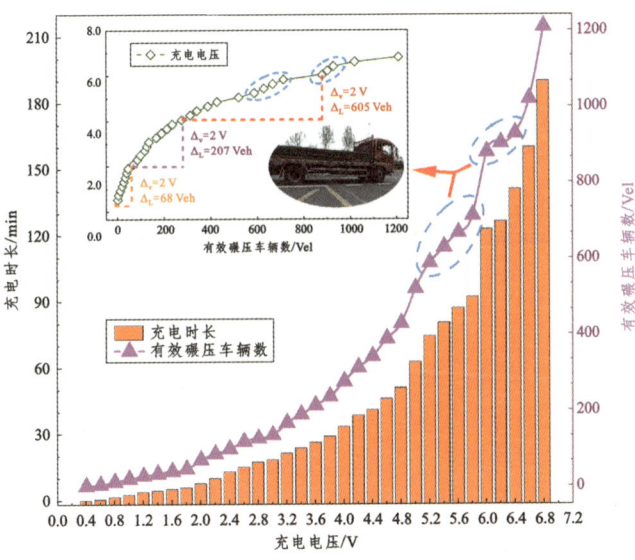

图 12.15　能量采集规律关系曲线

综上分析可得出结论：随着能量产出数量不断提升，道路压电发电系统需更多更持续的荷载作用以满足连续充电需求；重荷载碾压以及持续荷载碾压作用均有利于发电系统能量采集效率的提升；道路压电发电系统在交通流稳定持续、轴载谱丰富的交通环境中应用效果更佳。

12.6　本章小结

本章设计优化了道路压电发电系统的铺设方案，创建了道路压电发电系统成套施工工艺，并铺筑了现场测试段，系统研究了道路压电发电系统在不同荷载工况、不同碾压车速下的电学性能输出规律，测评了开放交通条件下道路压电发电系统能量采集存储性能。

1. 剖析了道路压电发电系统铺设技术要求及要点，基于典型荷载工况设计优化了道路压电发电系统布设点位参数，建了道路压电发电系统成套施工工艺，铺筑了道路压电发电系统现场测试段。

2. 明确了不同荷载与车速下的道路压电发电系统电学输出规律，较大荷载及碾压面积利于道路压电发电系统电学输出，小汽车和中型车辆完全碾压下开路电压分别为 15～30 V 和 50～80 V。速率对电学输出性能影响甚微，30～60 km/h 区间内平均输出电压仅提升 1.47%。

3. 测试了开放交通条件下道路压电发电系统能量采集存储性能，晚高峰时段开放交通碾压有效储能 76.97 mJ，道路压电发电系统振动捕捉与能量采集有效，但充电状态受车流量间断影响，应用选址时推荐交通流稳定、持续的路段。

第 13 章 道路压电发电系统俘能理论、效率与性能监测

道路压电发电系统铺设测试得到其在开放交通条件下的现场电学性能及其能量采集存储规律，但单次碾压输出能量尚未确定。传统道路压电发电技术输出能量采用最大值理论计算，但由于单次碾压过程中压电发电装置能量输出大小不一致，传统理论结果偏离实际采集水平，且就公开的技术方案而言，现场开放交通条件下道路压电发电系统的能量采集存储效率和工作性能未被明确。因此，为科学评价道路压电发电系统在开放交通条件下的能量采集存储效率和工作性能，本章发展表征实际能量输出水平的道路压电微能量计算理论，基于力电转换效率和能量采集效率两种技术指标明确道路压电发电系统的能量输出效率，基于压电发电装置及路面材料状态和电学性能监测，探明道路压电发电系统长期工作性能，为道路压电发电技术的规模化应用奠定基础。

13.1 道路压电发电系统俘能理论发展

为准确评价道路压电发电系统的现场输出能量水平，本节对比评价适用于道路压电发电系统的能量计算方法，确定更符合实际的道路压电发电系统输出能量计算方法，为道路压电发电技术能量采集性能研究奠定基础。

13.1.1 能量输出计算方法对比评价

考虑道路压电发电系统电学性能输出规律、压电陶瓷材料本身介电特性及铺设现场实测数据，总结并推导两种适用于道路压电微能量输出的计算方法，包括公式换算法与波形积分法。

1. 公式换算法

该方法是在电容-电能公式与压电方程介电公式之间建立一种换算关系。由于各压电发电装置之间、装置内部植入的各压电换能器之间及单元结构内部叠堆的陶瓷单片之间均为电学并联连接，故结合研究实际，得出使用的道路压电发电系统微能量输出计算公式：

$$E_p = \frac{1}{2}CU^2 = \frac{1}{2}NC_0U^2 = \frac{Nn\varepsilon_{r3}^T\varepsilon_0 AU^2}{2d} \quad (13.1)$$

式中：E_p——道路压电发电系统发电量，J；

U——道路压电发电系统开路电压，V；

C、C_0——压电发电系统等效总电容、每个压电换能器等效电容，F；

N、n——压电发电系统中压电换能器总数量、压电换能器叠堆的结构层数；

ε、ε_0、ε_{r3}^T——压电陶瓷材料介电常数、真空介电常数、相对介电系数，F/m。

2. 波形积分法

基于道路压电发电系统现场实测的负载电压波形信号响应特征，推导出一种通过输出功率与时间进行数学定积分得出在单车次碾压下发电系统实际发电数量的精确计算方法，其推导过程如下：

① 电压波形表征信号响应的各个时刻所对应的电压值，其波形曲线是由众多数量的电压采集点堆积组成的，故通过提取负载电压波形数据，并依据"电压-电阻-功率"间的换算公式（13.2）可将负载电压波形中信号响应的各个时刻对应的电压值作二次数据处理后转换为功率值。

$$P = \frac{U_L^2}{R} \quad (13.2)$$

式中：P——道路压电发电系统输出功率，W；

U_L——负载电压波形中各采集点的电压，V；

R——与负载电压相匹配的电阻值，Ω。

② 通过数据分析软件，建立各采集点的功率值与对应响应时刻的关系曲线，即转换成输出功率波形，转换前后相关示意如图13.1和图13.2所示。

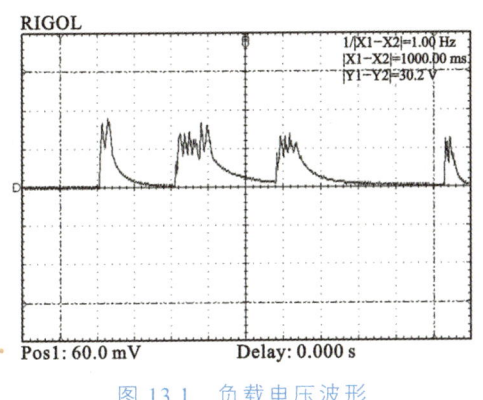

图13.1 负载电压波形

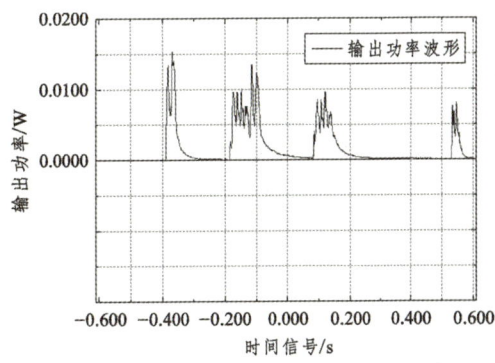

图13.2 对应转换后的输出功率波形

③ 分析转换后的输出功率波形可知，功率波形中横坐标表征时间，纵坐标表征与时间响应相对应的功率值，根据功率-时间-能量换算关系，输出功率的波形面积即为

能量，因此可通过道路压电发电系统输出功率波形中各响应时刻与对应功率值的定积分得出实际发电量精确计算，综上后确定波形积分法的计算公式为

$$E_p = \int_0^{\Delta T} P d(t) = \int_0^{\Delta T} \frac{U_L^2}{R} d(t) \tag{13.3}$$

$$\Delta T = \sum_{i=1}^{i} |t_{i+1} - t_i| \tag{13.4}$$

式中：E_p——道路压电发电系统发电量，J；

P——道路压电发电系统输出功率，W；

U_L——与输出功率相匹配的输出电压，V；

$|t_{i+1}-t_i|$——输出功率波形响应信号中波形的响应时长，s。

3. 能量计算方法对比评价

为优选适用于道路压电微能量采集的电量最佳计算方法，基于上述各公式计算方法及参数数据来源，归纳总结两种方法的特点及适用性如表 13.1 所示。

表 13.1　道路压电发电系统电能输出计算方法对比与评价

方法	与所需计算相关的参数数据来源	特点及适用性评价
公式换算法	（1）压电换能器结构尺寸量测 （2）电学公式计算与参数换算 （3）仅开路电压需现场实测	（1）偏向于理论计算，所需现场实测项目较少，应用局限性小，数据处理简捷； （2）受开路电压取值影响较大，宜适用于预估能量理论输出水平。
波形积分法	（1）各参数诸如输出功率、输出电压及匹配阻值等均需进行现场实测； （2）功率波形需结合现场实测的输出电压波形响应特征进行数据后处理得到	（1）计算精度高； （2）可实现有限荷载碾压频次或短时交通流时长下的压电微能量输出实际计算； （3）可适用于基于年/日平均交通量下的发电量预估

由表 13.1 可知，两种压电微能量计算方法均可对道路压电发电系统能量输出进行有效计算，其中公式计算法数据处理简便，可实现最大发电量理论计算；波形积分法基于电压波形信号响应特征，将其转换成输出功率波形进而通过数学定积分实现对发电量较为精确的计算。结合现场实测数据，对不同轴载车辆碾压条件下的道路压电发电系统所产生电量进行具体计算与分析。

13.1.2　基于公式换算法的输出能量理论值计算

1. 小汽车单车次碾压下输出能量计算

参考 12.3.1 节小汽车荷载工况下压电发电系统开路电压实测结果，并考虑基于不

同方法计算结果的可对比性，选取吉利出租车作为代表轴载，提取具有代表性输出水平的开路电压波形信号如图 13.3 所示。

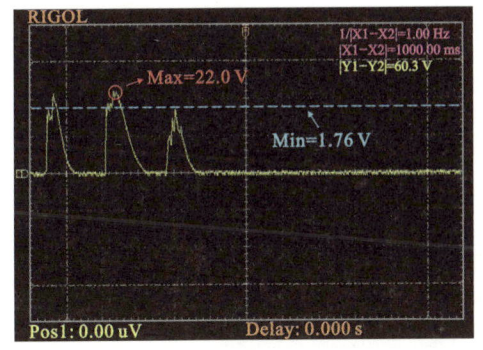
（a）代表波形 1

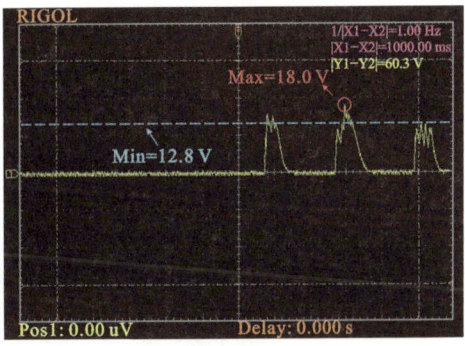
（b）代表波形 2

图 13.3　出租车单车次碾压下开路电压波形

由图 13.3 可知，小汽车荷载工况下发电系统开路电压输出水平为 12.8～22 V，以此作为计算数据，根据公式（13.1）计算输出能量如下：

$$C_0 = \frac{n\varepsilon_{r3}^T \varepsilon_0 A}{d} = 1.65150 \times 10^{-7} \text{F} = 165.15 \text{nF}$$

$$E_{p\min} = \frac{1}{2} N C_0 U_0^2 = 1.9481 \times 10^{-3} \text{J} = 1.95 \text{mJ}$$

$$E_{p\max} = \frac{1}{2} N C_0 U_0^2 = 5.7551 \times 10^{-3} \text{J} = 5.76 \text{mJ}$$

2. 中型车辆单车次碾压下输出能量计算

电容作为压电陶瓷材料本身的固有属性，其值不受外界荷载因素影响，故基于中型车辆碾压工况下的开路电压实测结果，以开路电压输出水平 50～80 V 作为计算数据。根据公式（13.1）计算输出能量如下：

$$E_{p\min} = \frac{1}{2} N C_0 U_0^2 = 2.9727 \times 10^{-2} \text{J} = 29.73 \text{mJ}$$

$$E_{p\min} = \frac{1}{2} N C_0 U_0^2 = 7.6101 \times 10^{-2} \text{J} = 76.10 \text{mJ}$$

通过上述计算结果可知，道路压电发电系统在以吉利品牌出租车为代表的小汽车荷载工况下单车次碾压下理论可输出的能量水平为 1.95～5.76 mJ，中型车辆荷载工况下单车次碾压下理论可输出能量水平为 29.73～76.10 mJ。

13.1.3 基于波形积分法的输出能量实际值计算

1. 电压-功率波形转换

根据波形积分法特点及适用性，同样选取吉利出租车作为代表轴载，依据 12.4.2 节关于输出功率与负载阻值最佳匹配关系的研究结论，提取其在最佳匹配阻值 2 kΩ 负载条件下的输出电压信号如图 13.4 所示，根据公式（13.2）对其进行功率输出值换算，经二次数据处理后生成的输出功率波形如图 13.5 所示。

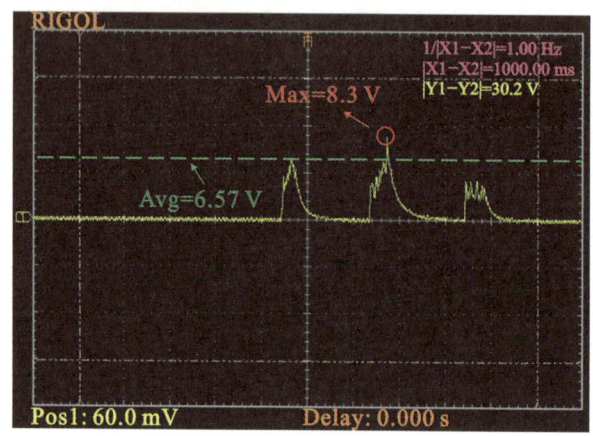

图 13.4 输出电压波形（横：100 ms/div、纵：5 V/div）

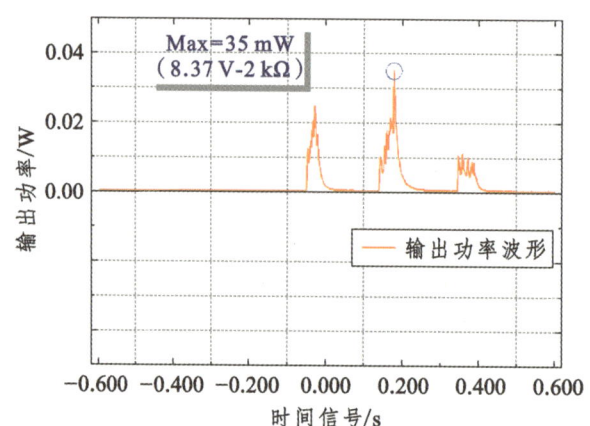

图 13.5 数据处理生成的输出功率波形

2. 发电量积分计算

根据公式（13.3）（13.4）计算方法并借助相关数据分析软件，对功率波形进行时间与功率的定积分运算，求得结果如图 13.6 所示。

经积分运算，最佳负载条件下，以吉利出租车为代表的小汽车荷载工况下单车次碾压实际可输出 2.05 mJ 电量，信号响应区间内平均输出功率为 5.39 mW，其中最大

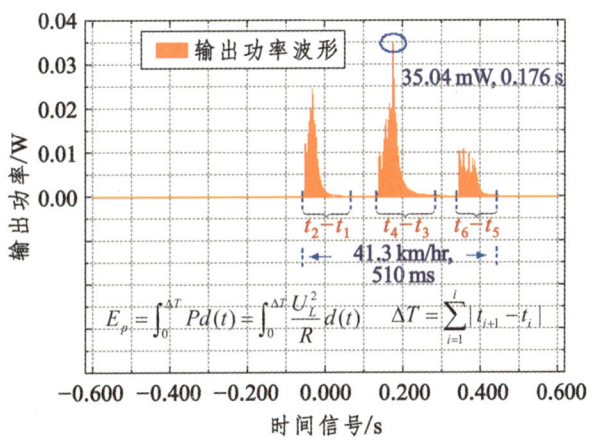

图 13.6 输出功率波形积分

瞬时功率为 35.04 mW，对应响应时刻为 0.176 s，处于波形图中的中波响应阶段，进一步验证了研究结论：更多、更大的荷载作用利于实现发电系统更高效的电学性能输出。虽然不同行车速率碾压下，道路压电发电系统对应产生的波形响应总时长的差异性将导致电量积分结果存在一定波动，但结合发电系统车速计算公式（12.1）得出该波形对应车辆的行车碾压速率为 41.3 km/h，同时根据 12.3.2 节现场测试段行车碾压速率统计结果，可确定该车速处于所在市政道路行车速率集中区间内（35~50 km/h），故基于该波形积分所得的电量输出结果具有一定代表性水平，据此可认为铺设的道路压电发电系统小汽车单车次碾压下实际电量输出为 2.05 mJ、平均功率输出为 5.39 mW，最大瞬时功率为 35.04 mW。

若按传统理论公式计算，当地出租车单车次碾压开路电压为 22 V，计算得到其输出电量为 5.76 mJ，为波形积分法计算结果的 2.8 倍，严重偏离实际发电结果。因此与传统最大值理论相比，介绍的现场能量采集计算方法的精确度提高了 180%，更适合衡量道路压电发电系统能量输出。

13.2 道路压电发电系统能量输出效率研究

道路压电发电系统从有效俘获车辆振动能到实现清洁电能产出利用需依次经历力电转换阶段与能量采集阶段，为科学衡量评价道路压电发电系统输出性能，有必要结合以上两个阶段评价道路压电发电系统的能量输出效率，包括力电转换效率和能量采集效率。

13.2.1 能量输出效率表征方法

1. 力电转换效率 η

该指标表征发电系统通过正压电效应实现车辆振动能到电能的转换效率,具体为压电发电数量 E_p 与车辆振动能俘获数量 W 的比值,如式(13.5)所示。

$$\eta = \frac{E_p}{W} \times 100\% \tag{13.5}$$

2. 能量采集效率 μ

该指标表征发电系统电能采集利用效率,具体为发电系统实际采集数量 E_h 与实际压电发电数量 E_p 的比值,如式(13.6)所示。

$$\mu = \frac{E_h}{E_p} \times 100\% \tag{13.6}$$

13.2.2 力电转换效率分析

1. 车辆振动能俘获数量计算

适用于单位车辆碾压作用下道路压电发电系统俘获车辆振动能数量的计算公式如式(13.7)所示。

$$W = n_1 n_2 W_0 = \frac{n_1 n_2}{2} \int_l \frac{F^2}{ES} dh \tag{13.7}$$

式中:n_1 为压电发电系统中装置总数量,个;n_2 为装置承受单位车辆轮载作用次数,次;W_0 为装置车辆振动能俘获数量,J;E 为装置封装结构上盖板弹性模量,Pa;S 为装置封装结构径向受力面积,m^2。

以吉利出租车及市政洒水车为典型荷载工况,取出租车单轮轮载压力均值为 3 750 N、洒水车单轮轮载压力均值为 10 000 N,压电发电装置上盖板弹性模量为 2 GPa、板厚为 0.008 m,设定装置在单位车辆荷载工况下均承受 2 次轮载碾压,计算得到:

① 以出租车为代表的小汽车荷载工况:

$$W_L = \frac{n_1 n_2}{2} \int_l \frac{F^2}{ES} dh = 40 \text{mJ}$$

② 以洒水车为代表的中型车荷载工况:

$$W_H = \frac{n_1 n_2}{2} \int_l \frac{F^2}{ES} dh = 284.47 \text{mJ}$$

道路压电发电系统在小汽车荷载工况下单次车辆碾压作用可俘获车辆振动能 40 mJ，中型车荷载工况下单次车辆碾压作用可俘获车辆振动能 284.47 mJ。

2. 力电转换效率计算

由公式（13.5）可知，力电转换效率为压电发电数量与车辆振动能俘获数量的比值，同时上述计算过程进一步表明，车辆振动能俘获数量实质上是依据各指标之间公式换算关系进行理论计算得出的，故采用基于公式换算法计算得出的压电发电量理论值用于分析与之更相匹配。结合 13.1.2 节发电量数据及上述计算结果，得出道路压电发电系统力电转换效率如表 13.2 所示。

表 13.2 道路压电发电系统力电转换效率

荷载工况	代表轴载	车辆振动能俘获数量/mJ	压电发电数量/mJ		力电转换效率/%	
			Min	Max	Avg	Max
小汽车	吉利出租车	40	1.95	5.76	9.6	14.4
中型车	市政洒水车	284.47	29.73	76.1	18.6	26.8

由表 13.2 可知，小汽车荷载工况下道路压电发电系统可俘获振动能 40 mJ，对应输出压电发电数量区间为 1.95～5.76 mJ，其中力电转换效率平均输出水平为 9.6%，最大可达 14.4%；以市政洒水车为例的中型车辆荷载工况下，发电系统承受单位车辆碾压作用可俘获车辆振动能 284.47 mJ，对应输出压电发电数量区间为 29.73～76.1 mJ，其中力电转换效率平均输出水平为 18.6%，最大可达 26.8%，表明其效率输出水平近似达到小汽车荷载工况的 2 倍。综上可知，在实际道路工况下的道路压电发电系统具有良好的力电转换效果，且荷载提高更加有利于道路压电发电系统力电转换效率的提升。

13.2.3 能量采集效率分析

为进一步探明道路压电发电系统电学输出效率，在明确上述力电转换效率基础上，基于开放交通条件下实测的发电系统实际充电情况，对道路压电发电系统能量采集效率进行计算与分析，由式（13.6）可知，发电系统能量采集效率为实际电量采集（充电）数量与实际压电发电数量的比值，故宜采用通过实际功率波形进行积分得出的压电发电量数据用于分析与之更相匹配。综上，结合式（12.1）（13.3）（13.6）得出能量采集效率计算公式如下所示。

$$\mu = \frac{CU_n^2}{2\sum_{i=1}^{n} E_{pi}} \times 100\% \tag{13.8}$$

式中：n——有效碾压车辆累计数目，辆；

U_n——经过 n 辆有效碾压车辆时的累计充电电压值，V。

为简化计算，同时便于分析道路压电发电系统能量采集效率与累计碾压有效车辆数量间的变化规律，同样选取吉利出租车作为标准车型，将其轴载作用下输出功率波形积分得出的实际发电量视为标准车型下有效碾压产出的平均发电量，故简化后的公式如式（13.9）所示，其中对于测试过程中出现的少量中重型车辆依据折算系数规定折算后计入累计碾压的有效车辆数。

$$\mu \approx \frac{0.5CU_n^2}{N\overline{E_p}} \times 100\% \tag{13.9}$$

式中：N——折算后的有效碾压车辆累计数目，辆；

$\overline{E_p}$——标准车型有效碾压下输出的平均发电量，mJ。

依据 13.1.3 节波形积分法计算结果，取 2.053 mJ 为标准车型单车次有效碾压下实际输出的平均发电量，例如当有效碾压车辆累计为 10 辆时，实际监测到的道路压电发电系统累计有效充电电压为 0.8 V，基于公式（11.1）计算对应实际存储（采集）电量为 2.11 mJ，则实际单位车辆碾压下可采集电量为 0.211 mJ，代入公式（13.9）后计算得出该阶段能量采集效率为 5.15%；以此类推，道路压电发电系统在能量采集测试中的相关数据及采集效率计算结果如图 13.7 所示。

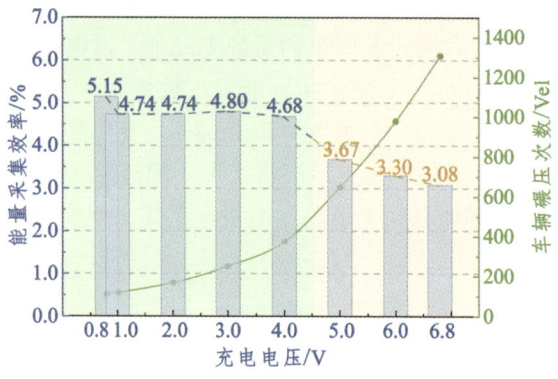

图 13.7　道路压电发电系统能量采集效率

根据随机时段测试结果，计算系统能量采集存储效率和充电电压、累计有效碾压车次关系如图 13.7 所示。系统的能量采集存储效率总体上随着碾压车次（储能电容端值电压）的增加先基本稳定后逐渐降低，其中在充电初始阶段（0～0.8 V，0～1.06 mJ），开放交通条件下系统的能量采集存储效率最大（5.15%）；在充电第二阶段（0.8～4 V，1.06～26.4 mJ），其效率基本维持在 4.7%附近；而在充电第三阶段（4～6.8 V，26.4～76.3 mJ），其效率由 3.67%降至 3.08%，表明系统在充电开始阶段可实现相对高效且稳定的能量采集与存储，但随着充电电压值的不断提升，系统需要更多车辆碾压频次才能满足稳定持续充电的需求。分析原因：一是开放交通条件下车辆的不完全碾压影响系统现场采集存储的能量水平；二是储能电容自身充电特性和额定电压限制在一定程度上影响了此效率。未来道路压电发电系统规模化铺设应用时可考虑采用多组充电模块同时充电的方式保证稳定持续的能量采集效率。

13.3　道路压电发电系统工作性能监测

道路压电发电系统铺设于道路中，温差、水汽等自然因素的侵蚀冲击影响其实际应用，本节从装置及路面材料状态和电学性能等方面监测道路压电发电系统工作属性，评判其在道路交通条件和环境中的适用性。

13.3.1　道路压电发电装置及路面材料状态监测

为明确优化后的道路压电发电装置在实际道路交通条件中的路用适用性，测试段开放交通后监测其路用耦合性能，重点关注压电发电装置侧边与路面材料的接触区域。开放交通后压电发电装置及周围路面材料表观监测情况如图 13.8 所示。

（a）1 d 监测　　　　（b）14 d 监测　　　　（c）60 d 监测

图 13.8　压电发电装置及路面材料表观监测

由图 13.8 可知，装置与周围路面材料接触面黏结稳固，未出现结构损伤，且其周围路面材料未出现明显的应力破坏，表明优化的装置材料、形状及厚度能够弱化其对周围路面材料的干扰，适用于在路面结构中应用。

13.3.2　道路压电发电装置现场电学监测

为明确道路压电发电装置在实际交通中是否能够发电，现场监测其是否存在电学输出，进而确定其是否具有道路压电发电实用性。为减少压电发电装置之间的相互干扰，以单个压电发电装置为测试对象。开放交通后 8 周内部分压电发电装置电学性能定期监测结果如图 13.9 所示。

由图 13.9 可知，常态化交通作用下单个压电发电装置存在电学输出，且不同时期其电学输出的波动幅度较大，单个压电发电装置电学输出规律不明显。以图 13.9（f）和图 13.9（h）为例，前 14 天压电发电装置输出电压较高，其发电性能较好；在第 28 天时其输出电压明显降低，此降低现象并不能表明压电发电装置电学失效，因为在随后的第 42 天其输出电压明显提高。整体而言，压电发电装置现场电学输出显著，具有道路实用性。

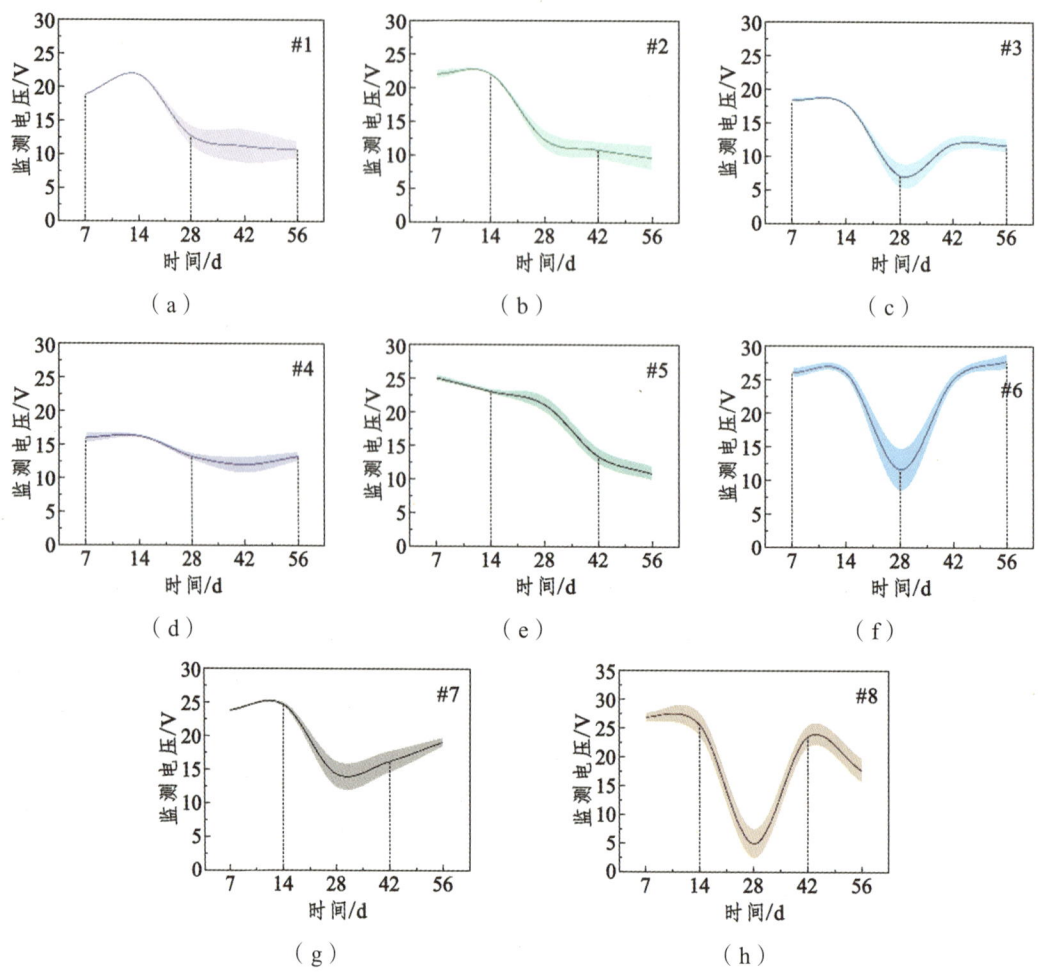

图 13.9　不同时期常态化交通下单个压电发电装置现场电学监测

综上所述，道路堆叠式压电发电装置材料能够承受现场车辆的荷载作用，其周围路面材料未出现因压电发电装置埋入导致的破坏，压电发电装置路用耦合性良好。同时，常态化交通中单个压电发电装置现场发电正常，具有道路实用性。

13.4　本章小结

本章提出了表征实际能量输出水平的道路压电微能量计算方法，基于力电转换效率和能量采集效率指标，明确了道路压电发电系统能量输出效率，探明了道路压电发电系统长期工作性能，为道路压电发电技术规模化铺设应用提供了借鉴和参考。

（1）提出了区别于传统理论的开放交通条件下道路压电发电系统实际输出能量的计算方法，剖析了该方法与传统理论的适用范围，对比评价了不同方法道路压电发电系统发电性能输出水平，小汽车单车次碾压实际输出能量为 2.05 mJ，最大功率为 35.04 mW。

（2）建立了力电转换效率和能量采集效率两种技术指标，明确了道路压电发电系统应用于实际道路交通中的能量输出效率，使小汽车碾压力电转换效率达 14.4%，中型车力电转换效率达 26.8%，充电稳定阶段采集效率水平约为 4.7%，可实现相对高效且稳定的能量采集与存储。

（3）基于堆叠式压电发电装置及路面材料状态和电学性能监测，探明了道路压电发电系统长期工作性能，堆叠式压电发电装置材料及参数能够保证其路用耦合性和道路实用性。

第 14 章 展 望

特定场景中悬臂梁式道路压电发电装置和通用场景中堆叠式道路压电发电装置均具有良好的发电能力，根据其自身特点和发电量，本章制定匹配不同类型道路压电发电装置发电水平和结构特性的场景应用方案，并结合研究结果提出进一步提升其发电潜能的具体措施，同时提出与光伏发电技术结合，实现道路全天候稳定供电的方案。

14.1 悬臂梁式道路压电发电装置应用场景规划

特定场景中悬臂梁式道路压电发电装置受季节和温度因素影响较小，在低功耗道路设施监测和交通安全预警方面具有应用优势。

在面向低功耗道路设施监测方面，悬臂梁式道路压电发电装置在高速公路快车道中发电效果突出、供电持续性强，适合长期供给道路内部无线传感器电能，场景规划如图 14.1（a）所示。据估算，由悬臂梁式压电发电装置供能的单个无线传感器节点每天采集和发射监测信息至少 2 000 次，具备实时采集和发射监测信息的能力。

在面向自供能型交通安全预警方面，悬臂梁式道路压电发电装置压电响应灵敏，交通指示灯点亮效果突出，装置与 LED 主动发光标志配合组成的自供能型交通安全预警系统在信息复杂路段具有应用优势，场景规划如图 14.1（b）和（c）所示。其中，40 km/h 时速匝道对应的缓和曲线全段铺设道路压电发电装置 10 排，警示灯牌闪烁 20 次，可警示驾驶员谨慎驶入。匝道附近主线路段道路压电发电装置布设间距为 2.5 m，可实现线型轮廓灯常亮的视觉效果。

（a）自供能型道路监测应用

（b）自供能安全预警：匝道布设效果　　　　（c）自供能安全预警：主线布设效果

图 14.1　特定场景中悬臂梁式道路压电发电装置应用规划

14.2　堆叠式道路压电发电系统应用场景规划

堆叠式道路压电发电系统因其良好的车辆荷载承载能力，适用于常规高速公路、市政道路、收费广场或服务区等通用道路的场景转换和采集能量。考虑本书堆叠式道路压电发电系统的现场铺设测试效果，未来可从道路压电换能器材料、道路压电发电装置结构设计及现场铺设等方面进一步提升其整体发电性能，如研发性能更优且适用于道路交通的压电材料，并针对其特性设计压电换能器结构，提高其力电效率和耐久性；针对堆叠式压电换能器更大荷载条件下的发电潜能，尝试研制满足道路交通特性和传荷稳定要求的道路压电发电装备，但需注意堆叠式压电换能器的荷载疲劳状态；针对现场测试段铺设效率和聚能效率不足的问题，可在改进现场道路压电发电装置布设的基础上，结合先进施工技术提出合理的装配式道路压电发电系统铺设方案，从而实现道路压电发电技术的高效聚能。

据估计，堆叠式道路压电发电装备的瞬时输出功率可达到 100 W 以上，发电潜能巨大，其适用于通用道路场景沿线监控设施、可变限速标志、交通信号灯及照明设施等低功耗设施供电，也适用于偏远地区低功耗警示设施供电，或实现路面隐蔽性病害自供能监测预警，具体场景规划如图 14.2 所示。

（a）常规道路自供能监控设施应用　　　　（b）高速公路自供能可变限速标志应用

图 14.2　通用场景堆叠式道路压电发电系统应用规划

 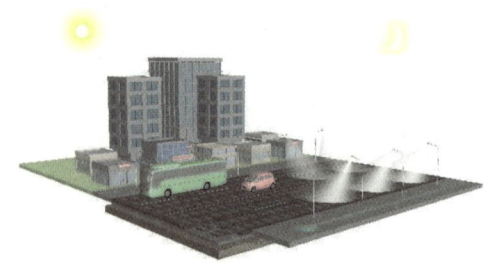

（c）市政道路自供能交通信号灯应用　　（d）常规道路能量采集存储照明设施应用

图 14.2　通用场景堆叠式道路压电发电系统应用规划

14.3　本章小结

本章结合悬臂梁式和堆叠式道路压电发电系统研究结果，规划了符合各压电发电装置电学输出及结构特性的道路应用场景，并提出未来电学性能提升的进一步改进措施，为道路压电发电技术乃至道路全域能量采集技术的发展提供思路。

（1）针对特定场景中悬臂梁式道路压电发电装置特点，规划了自供能型道路监测应用和交通安全自供能型预警应用两种应用场景，明确了其预期应用效果。

（2）针对通用场景中堆叠式道路压电发电系统特性，提出了未来发电能力进一步提升的改善措施，并结合预期效果，提出了可行的不同用途应用场景，同时提出与光伏技术结合以实现道路全天候稳定供电。

参 考 文 献

[1] 《中国公路学报》编辑部. 中国路面工程学术研究综述·2024[J]. 中国公路学报，2024，37（03）：1-81.

[2] 《中国公路学报》编辑部. 中国路面工程学术研究综述·2020[J]. 中国公路学报，2020，33（10）：1-66.

[3] 李彦伟，陈森，王朝辉，等. 智能发电路面技术现状及发展[J]. 材料导报，2015，29（7）：100-106.

[4] 王朝辉，赵建雄. 智能压电发电路面技术的发展与展望[J]. 筑路机械与施工机械化，2017，34（5）：19-24.

[5] 王帅. 道路用悬臂梁式压电换能装置开发与性能研究[D]. 西安：长安大学，2019.

[6] WANG S, WANG C, GAO Z, et al. Design and performance of a cantilever piezoelectric power generation device for real-time road safety warnings[J]. Applied Energy, 2020, 276: 115512.

[7] WANG S, WANG C, YU G, et al. Development and performance of a piezoelectric energy conversion structure applied in pavement[J]. Energy Conversion and Management, 2020, 207: 112571.

[8] 曹红运. 路用悬臂梁式压电换能器设计优化及性能研究[D]. 西安：长安大学，2022.

[9] WANG C, ZHOU R, WANG S, et al. Structure optimization and performance of piezoelectric energy harvester for improving road power generation effect[J]. Energy 2023; 270: 126896.

[10] 贾小东. 路用增程型从动式悬臂梁压电发电装置设计及性能研究[D]. 西安：长安大学，2023.

[11] YUAN H, LIU J, WANG C, et al. Optimization of piezoelectric device with both mechanical and electrical properties for power supply of road sensors[J]. Applied Energy, 2024, 364: 123113.

[12] 封栋杰. 压电发电路面俘能单元优化设计及能量采集研究[D]. 西安：长安大学，2016.

[13] 李彦伟，王朝辉，石鑫，等. 道路用堆叠式压电俘能单元制备与应用性能[J]. 振动与冲击，2018，37（9）：133-141+148.

[14] WANG C, WANG S, GAO Z, et al. Applicability evaluation of embedded piezoelectric energy harvester applied in pavement structures[J]. Applied Energy, 2019, 251: 113383.

[15] 陈森. 发电路面压电装置设计优化及其电学输出研究[D]. 西安:长安大学, 2017.

[16] WANG C, WANG S, LI Q, et al. Fabrication and performance of a power generation device based on stacked piezoelectric energy-harvesting units for pavements[J]. Energy Conversion and Management, 2018, 163: 196-207.

[17] WANG C, ZHAO J, LI Q, et al. Optimization design and experimental investigation of piezoelectric energy harvesting devices for pavement[J]. Applied Energy 2018, 229: 18-30.

[18] 王海梁. 路用压电换能装置聚能效率调控研究[D]. 西安:长安大学, 2018.

[19] WANG C, SONG Z, GAO Z, et al. Preparation and performance research of stacked piezoelectric energy-harvesting units for pavements[J]. Energy and Buildings, 2019; 183: 581-591.

[20] WANG C, YU G, CAO H, et al. Structure simulation optimization and test verification of piezoelectric energy harvester device for road[J]. Sensors and Actuators A: Physical, 2020, 315: 112322.

[21] WANG C, CAO H, WANG S, et al. Design and testing of road piezoelectric power generation device based on traffic environment applicability[J]. Applied Energy 2021; 299: 117344.

[22] 赵建雄. 压电发电路面能量俘获系统设计及其性能研究[D]. 西安:长安大学, 2019.

[23] WANG S, WANG C, YUAN H, et al. Design and performance of piezoelectric energy output promotion system for road[J]. Renewable Energy 2022; 197: 443-451.

[24] 宋志. 道路压电俘能系统现场铺设及电学性能研究[D]. 西安:长安大学, 2020.

[25] WANG C, WANG S, GAO Z, et al. Effect evaluation of road piezoelectric micro-energy collection-storage system based on laboratory and on-site tests[J]. Applied Energy, 2021, 287: 116581.

[26] 王朝辉, 王帅, 宋志, 等. 基于现场测试的道路压电俘能系统电学性能[J]. 中国公路学报, 2021, 34(01): 12-23.